LONGTAN
JIDIAN JI
JINSHU JIEGOU SHEJI YU YANJIU

机电及金属结构设计与研究

徐立佳　付国锋　**主编**

中国水利水电出版社
www.waterpub.com.cn

内 容 提 要

本书为中国电建集团中南勘测设计研究院有限公司组织编制的"龙滩水电站"系列著作之一，共6章，包括：绪论，水轮机，电气，控制保护，高水头底孔弧形工作闸门和通风空调。主要介绍了龙滩水电站水轮机及其辅助设备、电气主接线及主要电气设备、控制保护、底孔弧形工作闸门和通风空调的设计及相关关键技术研究成果，是作者对龙滩水电站工程机电与金属结构设计及其关键技术问题研究的一个总结。

本书可供从事水电工程机电与金属结构研究、设计和施工的相关技术人员借鉴，也可供高等院校水利、土木工程类相关专业师生参考。

图书在版编目（ＣＩＰ）数据

龙滩机电及金属结构设计与研究 / 徐立佳，付国锋主编. -- 北京：中国水利水电出版社，2016.8
ISBN 978-7-5170-4677-6

Ⅰ．①龙… Ⅱ．①徐… ②付… Ⅲ．①水力发电站－机电设备－研究②水力发电站－金属结构－研究 Ⅳ．①TV734

中国版本图书馆CIP数据核字(2016)第211391号

书 名	龙滩机电及金属结构设计与研究 LONGTAN JIDIAN JI JINSHU JIEGOU SHEJI YU YANJIU
作 者	徐立佳 付国锋 主编
出版发行	中国水利水电出版社 （北京市海淀区玉渊潭南路1号D座 100038） 网址：www.waterpub.com.cn E-mail：sales@waterpub.com.cn 电话：(010) 68367658（营销中心）
经 售	北京科水图书销售中心（零售） 电话：(010) 88383994、63202643、68545874 全国各地新华书店和相关出版物销售网点
排 版	中国水利水电出版社微机排版中心
印 刷	北京嘉恒彩色印刷有限责任公司
规 格	184mm×260mm 16开本 15.5印张 368千字
版 次	2016年8月第1版 2016年8月第1次印刷
印 数	0001—1500册
定 价	70.00元

凡购买我社图书，如有缺页、倒页、脱页的，本社营销中心负责调换

编 审 人 员 名 单

主　编　徐立佳　付国锋

序号	名　称	撰写人	校稿人	统稿人
第1章	绪论	徐立佳	付国锋	付国锋
第2章	水轮机			
2.1	水轮机稳定性研究	张俊芝	何银芝	何银芝
2.2	水轮机模型及验收试验	伍志军	何银芝	
2.3	水轮机转轮制造方式	张雷	何银芝	
2.4	水力-机械过渡过程	曾艳梅	何银芝	
第3章	电气			
3.1	电气主接线研究	刘昆林	王小兵	王小兵
3.2	700MW 全空冷水轮发电机	张培裴　周大方　邓双学　刘昆林	王小兵　孙成章	
3.3	500kV 三相组合变压器	刘昆林	王小兵	
3.4	500kV XLPE 绝缘电缆	唐波　刘昆林	王小兵	
3.5	大入地电流高土壤电阻率接地技术研究	胡凯　刘昆林	王小兵	
第4章	控制保护			
4.1	水电站监控系统	李力	袁志鹏　刘立红	李力
4.2	700MW 水轮发电机继电保护系统	李正茂	刘立红	
4.3	智能门禁系统	彭云辉	刘立红	
4.4	泄洪告警及指令广播通信系统	彭云辉	刘立红	
第5章	高水头底孔弧形工作闸门	蒋立新	陈辉春	袁长生
第6章	通风空调	贺婷婷	李伟	付国锋

序

　　在布依族文化中，红水河是一条流淌着太阳"鲜血"的河流，珠江源石碑文上的《珠江源记》这样记载："红水千嶂，夹岸崇深，飞泻黔浔，直下西江"，恢弘气势，可见一斑。红水河是珠江水系西江上游的一段干流，从上游南盘江的天生桥至下游黔江的大藤峡，全长1050km，年平均水量1300亿 m³，落差760m，水力资源十分丰富。广西境内红水河干流，可供开发的水力资源达1100万 kW，被誉为广西能源资源的"富矿"。

　　龙滩水电站位于红水河上游，是红水河梯级开发的龙头和骨干工程，不仅本身装机容量大，而且水库调节性能好，发电、防洪、航运、水产养殖和水资源优化配置作用等综合利用效益显著。电站分两期开发，初期正常蓄水位375.00m时，安装7台机组，总装机容量490万 kW，多年平均年发电量156.7亿 kW•h；远景正常蓄水位400.00m时，再增加2台机组，总装机容量达到630万 kW，多年平均年发电量187.1亿 kW•h。龙滩水库连同天生桥水库可对全流域梯级进行补偿，使红水河干流及其下游水力资源得以充分利用。

　　龙滩水电站是一座特大型工程，建设条件复杂，技术难度极高，前期论证工作历时半个世纪。红水河规划始于20世纪50年代中期，自70年代末开始，中南勘测设计研究院（以下简称"中南院"）就全面主持龙滩水电站设计研究工作。经过长期艰苦的规划设计和广泛深入的研究论证，直到1992年才确定坝址、坝型和枢纽布置方案。龙滩碾压混凝土重力坝的规模和坝高超过20世纪末国际上已建或设计中的任何一座同类型大坝；全部9台机组地下厂房引水发电系统的规模和布置集中度也超过当时国际最高水平；左岸坝肩及进水口蠕变岩体边坡地质条件极其复杂、前所未见，治理难度大。中南院对此所进行的勘察试验、计算分析、设计研究工作量之浩瀚、成果之丰富也是世所罕见，可以与任何特大型工程媲美。不仅有国内许多一流机构、专家参与其中贡献才智，而且还有发达国家的咨询公司和著名专家学者提供咨询，龙滩水电站设计创新性地解决了一系列工程关键技术难题，并通过国家有关部门的严格审批和获得国内外专家的充分肯定。

进入 21 世纪，龙滩水电站工程即开始施工筹建和准备工作；2001 年 7 月 1 日，主体工程开工；2003 年 11 月 6 日，工程截流；2006 年 9 月 30 日，下闸蓄水；2007 年 7 月 1 日，第一台机组发电；2008 年 12 月，一期工程 7 台机组全部投产。龙滩工程建设克服了高温多雨复杂环境条件，采用现代装备技术和建设管理模式，实现了均衡高强度连续快速施工，一期工程提前一年完工，工程质量优良。

目前远景 400.00m 方案已列入建设计划，正在开展前期论证工作。龙滩水电站 400.00m 方案，水库调节库容达 205 亿 m^3，比 375.00m 方案增加调节库容 93.8 亿 m^3，增加防洪库容 20 亿 m^3。经龙滩水库调节，可使下游珠江三角洲地区的防洪标准达到 100 年一遇；思贤滘水文站最小旬平均流量从 $1220m^3/s$ 增加到 $2420m^3/s$，十分有利于红水河中下游和珠江三角洲地区的防洪、航运、供水和水环境等水资源的综合利用，更好地满足当前及未来经济发展的需求。

历时 40 余载，中南院三代工程技术人员坚持不懈、攻坚克难，终于战胜险山恶水，绘就宏伟规划，筑高坝大库，成就梯级开发。借助改革开放东风，中南院在引进先进技术，消化吸收再创新的基础上，进一步发展了碾压混凝土高坝快速筑坝技术、大型地下洞室群设计施工技术、复杂地质条件高边坡稳定治理技术、高参数大型发电机组集成设计及稳定运行控制技术，龙滩水电站关键技术研究和工程实践的一系列创新成果，为国内外大型水电工程建设树立了新的标杆，成为引领世界水电技术发展的典范。依托龙滩水电站工程建设所开展的"200m 级高碾压混凝土重力坝关键技术"获国家科学技术进步二等奖，龙滩大坝工程被国际大坝委员会（ICOLD）评价为"碾压混凝土筑坝里程碑工程"，龙滩水电站工程获得国际咨询工程师联合会（FIDIC）"百年重大土木工程项目优秀奖"。龙滩水电站自首台机组发电至 2016 年 6 月，建筑物和机电设备运行情况良好，累计发电 1100 亿 kW·h，水库发挥年调节性能，为下游梯级电站增加发电量 200 亿 kW·h，为 2008 年年初抗冰救灾和珠江三角洲地区枯季调水补淡压咸发挥了重要作用，经济、社会和环境效益十分显著。

为总结龙滩水电站建设技术创新和相关研究成果，丰富水电工程建设知识宝库，中南院组织项目负责人、专业负责人及技术骨干近百人编写了龙滩水电站系列著作，分别为《龙滩碾压混凝土重力坝关键技术》《龙滩进水口高边坡治理关键技术》《龙滩地下洞室群设计施工关键技术》《龙滩机电及金属结构设计与研究》和《龙滩施工组织设计及其研究》5 本。龙滩水电站系列著作既包含现代水电工程设计的基础理论和方案比较论证的内容，又具有科学发展历史条件下，工程设计应有的新思路、新方法和新技术。系列著作各册自成体系，结构合理，层次清晰，资料数据翔实，内容丰富，充分体现了龙滩工程建设中的重要研究成果和工程实践效果，具有重要的参考借鉴价值和珍贵的史料收藏价值。

龙滩工程的成功建设饱含着中南院三代龙滩建设者的聪明智慧和辛勤汗水，也凝聚了那些真诚提供帮助的国内外咨询机构和专家、学者的才智和心血。我深信，中南院龙滩建设者精心编纂出版龙滩水电站系列著作，既是对为龙滩工程设计建设默默奉献、尽心竭力的领导、专家和工程技术人员表达致敬，也是为进一步创新设计理念和方法、促进我国水电建设事业可持续发展的年轻一代工程师提供滋养，谨此奉献给他们。

是为序。

中国工程院院士：

2016 年 6 月 22 日

前　　言

机电与金属结构设计是水电站设计的重要组成部分。本书主要介绍了龙滩水电站水轮机及其辅助设备、电气主接线及主要电气设备、控制保护、底孔弧形工作闸门和通风空调的设计及相关关键技术的研究成果。

龙滩水电站位于广西壮族自治区天峨县城上游15km处，前期工程装机7台，单机额定容量700MW，在电力系统中发挥着调峰、调频和事故备用等作用，具有发电、防洪、航运等综合利用效益，是国家实施"西部大开发"和"西电东送"的标志性工程之一。在机电与金属结构设计过程中，设计者们以工程经济性和确保运行安全可靠为目标，开展关键技术研究，主要解决了下列问题：

（1）现场制作700MW混流式水轮机转轮，将上冠、下环、叶片散件运至工地，在工地制造车间进行组焊、热处理、精加工、静平衡试验等，提升了转轮现场制作的水平。700MW水轮发电机采用全空冷冷却方式，投运时系国内外单机额定容量最大的全空冷水轮发电机，为巨型水轮发电机冷却方式的选择积累了经验。

（2）电气主接线采用发电机变压器单元接线、设置发电机出口断路器、500kV侧完全4/3断路器接线方案，为国内外水电站首次应用。

（3）国产化500kV XLPE绝缘电缆、计算机监控系统和水轮发电机组继电保护系统在超大型水电站首次成功应用，对打破国外企业的垄断、加速国产化进程意义重大。

（4）500kV、780MVA主变压器首次采用了三相组合变压器，解决了重大件运输问题。

（5）在国内外超大型水电站中对700MW水轮发电机主保护配置首次进行定量化设计，最大范围地实现了发电机定子绕组内部故障的有效保护。

（6）通过大入地电流高土壤电阻率接地技术的研究，提出了大型水电站接地网电位升高的允许值，提出了综合技术经济指标最优的接地处理方案，并通过了实践检验，保证了电站人身与设备安全。

（7）在挡水水头 110.00m、操作水头 90.00m 的底孔弧门中应用了预压止水结构，突破了现有预压止水结构型式，成功解决了高水头弧门止水的问题。

（8）通过对巨型地下水电站洞室群整体多工况热态通风模拟试验和计算机模拟分析，成功解决了地下水电站通风空调系统设计的难题，减少了通风空调系统的投资，降低了运行能耗。

本书对龙滩水电站机电与金属结构设计研究成果进行了总结，在编写过程中得到了中国电建集团中南勘测设计研究院有限公司领导和相关人员的大力支持，本成果也凝聚了全院几代设计人员的心血与智慧。希望本书能为从事水电站机电与金属结构专业的人员提供有益借鉴。

本书在编写出版过程中，引用了大量机电与金属结构设计研究相关成果和文献资料，也得到了河海大学工程管理研究所的大力相助。在此，向各位专家、学者们表示衷心的感谢。

由于设计研究周期长，资料庞杂，并限于作者水平，书中难免有不妥之处，敬请同行专家和读者批评指正。

编者

2016 年 6 月

目　录

第 1 章

绪　　论

龙滩水电站工程分两期建设，前期工程按正常蓄水位 375.00m 建设，装机 7 台，单机额定容量 700MW，年平均发电量 156.7 亿 kW·h，年利用小时数 3740h，水库总库容 162.1 亿 m³，具有年调节能力；后期工程按正常蓄水位 400.00m 设计，增加 2 台机组。目前，工程总装机容量 6300MW，年平均发电量 187.1 亿 kW·h，年利用小时数 3470h，总库容 272.7 亿 m³，具有多年调节水库。龙滩水电站以 500kV 一级电压接入电力系统，前期出线 4 回，其中河池 1 回、柳州 2 回、平果 1 回；后期出线 5 回，并预留 1 回备用出线间隔，第 5 回出线方向将根据电网发展再研究确定。龙滩水电站在系统中担任调峰、调频和事故备用，具有发电、防洪、航运等综合利用效益，按"无人值班"（少人值守）原则设计。龙滩水电站工程于 2007 年 5 月第 1 台机组发电，至 2008 年 12 月底前期 7 台机组全部投产发电，自投产以来，运行安全稳定，取得了巨大的经济效益和社会效益。

1.1　工程总体布置

1.1.1　枢纽布置

龙滩水电站枢纽由挡水建筑物、泄水建筑物、引水系统、发电系统及通航建筑物组成。挡水建筑物为碾压混凝土重力坝。泄水建筑物布置在河床坝段，由 7 个表孔和 2 个底孔组成；表孔溢洪道承担全部泄洪任务，2 个底孔对称布置于表孔溢洪道两侧，用于水库放空和后期导流。引水发电系统位于河床左岸，引水系统由 9 个进水口和 9 条引水隧洞组成；尾水系统由 9 条尾水支洞、3 个调压井、3 条尾水隧洞及尾水出口等建筑物组成。发电系统包括左岸地下主厂房、母线廊道、主变洞、地面 GIS 开关站和出线平台以及中控楼等。通航建筑物位于河床右岸，按Ⅳ级航道设计，采用二级垂直提升式升船机。

水轮发电机组全部布置在左岸地下厂房洞室内，前期装机 7 台，8 号、9 号机组机坑浇至锥管层并在后期安装。主变洞位于主厂房洞下游，与主厂房洞平行，两洞室之间距离 43.00m，主变洞与主厂房洞之间每台机组通过母线廊道连接。500kV GIS 开关站和出线平台以及中控楼布置在左岸下游地面。主变洞右端通过主变进风兼主变运输洞与进厂交通洞相连，主变洞左端通过联系洞与主厂房副安装场相连；500kV 高压电缆分为 3 组经过 3 个电缆竖井上升至高程 340.00m 后经电缆平洞至 500kV GIS 开关站的电缆层。中控楼与地下主厂房洞、主变洞之间由设于 1 号高压电缆竖井中的 1 座楼梯和 2 台电梯作为联系通道。

1.1.2 主要机电设备布置

1.1.2.1 主厂房布置

主厂房布置于左岸地下，9台机组一列式布置，机组间距32.50m；主、副安装场布置在厂房两端，主安装场位于主厂房右端，长60.00m，副安装场长36.00m，位于主厂房左端；主厂房总长度388.50m；主厂房净宽28.50m，安装场与主机间同宽。厂房总高度为74.60m。在主厂房内高程246.72m处安装两台500t+500t双小车桥式起重机。主厂房由上往下布置依次为：发电机层、母线层、水轮机层、蜗壳层、锥管层及尾水管操作廊道层。

（1）发电机层布置。发电机层高程为233.70m。上游侧为通风夹层；下游侧布置励磁系统和机组控制保护共38面盘柜。主安装场考虑放置1台机组的发电机转子、下机架、水轮机转轮、顶盖及发电机定子现场叠片的要求，长60.00m；副安装场考虑转子、转轮及顶盖的装配及放置零星小部件，长36.00m。

（2）母线层布置。母线层高程为227.70m，主要布置发电机主引出线、发电机中性点设备、机组自用变压器及开关柜和二次屏柜。发电机主引出线位于下游侧，B相中心线与"−Y"轴重合，发电机中性点引出线位于第二象限。

（3）水轮机层布置。水轮机层高程为221.70m，第二象限布置调速器、油压装置及控制柜；第三象限主要布置油、气、水管路；第四象限为水轮机机坑进人廊道，下游侧布置全厂技术供水设备。在该层主安装场下的副厂房地面高程为219.70m，布置空压机室和深井泵房，副安装场下的副厂房地面高程为220.20m，布置透平油库和透平油处理室。

（4）蜗壳层、锥管层及尾水管操作廊道层布置。蜗壳层、锥管层主要布置蜗壳取水自流减压供水设备，尾水管操作廊道层主要布置机组技术供水备用水泵及相应设备。

1.1.2.2 主变洞布置

主变洞分两层布置，上层高程为245.70m，主要布置与主变500kV套管连接的500kV GIS管线及500kV电缆。下层高程为233.70m，与发电机层同高程，以方便主变的运输，该层布置主变压器、变压器冷却器、雨淋阀、高压厂用变压器等设备。为了减少离相封闭母线的长度，主变布置在靠母线廊道一侧，主变运输道布置在下游。主变室下面上游侧布置3.7m宽的电缆道，贯穿整个主变洞。主变洞右端布置绝缘油库和绝缘油处理室。

主变从主厂房主安装场经主变进风洞运至主变洞。主厂房内每台机组的离相封闭母线经母线廊道与主变洞内对应的三相组合变压器连接。主变洞总长406.75m，宽度为19.50m。

1.1.2.3 母线廊道布置

母线廊道共9条，每条母线廊道内主要布置离相封闭母线和发电机电压配电装置，分两层布置，高程227.70m层主要布置离相封闭母线和发电机断路器；高程221.70m层主要布置机端电压互感器柜、电压互感器避雷器柜、高压开关柜、动力盘、照明配电室等。母线洞长43.00m，宽9.00m。

1.1.2.4 开关站和出线平台布置

500kV GIS开关站和出线平台集中布置在距左岸坝下游约500.00m的山坡上，为减少边坡高度和开挖量，开关站与出线平台采用框架结构。开关站和出线平台有左岸上坝公路与之相通，并与中控楼相邻，运行、维护、管理和设备运输均较方便。

500kV GIS 开关站分 3 层布置，高程 340.00m 层为 500kV 电缆层，主要布置 500kV 电缆及动力和控制电缆；高程 346.00m 层为 500kV GIS 层，主要布置 500kV GIS 设备、20t 桥机及现地控制柜，宽 18.10m，长 220.00m；高程 365.00m 层为 500kV 户外出线平台层，主要布置 500kV 出线并联电抗器、避雷器、电容式电压互感器、阻波器和出线门架，宽 50.60m，长 220.00m。

1.1.2.5 中控楼布置

中控楼布置在开关站出线平台附近，分 4 层布置，地面首层高程 365.60m，主要布置中控室、继电保护室、计算机室、蓄电池室；地下层高程 360.80m，主要布置电缆桥架及动力和控制电缆；地面第二层高程 370.70m，主要布置通信电源室、通信机房、资料室、办公室；地面第三层高程 376.70m，主要布置 2 台电梯机房。中控室布置计算机监控系统控制台、模拟屏、大屏幕电视墙、计算机条形桌，继电保护室内共布置 120 面盘柜，计算机室配置 8 个计算机工作台，通信机房共布置 42 面盘柜。

中控楼与地下厂房、主变洞之间设 2 台电梯和 1 座楼梯作为联系通道。中控楼长 48.00m，宽 33.00m。

1.1.2.6 电缆竖井及电缆平洞布置

主变洞高压电缆层与 500kV GIS 开关站之间高差约 100.00m，设 3 个高压电缆竖井与 3 个高压电缆平洞连通主变洞与开关站，3 个电缆竖井从右至左依次为 1～3 号电缆竖井。

1 号电缆电梯竖井位于主变洞右端部，竖井内布置 3 回高压电缆、2 台电梯、1 座楼梯及 1 个通风井，通过高程 340.00m 的电缆平洞将 3 回高压电缆引出与地面 500kV GIS 开关站相连，并兼有连通中控楼与主变洞、地下厂房的交通之功能。

2 号、3 号电缆电梯竖井位于主变洞下游侧，竖井内均各布置 3 回高压电缆、1 台电梯、1 座楼梯及 1 个通风井，通过电缆竖井顶部高程 340.00m 的电缆平洞将高压电缆引出与地面 500kV GIS 开关站相连。

1.1.3 主要金属结构设备布置

龙滩水电站金属结构设备分布在大坝泄洪建筑物、引水发电建筑物、升船机上闸首和施工导流建筑物中。共有各种闸门（拦污栅）98 扇，各类门槽（栅槽）112 套，门库 12 套，各种型式启闭机 27 台（套）。金属结构总重量 23428.951t，其中闸门及埋件重量 18952.351t，启闭机重量 4476.600t。

泄洪建筑物由 7 个溢洪道表孔和两个底孔组成。其中，溢洪道表孔设 1 扇事故检修闸门和 7 扇弧形工作闸门，底孔设 1 扇检修闸门、两扇事故闸门和两扇弧形工作闸门。溢流坝段弧形闸门由液压启闭机启闭。在弧形工作闸门上游设置事故检修闸门，7 孔事故检修门槽共用 1 扇事故检修闸门，事故检修闸门由溢流坝段坝顶门机操作。在底孔上游进水口设置检修闸门，在底孔上游距进口 8.00m 设置事故闸门，底孔检修闸门和底孔事故闸门由溢流坝段坝顶门机操作，在底孔下游出口处设置弧形工作闸门，每扇门由 1 台液压启闭机操作。

每台机组进水口前布置6扇拦污栅，由进水口清污门机启闭。在拦污栅栅槽前设置抓斗导槽，由进水口清污门机连接抓斗沿导槽进行清污。在拦污栅后设置检修闸门，9台机组共用两扇检修闸门，由进水口坝顶门机小车通过自动抓梁启闭。每台机组设置1扇事故闸门，由进水口液压启闭机操作。

尾水建筑物金属结构主要包括尾水管金属结构和尾水洞出口金属结构。在每台机组尾水管出口布置检修门槽，9孔检修门槽共设9扇门叶，由调压井廊道内的3台尾水管台车操作。9条尾水管经调压井后合3为1，形成3条尾水洞，在出口处通过隔墩将每条尾水洞分成两个孔口，共有6个尾水出口检修门门槽，每个尾水出口检修门槽设置1扇检修闸门，由尾水洞出口门机操作。

1.2 机电与金属结构设计解决的关键技术问题

机电与金属结构设计是龙滩水电站设计的重要组成部分，主要包括：水轮发电机组及水力机械辅助设备、电气主接线及主要电气设备、控制保护、金属结构和通风空调系统的设计。其中，广泛采用了新技术、新设备、新工艺、新材料和国产化设备，自动化程度达到世界先进水平。龙滩水电站设计过程中，就机电与金属结构关键技术开展了专题研究，并将研究成果成功应用于工程，取得了显著成效。机电与金属结构设计主要解决的关键技术问题如下所示。

(1) 700MW混流式水轮机转轮制造方式选择问题。转轮是水轮机的核心部件，其性能直接影响机组运行的安全稳定性和经济性。若运输条件允许，国内外大型混流式水轮机转轮均采用工厂整体转轮、整体运输；当运输条件受到限制时，则采用分瓣运输工地进行合缝组焊或采用散件运往工地进行组装、焊接。转轮尺寸巨大，位于深山峡谷地区的龙滩水电站交通运输条件受到限制，转轮既要满足运输条件要求，又要确保良好的制造质量，确保原型转轮与模型转轮相似，满足机组安全稳定运行要求。因此，转轮的制造方式选择是大型水轮机转轮制造的关键技术之一。

(2) 700MW水轮发电机冷却方式选择问题。随着单机容量的增大，发电机额定电流增大，发电机各部件的尺寸加大，各部分的损耗、发热量随之增加，发电机通风冷却的难度相应增大。冷却方式关系到水轮发电机参数的选择、结构设计、重量和造价。大型水轮发电机冷却方式主要有全空冷、半水冷和蒸发冷却，全空冷水轮发电机具有结构简单、安装及运行维护方便、运行可靠性高的特点。单机容量大、定子铁芯长的龙滩水电站发电机能否采用全空冷方式是有待研究的课题。

(3) 电气主接线型式优化问题。电气主接线是水电站电气设计的主体和依据，与电网特性、电站接入系统方式、电站规模、水能参数、电站运行方式、枢纽条件等密切相关，大型水电站电气主接线是电力系统的重要组成部分，对电力系统的安全稳定运行起着重要作用。通过定量计算与分析，选择技术经济指标最优的电气主接线型式是电气设计的关键技术之一。

(4) 超高压电力变压器型式设计问题。随着水电站单机容量的增大以及交通运输条件和地下厂房布置的限制，主变压器型式不仅要考虑生产厂家的技术水平，还要考虑变压器的运输方式、运输重量、运输尺寸和地下厂房的布置情况。因此，超高压电力变压器的型式设计是设备选择的关键技术之一。

（5）700MW 水轮发电机主保护配置优化问题。大型发电机结构复杂、定子绕组并联分支数多、保护要求高，而现行的水轮发电机保护规程适应的机组单机容量尚未达到700MW 或以上的容量等级，以往国内外水电站中发电机保护配置主要凭经验和传统习惯进行定性设计。因此根据 700MW 水轮发电机内部结构和电气参数、发电机中性点接地方式等特点，对发电机主保护配置进行定量化设计，优化发电机中性点引出方式和主保护配置并应用于工程实际，对保证发电设备和电网的安全稳定运行意义重大。

（6）大入地电流高土壤电阻率接地问题。接地技术对电力系统的安全运行有着重要的影响，直接关系到人身和设备的安全。随着电力系统规模的扩大，入地短路电流大幅升高，且水电站大多位于电阻率高的山区，对大入地电流高土壤电阻率接地技术提出了新的课题。

（7）高水头弧门止水问题。高水头弧门主要有预压式止水、偏心铰压紧式止水和充压伸缩式止水三种型式。预压式止水型式的闸门结构简单、造价低廉，在各种水位条件下水流平顺、适应性强。但以往工程预压止水型式弧门主要用于中低水头，龙滩水电站弧门挡水水头 110.00m、操作水头 90.00m，通过对龙滩水电站高水头弧门预压式止水研究，对后续高水头电站底孔弧门的设计具有极高的参考价值。

（8）地下厂房通风问题。地下厂房通风空调系统的设计直接关系到运行维护人员及设备运行的环境是否舒适安全。龙滩水电站地下厂房洞室群多，内部空间大小不一，系统多，气流组织困难，实际运行各支路系统阻力难以平衡，通风空调效果难以保证。因此，在进行厂房气流组织计算的同时通过模型试验验证设计的合理性和可靠性，并根据模型试验结果优化系统设计，可为后续大型地下电站通风空调系统设计提供可借鉴的经验。

（9）大型水电站设备国产化问题。国外计算机监控系统研制起步较早，制造工艺水平较高，占据着一定优势。过去国内水电工程中的 500kV XLPE 绝缘电缆主要由欧洲和日本厂家供货，如何打破国外厂商在国内大型水电站设备供应的垄断地位，加速我国机电设备的国产化进程，是水电行业面临的重要课题。

◎ 第 2 章

水 轮 机

2.1 水轮机稳定性研究

2.1.1 研究背景

水轮机运行稳定性指水轮机在各运行工况下，水轮机过流部件的压力脉动和由压力脉动引起的振动及振动区域的大小程度，以及由电磁和机械的原因引起的振动程度、功率摆动的程度、水轮机的噪声等。水轮机的稳定性关系到机组及水电站能否正常运行。

龙滩水电站工程分两期建设，前期水头 H 变化范围为 $97.00 \sim 154.00$m，后期水头 H 变化范围为 $107.00 \sim 179.00$m。其中，前期最大水头 $H_{max} = 1.232H_r$，后期 $H_{max} = 1.432H_r$，H_r 为设计水头；前期 $H_{max} = 1.588H_{min}$，后期 $H_{max} = 1.673H_{min}$。国内外转轮直径 5.00m 以上的混流式水轮机的运行数据表明，在比速系数 K 大于 $1900 \sim 2000$ 的大机组中，当 H_{max}/H_{min} 的值大于 $1.4 \sim 1.5$、H_{max}/H_r 的值大于 1.4 以上时，稳定性不良或裂纹的机组数大大增加；而小于上述比值的机组，发生稳定性问题或裂纹的机组数较少，即，稳定性较差与发生裂纹的机组大多集中在 H_{max}/H_{min} 值与 H_{max}/H_r 值较大的工程。

龙滩水电站不论是 H_{max}/H_{min} 值或 H_{max}/H_r 值，均高于其他大多数水电站。在比速系数 K 大于 2100 以上的大机组中，龙滩水电站水轮机的 H_{max}/H_{min} 值位居前列，就 H_{max}/H_r 值而言，超过了目前所有水电站。因此，龙滩水电站水轮机是否会像其他水头变幅大的水轮机一样发生不稳定和裂纹，是令人担忧的。

虽然导致机组产生不稳定和裂纹的原因很多，除运行条件外，还涉及水轮机的设计、加工制造和安装等一系列因素，但有这么多的发生不稳定和裂纹的机组集中在 H_{max}/H_{min} 值与 H_{max}/H_r 值较大的区域内，说明 H_{max}/H_{min} 值与 H_{max}/H_r 值较大即使不是引发不稳定和裂纹主要的原因，至少也是重要的因素之一。这是由于混流式水轮机的叶片不能调节，水头变幅大再加上 H_{max}/H_r 值较大，则水轮机的运行工况或水流条件变差，从而促进水轮机流道中产生各种撞击、脱流、漩涡、空化等水力不稳定现象与动应力，促使水压脉动和水力不稳定现象产生。

龙滩水电站机组在系统中担任调频、调峰及事故备用等作用，负荷变化剧烈，同时，其下游水位洪枯两季变化达 40.00m，部分负荷运行时向水轮机补气困难。鉴于这些制约，龙滩水电站水轮发电机组运行工况和条件比常规水轮机更恶劣，稳定性问题也显得尤为突出。

2.1.2　混流式水轮机的水力不稳定现象分析

混流式水轮机所发生的不稳定现象中，人们比较熟知的是尾水管涡带，近年来随着模型试验的不断深入，以及国内外真机投入运行后出现的不稳定现象，人们发现引起不稳定的水力因素远非尾水管涡带一种。但目前除涡带外，人们对其他一些水力不稳定现象还缺乏较全面、系统的了解。

2.1.2.1　混流式水轮机常见的水压脉动

混流式水轮机水力不稳定是因为混流式水轮机的叶片不能调节，偏离最优工况后，通过水轮机的水流流态将恶化。当冲角偏离最优冲角后，在流道易产生各种水力撞击、脱流、旋涡等水力不稳定现象，促使了不同频率的水压脉动与各种水力不稳定现象的产生。不同水轮机由于机型、参数、设计方法和运行条件等不同，所产生的不稳定现象有很大的差别，但也有一些共同的规律。由于混流式水轮机所产生的绝大多数水力不稳定现象都是在偏离最优工况后产生的，经验表明对高比速混流式水轮机，如以最优工况点作为坐标原点进行分析，则有如下规律。

（1）无涡区。在最优工况附近（实时流量 Q 与最优工况点流量 Q_{opt} 之比，即 Q/Q_{opt} 为 0.85～1.10 的范围内），存在一个无涡区。此时在尾水管中或看不到有涡带，或仅能看到在尾水管中央有一条较细而不摆动的涡带。水轮机在该区内运行时，流道各部分的压力脉动最小。水轮机在该区内运行平稳，无特殊的噪声。

（2）大负荷及超负荷区压力脉动。超过无涡区后，当流量增大到一定程度后，在尾水管中央又开始出现了涡带或原有的涡带开始变粗，从较细、较稳定的细柱状逐步变粗、变成麻花状并产生摆动。但此时尾水管涡带转动的方向与转轮旋转的方向相反（部分负荷时的尾水管涡带的转动方向与转轮旋转方向相同），脉动的频率则比部分负荷时尾水管涡带要高，接近或超过转频。为了对所采用的水轮机有一个全面了解，在模型试验中一般应对大开度区进行相应的试验。

（3）部分负荷尾水管涡带。当流量 Q/Q_{opt} 小于 0.85～0.90 时，此时可以从尾水管管壁测压点开始观测到尾水管涡带频率的压力脉动，在尾水管中央也可看到有一条涡带出现，但开始时的压力脉动值很小，一般在 Q/Q_{opt} 达到 0.55～0.65 时尾水管涡带压力脉动达到最大值。此时从尾水管中可以观察到出现一条与转轮旋转方向相同，不断摆动的涡带。随着开度或流量的减小，涡带变粗，摆动增强。涡带压力脉动的频率一般为 1/3～1/5 的转频；为了区别于大负荷或超负荷时的涡带，故常称此时的尾水管涡带为部分负荷涡带。解决部分负荷时涡带的办法有：补气、在尾水管管壁设置短管及导流片等。经验表明，补气量不足时，有时压力脉动不但不减小，反可能增大。

（4）小开度或低负荷压力脉动。当流量和开度减小，Q/Q_{opt} 约小于 0.5 后，此时涡带压力脉动的幅值开始减小，进入小开度或低负荷区，虽然涡带频率的压力脉动幅值已从峰值开始下降，但有不少水轮机又出现了新的压力脉动高峰，此时脉动的主频已不再是原有涡带的频率，而是变成高于涡带的频率，甚至超过了转频。而此时的压力脉动对不同机组往往不同，不像尾水管涡带那样有规律。也有的水轮机小开度时的压力脉动并不突出。但另一些机组在小开度区或低负荷区的压力脉动值则十分显著，甚至超过了部分负荷时尾水管涡带压力脉动的最大值。目前因电力调度要求，很多大机组特别是在初期，常被迫带小负荷运行，因此为了对水轮机性能有一个全面的了解，在模型试验时对水轮机小开度时的水压脉动或水力稳定性就要引起注意。对小开度低负荷区的压力脉动目前研究较少，有的电站发现补气有效（如刘家峡），但大多数机组往往采用躲开运行的办法。

（5）高部分负荷水压脉动（特殊水压脉动）。随着模型试验的不断深入，在开度较大，Q/Q_{opt} 在 0.75～0.95 的范围内，尾水管涡带的压力脉动值已开始大幅度衰减时，忽然在流道中又出现了一个突然急剧增大的压力脉动。20 世纪 90 年代后期，这种水压脉动在岩滩和三峡工程水轮机的模型试验中首次被发现。由于不清楚其来源，当时称之为特殊水压脉动。实际上国外在 90 年代初已开始在一些混流式水轮机的试验中发现这一水压脉动，国外称之为高部分负荷压力脉动。这种水压脉动的特点如下：

1）不仅在尾水管，在水轮机流道的其他部分，如蜗壳、导叶区的压力腔中，均可检测到这种压力脉动。与部分负荷时发生的尾水管涡带不同的是，在转轮前即从蜗壳、导叶处测得的压力脉动值还常常超过了从尾水管处测得的压力脉动值。

2）出现这种水压脉动时，尾水管涡带并未消失，但已变成次要的压力脉动。

3）频率高于涡带频率，约为转频的 1～4 倍。该频率不像尾水管涡带那样稳定，频率随工况和吸出高度的变化发生急剧的变化。

4）受吸出高度 H_s 的影响大，H_s 较大时，这种压力脉动减轻甚至消失。

5）补气对减轻这种压力脉动能起到很好的效果。由于出现这种水压脉动的工况范围较窄，如所选的试验工况点之间的间距较宽时就很可能测不到而不被发现，或未测到峰值而认为幅值不大而易于忽略，也有可能认为是尾水管涡带的一部分而未加以注意。

（6）叶道涡。叶道涡的发现较早，最初的叶道涡是从空化角度被加以关注的。直至 1994 年巴基斯坦的塔贝拉水电站水轮机发生振动和严重的事故后，叶道涡才从水力稳定性角度被给予了极大的关注。叶道涡是因为偏离最优工况后产生的，因此也可以用以最优工况作为坐标原点来进行分析。不同模型出现叶道涡的工况位置和变化规律大同小异。在低水头时开始出现叶道涡的流量 Q/Q_{opt} 在 0.65～0.70 之间，基本不随水头而变。转入高水头叶道涡后，开始出现叶道涡的流量 Q/Q_{opt} 则随水头的升高而增大。因此叶道涡与尾水管涡带一样，是混流式水轮机偏离最优工况后产生的一种水力不稳定现象，是无法避免的。叶道涡对水轮机稳定性的影响，在各种模型试验中，迄今为止均未测到发生叶道涡时相应的压力脉动及其频率。

（7）叶片数的压力脉动。叶片数的压力脉动是由水流流经转轮时，与转轮叶片头部发生冲击所造成的。这种压力脉动很容易从频率上加以识别。它的频率为 $nZ/60\text{Hz}$（n 为转速，Z 为转轮叶片数）。试验表明，混流式水轮机流道中存在这种水压脉动是一个普遍的现象，只是脉动的幅值大小有所不同。但因为频率较高，仍需注意是否与转轮或水工等结构部件的固有频率相近，避免发生共振或疲劳。

（8）卡门涡。卡门涡是当流体绕流固体时，在边界上产生逆压梯度后，流体的附面层与固体边壁发生分离，产生周期性的脱流旋涡（涡列）的一种水力不稳定现象。在水轮机中，卡门涡常见的部位为叶片的出水边，如固定导叶、活动导叶、转轮叶片出水边后等。其中在转轮叶片出水边后发生的卡门涡，当涡列强度较大，尾水管压力较低时，有时可从尾水管中观察到。而发生在固定导叶和活动导叶出水边后的卡门涡，则因环境压力较高，很难直接观察到。由卡门涡引起的压力脉动通常很小，而频率则十分高（在模型条件下可高达上千赫兹，因此很难检测到）。真机由卡门涡引起的振动主要是共振，在这种情况下，不但会使机组发生激烈的振动和噪声，同时由于反复交变应力的作用，还可能使叶片产生裂纹。卡门涡在叶片出水边是必然要出现且无法避免的一种现象。所以解决卡门涡的办法不是消灭卡门涡，而是改变叶片出水边的形状，使卡门涡的频率与叶片等固定部件的固有频率错开，避免发生共振。

以上这些水力不稳定现象在混流式水轮机中较为常见。在模型和真机试验中，还常常可能出现因加工、制造、安装等原因，或因电气机械所产生的不平衡力所造成的水力不平衡所引起的水压脉动，这些水力不平衡常以转速频率的压力脉动出现。此外在模型试验中还发现多种不同频率不明原因的压力脉动，其中有些可能是模型试验台水力系统所引起的，需要加以分析识别，如频率较高，则需注意观测和研究其起因，以防真机产生类似脉动，引起共振或疲劳等。

2.1.2.2 几个值得注意的稳定性现象

近年来在水轮机的稳定性问题上，经常发现有些与习惯的概念相反，或过去虽已有所发现，但未引起人们注意的问题。

（1）大多数水轮机的不稳定问题发生在高水头。从国内外大机组稳定性来看，绝大多数机组振动和摆度的增大发生在高水头，振动和摆度往往在允许范围之内。所以很多机组开始投入运行时较好，但随着水库的水位逐渐升高后，振动摆度就逐渐增大，特别当水头超过设计水头之后，稳定性问题就逐步暴露出来。这一现象目前还无法得到很好的解释。高水头稳定性差究竟是水力还是其他原因所引起，尚待分析研究。但从影响机组稳定性的因素来分析，如结构设计（刚强度）、加工制造、安装等，这些因素在高低水头时所产生的影响不应有很大的差异，因此机组在高水头时稳定性之所以急剧变差，主要与工况或水力有关。因此，龙滩水电站初期因水头较低，可能开始投运时稳定性问题不很突出。但注意观测随着水头上升机组振动摆度的变化，如发现振动摆度随水头上升较快，需要及早采取措施防范。

（2）不同水头的压力脉动值与稳定性并非成正比。压力脉动的标准都是取尾水管处压力脉动的相对值 $\Delta H/H$（ΔH 为压力脉动值，H 为水头）的大小作为标准的。认为 $\Delta H/H$ 值愈大，机组的振动摆度也就愈大或愈不稳定。那么是否是高水头时的压力脉动 $\Delta H/H$ 值较低水头时的 $\Delta H/H$ 值大，导致高水头时的振动摆度增大了呢？经实际测试，有振动的机组高水头时的压力脉动 $\Delta H/H$ 值都比低水头时小，但高水头时的振动摆度仍比低水头时大。有人认为这是因为高水头时的 H 值比低水头时要大的原因，因此不应取 $\Delta H/H$ 作为标准，而应取压力脉动的绝对值作为标准。因为机组的振动摆度与力的绝对值有关，即与 ΔH 成正比而不是与相对值 $\Delta H/H$ 成正比。用 ΔH 做标准看来虽比 $\Delta H/H$ 要合理些，但大量真机实测的结果表明，高水头时的 ΔH 值即使小于低水头，机组的振动摆度仍然大于低水头。

因此不考虑水头范围，采用同一个压力脉动 $\Delta H/H$ 值来作为保证机组的稳定性的指标是不妥的。根据一些电站的实测资料，有些机组在低水头时尽管压力脉动的相对幅值 $\Delta H/H$ 值已超过了 10%（有的小机组甚至大于 20%）但机组的运行状况往往仍保持稳定良好，但同一机组在高水头时，$\Delta H/H$ 仅 5%～6%，振动摆度反而很大。

虽然目前不能很好解释其原因，但至少可以认为用同一个 $\Delta H/H$ 值作为稳定性标准是不妥的。低水头时的 $\Delta H/H$ 值可以放宽，而高水头时的 $\Delta H/H$ 值应当严加控制。

（3）大多数真机的压力脉动值大于模型。在真机未投入前对水水轮机稳定性的判别与验收是通过模型来进行的，实际上是假定模型与真机的压力脉动幅值（$\Delta H/H$）相似。但通过真机的压力脉动资料看，有不少真机的压力脉动值大于模型，表 2-1 为部分实例。

表 2-1　　　　　　　　　　部分电站真机与模型压力脉动 $\Delta H/H$ 比较表　　　　　　　　　　％

电站	合同保证值	模型验收值	原型实测值	备　注
五强溪	7	14	25	
隔河岩		10.5	21	
二滩	5		12～17	
刘家峡 2 号机	7	10	12	
刘家峡 5 号机	7	10	17	
宝珠寺	8	6.3	7.4	
李家峡		15	20	
大朝山	7	8.5(7.45)	(9.8)	括号内为试验值
岩滩	7	10		
漫湾	7	(4.5)	(6.8)	非压力脉动最大工况点
花木桥		4.3	7	模型 $\sigma=\sigma_c$，真机 $\sigma=0.09$
流溪河		3.9	5.3	模型 $\sigma=\sigma_c$，真机 $\sigma=0.10$

从表 2-1 可见，大多真机的压力脉动 $\Delta H/H$ 值大于模型，因此真机的压力脉动 $\Delta H/H$ 值比模型大是普遍性的现象。这种现象在国内外机组都有发生，因此不能用试验误差、加工制造质量解释。

（4）吸出高度 H_s 的选择要同时考虑稳定性。水轮机的吸出高度 H_s 以往都是从空化角度加以确定，但大量试验表明，有多种水压脉动的幅值 $\Delta H/H$ 值与空化系数有密切关系，包括尾水管涡带、特殊水压脉动、叶道涡等。一般是空化系数愈大，$\Delta H/H$ 值相对减小，也就是空化系数与稳定性有密切关系。因此水轮机设计应从空化系数对稳定性的影响方面来提高水轮机本身的空化性能。而在确定水轮机合理的安装高程时，除了要保证水轮机空化的安全外，还需要考虑对稳定性的影响，为此需要减小吸出高度适当增大一些埋深。

2.1.2.3　小结

（1）无涡区是压力脉动最小、运行最平稳的区域，因此在水轮机参数设计与选择中，须尽量将水轮机的正常运行工况置于该区内。

（2）混流式水轮机偏离最优工况后将出现不同的水压脉动，不能仅以尾水管压力脉动作为标准，在模型试验中须对全流道进行仔细的观测。

（3）高水头区的稳定性是机组稳定性的关键，因此设计水头与最高水头之间的差距不宜过大。

（4）混流式水轮机中所发生的多种水力不稳定现象，目前大多尚未找到解决办法，一些大型机组投入运行后才发现问题。龙滩是特大型机组，因此应吸取已有大机组的经验教训，及早开展试验研究工作，以保证机组更好的安全运行。

2.1.3　水轮机参数选择分析

2.1.3.1　比转速 n_s 和比转速系数 K

比转速 n_s 是水轮机的一个基本特征参数，它综合反映了水轮机的能量、空化、效率等特性，也反映了水轮机的设计水平。

图 2-1 是大型混流式水轮机比转速随额定水头的变化曲线。

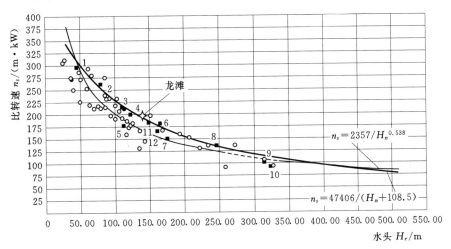

图 2-1　大型混流式水轮机比转速随额定水头的变化曲线图

1—五强溪；2—三峡；3—天生桥Ⅰ级；4—李家峡；5—小浪底；6—二滩；7—天生桥Ⅱ级；
8—罗贡斯克；9—鲁布革；10—大七孔；11—卡仑Ⅰ；12—卡仑Ⅲ

按统计分析，并结合国内外已建成的大型混流式水轮发电机组的实际运行情况，当额定水头为 140.00m 时，选择龙滩电站的比转系数 K 为 2218，n_s 为 187.5m·kW。

从稳定性考虑，选择较高的参数，水轮机发生不稳定与裂纹的几率将增大。对龙滩这样的巨型机组不宜过分追求高参数，因此取较低的比转速是较为稳妥、安全的。比转速为187.5m·kW，相应的比速系数 K 为 2218 是合适的。

2.1.3.2　单位流量 Q_{11} 及转轮直径 D_1

水轮机单位流量是水轮机的一个重要指标。提高单位流量可以减小水轮机转轮直径，减轻水轮机重量，减小厂房尺寸。但是过大的单位流量会造成流道内流速增加，空化系数增大，水轮机空化性能下降等不利因素。

图 2-2 为部分混流式水轮机最大水头与单位流量的统计关系曲线。参考统计曲线及国内外其他水电站水轮机的参数，初步选择水轮机在额定水头 $H_r=140.00$m 的转轮最大单位流量 $Q_{11}=0.8$m³/s，转轮直径 $D_1=7.7$m。最终的选择还需结合其他因素，如模型试验与有关稳定性、强度分析计算等，进行综合分析，进一步优选确定。

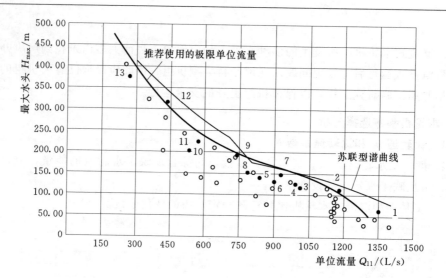

图 2-2　部分混流式水轮机最大水头与单位流量的统计关系曲线图

1—五强溪；2—大古力Ⅲ；3—三峡；4—隔河岩；5—李家峡；6—伊泰普；7—天生桥Ⅰ级；
8—龙羊峡；9—二滩；10—萨扬-舒申斯克；11—天生桥Ⅱ级；12—罗贡斯克；13—鲁布革

2.1.3.3　单位转速 n_{11} 和额定转速 n_r

图 2-3 是混流式水轮机单位转速与比转速的统计关系曲线。当比转速 n_s 为 187.5 m·kW 时，对应 $n_{11}=70.0$r/min，求出额定转速 $n_r=107.6$r/min。因此，初选水轮机额定转速 n_r 为 107.1r/min 和 111.1r/min。

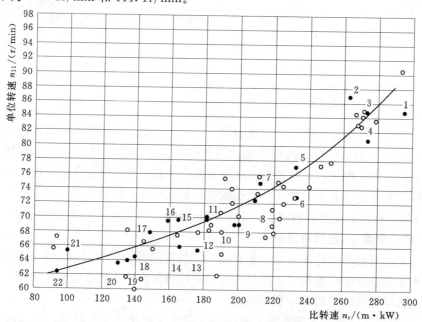

图 2-3　混流式水轮机单位转速与比转速的统计关系曲线图

1—五强溪；2—三峡；3—大古力Ⅲ；4—三门峡；5—隔河岩；6—克拉斯诺亚尔斯克；7—天生桥Ⅰ级；8—伊泰普；
9—古里Ⅱ；10—李家峡；11—列维尔斯托克；12—二滩；13—小浪底；14—LG2；15—齐尔凯；16—萨
扬-舒申斯克；17—天生桥Ⅱ级；18—麦卡；19—罗贡斯克；20—努列克；21—鲁布革；22—印古里

近年来，水轮机的比转速之所以得到了很大的提高，除单位流量的增大外，与单位转速的提高也是分不开的。但从水轮机角度来看，要使水轮机获得较高的效益，则主要依靠增大过流量或单位流量，因为这样可以缩小转轮直径。而单位转速较高，意味着转速较高，对稳定性不利；同时结构部件应力较高，对强度不利；空化系数也会有所增大。因此对水轮机而言，并不是单位转速或转速愈高愈有利。

从稳定性和强度考虑，单位转速或转速都是低些好些。如在转速 111.1r/min 与 107.1r/min 之间选择，107.1r/min 较为有利，转轮的线速度可降低，有利于提高刚强度和稳定性。但最优单位转速与单位流量之间需有一个合理的匹配，由于不同的水轮机厂家的习惯与经验不同，最优的匹配值不一定相同，故在资料还不够丰富的条件下，不对具体的转速值做硬性规定。故在招标前推荐 111.1r/min 与 107.1r/min 两个转速。

2.1.3.4 水轮机效率 η_r

对于龙滩水电站，一方面，希望机组具有较高的效率水平；另一方面，又要考虑本电站是一个调峰、调频电站，其运行工况范围大，不可能固定在某个工况高效率运行。因此，应考虑加权平均效率的总体提高。经过反复分析、比较，水轮机模型最高效率应不小于 94.5%，原型水轮机效率不小于 95.7%～96.6%。

2.1.3.5 空化系数 σ

根据龙滩水电站的下游水位和安装高程，所取的吸出高度 H_s 为 −6.00m。

在模型尚未具体确定前，空化系数难以可靠确定。通常的办法是先按经验公式估算所需的电站空化系数 σ 或吸出高度 H_s 值。国内外常用的是 Siervo 的经验公式。表 2−2 给出了一些电站用该式计算得出的吸出高度与实际采用值的比较。

表 2−2　　　　　　　　　　用 Siervo 公式计算的吸出高度与真机比较表

电站	H_r/m	n_s/(m·kW)	Siervo 公式计算值		电站 H_s/m	备注
			σ	H_s/m		
萨扬−舒申斯克	194.00	159	0.096	−8.60	−7.50	
大古力Ⅲ	86.90	212	0.144	−2.50	−3.60	$P=612$MW
		273	0.205	−7.80	−3.60	$P=716$MW
伊泰普	112.90	212	0.144	−6.30	−4.50	
三峡	80.60	262	0.194	−5.60	−5.00	保证无空化
二滩	165.00	184	0.118	−9.50	−7.50	
龙滩	125.00	208	0.14	−7.50	−6.00	$P=612$MW
	140.00	195	0.128	−7.90	−6.00	$P=714$MW

从表 2−2 可知，近年来的一些大机组所采用的吸出高度值普遍比用 Siervo 公式计算的结果略大（或电站空化系数小些），这是因为 Siervo 公式是一个经验公式，以 1970—1975 年间机组所采用的电站空化系数的平均值统计得出。而近年来，水轮机的设计与计算技术有了很大的进步，加上加工制造技术的进步和材质的改善，空化性能也有了较大的提高。近代水轮机的参数虽然提高了，但空化性能不但没有恶化，反比过去有了很大的改善，一些大机组基本上都已能做到无空化运行。因此，目前很多大机组已明确提出无空化

要求，实践结果也表明这是可以达到的。

2.1.4 压力脉动的允许值

能源部制订颁发的 DL 445—1991《水轮机基本技术规范》规定，混流式水轮机要求满足稳定运行的负荷范围为 40%～100%，建议尾水管压力脉动的双振幅 $\Delta H/H$ 值不大于 3%～7%，高水头取较小值，低水头取较大值。1995 年的国标 GB/T 15465—1995《水轮机基本技术条件》中，保证稳定运行的负荷范围更改为 40%～100%，允许的压力脉动幅值增大为 3%～11%。真机稳定性的标准其实不是压力脉动而是振动和摆度。国外目前也没有这方面的标准或规定，在这种情况下如何来选择水轮机允许的压力脉动值，较为实际的做法是根据电站的条件且参考类似电站情况以预期水轮机能达到的较好的压力脉动值作为对厂家提出的要求。

根据资料分析，比速较高的模型，尾水管最大的压力脉动值在转轮设计较好的情况下，一般也只能减小到 7%～8%左右。龙滩水电站从厂家提供的资料看，导叶高度约为 0.23 时，模型能达到的较好的压力脉动值，相应于高水头低 n_{11} 时，尾水管最大的压力脉动 $\Delta H/H$ 约为 8%，高 n_{11} 时（相当于低水头）$\Delta H/H$ 略高，约 9%。

高水头时即使 $\Delta H/H$ 值较小，但稳定性仍比低水头时要差，故对于高水头时的压力脉动 $\Delta H/H$ 值应控制严些，低水头时的 $\Delta H/H$ 值则可适当放宽。

2.1.5 CFD 分析

针对龙滩水电站的具体情况，2001 年委托哈尔滨电机厂有限公司、上海希科水电设备有限公司、清华大学等单位，对龙滩水电站水轮机进行计算流体动力学方法（Computational Fluid Dynamics，简称 CFD）分析，对水轮机转轮进行能量指标分析、预测，对水轮机空化特性、涡带发生、发展区域等开展研究。

推荐 A、B 两个水轮机参数进行 CFD 分析，两个水轮机推荐参数见表 2-3。

表 2-3　　　　　　　　　　　龙滩水电站水轮机选择参数

名　　称	A 水轮机	B 水轮机
转轮直径 D_1/m	7.7	7.7
导叶相对高度 $\bar{b}_0$	0.225	0.234
比转速 n_s/(m·kW)	187.5	187.5
比速系数 K	2218	2218
水轮机模型最高效率 η_m/%	94.8	94.5
额定点单位流量 Q_{11}/(m³/s)	0.8	0.8
单位转速 n_{11}/(r/min)	70	70
额定流量 Q/(m³/s)	561	561
额定转速 n_r/(r/min)	107.1	107.1
电站空化系数 σ	0.125	0.125
安装高程/m	215.00	215.00

2.1.5.1 水轮机水力性能预估分析

1. 计算工况

龙滩水电站水轮机 CFD 分析是对原型水轮机在水头 107.00m、140.00m、156.00m、179.00m 下选取 5 个不同的导叶开度，共计 20 个工况点下进行的。各工况点具体参数见表 2-4，其中导叶开度数值为对应转轮直径 D_1 为 376.1mm 模型转轮的导叶开度值。

表 2-4 龙滩水电站水轮机 CFD 分析计算工况表

工作水头 H/m	导叶开度 a_0/mm				
	工况 a	工况 b	工况 c	工况 d	工况 e
107.00	16	18	22	26	28
140.00	16	18	22	26	28
156.00	16	18	20	26	28
179.00	16	18	20	22	26

2. 性能预估结果

对龙滩 A、B 两水轮机 CFD 分析结果进行性能预估，结果见表 2-5 和表 2-6。

表 2-5 龙滩 A 水轮机 CFD 分析预估性能表

工作水头 H/m	单位转速 n_{11}/(r/min)	导叶开度 a_0/mm	流量 Q/(m³/s)	单位流量 Q_{11}/(L/s)	功率 P/MW	原型效率 η_T/%	模型效率 η_m/%	空化系数 σ	压力脉动 $\Delta H/H$/%
107.00	80	16	260.446	424.662	233.701	85.48	84.28	0.020	5.7
		18	289.175	471.506	266.798	87.89	86.69	0.025	6.3
		22	351.054	572.401	329.342	89.37	88.17	0.030	3.6
		26	414.317	675.553	401.862	92.40	91.20	0.071	4.0
		28	461.613	752.670	448.211	92.50	91.30	0.090	3.1
140.00	70	16	330.254	470.763	413.517	91.16	89.96	0.027	2.8
		18	370.294	527.838	474.368	93.27	92.07	0.030	2.2
		22	444.325	633.366	586.070	96.04	94.84	0.060	3.6
		26	513.796	732.394	657.096	93.11	91.91	0.080	2.0
		28	567.237	808.572	709.485	91.07	89.87	0.094	3.2
156.00	66	16	356.314	480.053	499.108	91.11	89.91	0.021	2.1
		18	403.519	543.651	579.214	93.36	92.16	0.033	1.9
		20	456.07	614.451	667.565	95.20	94.00	0.058	1.9
		26	556.786	750.144	790.742	92.37	91.17	0.081	2.5
		28	609.016	820.512	835.189	89.19	87.99	0.093	3.4
179.00	62	16	393.468	496.022	623.074	90.17	88.97	0.024	2.1
		18	442.418	557.731	729.672	93.92	92.72	0.046	2.3
		20	498.217	628.073	828.473	94.69	93.49	0.065	1.2
		22	525.162	662.041	876.623	95.06	93.86	0.073	2.3
		26	613.326	773.185	979.039	90.90	89.70	0.087	2.8

表 2-6　　　　　　　　　龙滩 B 水轮机 CFD 分析预估性能表

工作水头 H /m	单位转速 n_{11} /(r/min)	导叶开度 a_0 /mm	流量 Q /(m³/s)	单位流量 Q_{11} /(L/s)	功率 P /MW	原型效率 η_T /%	模型效率 η_m /%	空化系数 σ	压力脉动 $\Delta H/H$ /%
107.00	80	16	264.440	431.175	236.769	85.30	84.10	0.017	6.2
		18	298.295	486.377	275.079	87.85	86.65	0.020	4.7
		22	357.674	583.195	334.891	89.20	88.00	0.031	5.1
		26	421.618	687.457	408.042	92.20	91.00	0.059	5.9
		28	469.006	764.725	454.888	92.40	91.20	0.077	5.2
140.00	70	16	337.972	481.765	422.928	91.11	89.91	0.029	3.2
		18	377.548	538.179	483.107	93.17	91.97	0.035	1.9
		22	453.146	645.941	595.713	95.72	94.52	0.064	2.5
		26	522.839	745.285	666.894	92.87	91.67	0.081	2.4
		28	579.061	825.427	719.659	90.49	89.29	0.096	2.7
156.00	66	16	364.727	491.388	511.325	91.19	89.99	0.030	2.6
		18	412.69	556.007	594.905	93.76	92.56	0.038	1.9
		20	466.283	628.212	681.823	95.11	93.91	0.062	2.2
		26	563.23	758.826	799.250	92.30	91.10	0.084	3.3
		28	621.454	837.270	851.292	89.10	87.90	0.097	3.5
170.00	62	16	400.726	505.172	636.293	90.42	89.22	0.032	2.1
		18	453.148	571.258	748.852	94.11	92.91	0.054	1.8
		20	510.152	643.119	845.660	94.40	93.20	0.071	2.1
		22	535.412	674.963	892.232	94.90	93.70	0.075	2.2
		26	617.506	778.455	982.407	90.60	89.40	0.092	2.7

3. CFD 性能预估结果分析

（1）蜗壳。A、B 两水轮机在额定水头（$H_r=140.00$m）下三计算工况点的蜗壳内压力分布从蜗壳进口到蜗壳出口沿径向均匀降低，速度矢量随之均匀增大，压力与速度分布在圆周方向具有较好的对称性，内部流动状况理想，水力损失小。相同水头下，从小流量工况到大流量工况蜗壳内对应点速度增大，压力降低。

（2）导水机构。A 水轮机相对导叶高度 $\bar{b}_0$ 为 0.225，B 水轮机相对导叶高度 $\bar{b}_0$ 为 0.234，均采用 24 个负曲率活动导叶和 24 个固定导叶，分为大小不同形状各异的 4 组，在圆周方向具有不同的径向布置和安放角。

A、B 两水轮机在额定水头（$H_r=140.00$m）下三计算工况点，在各导叶区间内压力分布从固定导叶进口到活动导叶出口均匀降低，速度矢量随之均匀增大，流线顺畅，导叶进出口无明显脱流、漩涡发生，速度、压力分布在圆周方向具有良好的对称性。

相同水头下，从小流量工况到大流量工况固定导叶部分流动参数变化规律与蜗壳相同，对应点速度增大，压力降低；活动导叶部分流动参数变化规律与固定导叶部分相反，对应点速度减小，压力升高。

（3）转轮。A、B两水轮机转轮直径 D_1 为 7.7m，叶片数为 15 个，A 转轮相对导叶高度 $\overline{b_0}$ 为 0.225，B 转轮相对导叶高度 $\overline{b_0}$ 为 0.234。

在额定水头（$H_r = 140.00\text{m}$）下，A、B两水轮机最优工况（$a_0 = 22\text{mm}$）处叶片头部满足无撞击进口，工作面、背面均没有明显的脱流、回流、横向流动等二次流动现象，流线顺畅。工作面、背面压力分布均从叶片进水边到出水边均匀降低，沿流线压力梯度均匀，整个叶片面上对应各点的工作面压力均高于背面压力。转轮出口处水流基本垂直下泄，环量为不大的正环量，表明该工况位于综合特性曲线上零冲角线与零环量线的交点附近。

水轮机在小流量工况处叶片头部入流为负冲角，在叶片正面发生脱流；在大流量工况处叶片头部入流为正冲角，在叶片背面发生脱流。A、B两水轮机采用具有部分X形叶片特征的混合型叶型有效地抑制了背面的脱流，从而提高背面叶片出口的空化性能，并能防止在高水头工况下背面的脱流发展成为叶道涡，从而提高机组的稳定性能。

A、B两水轮机接近最小流量工况（$a_0 = 16\text{mm}$）与接近限制流量工况（$a_0 = 28\text{mm}$）处。偏离工况下，负压面与下环面速度矢量分布较好，没有明显的脱流、回流、横向流动等二次流动现象，流线顺畅，压力分布从叶片进口到叶片出口均匀降低，压力梯度比较均匀；工作面、上冠面的流动状况相对较差，存在脱流与横向流动，但总体上压力、速度变化较为均匀。

（4）尾水管。最优工况（$a_0 = 22\text{mm}$）下，尾水管进口速度、压力分布基本对称，尾水管内没有涡带生成，水流基本垂直下泄，压力沿径向分布比较均匀；接近最小流量工况（$a_0 = 16\text{mm}$）下，尾水管进口速度、压力分布偏心，尾水管内有与转轮旋转方向相同的涡带产生，水流在随涡带公转的同时还在以转轮旋转的方向自转，尾水管进口压力分布沿径向存在梯度，在涡旋中心存在低压区；接近限制流量工况（$a_0 = 28\text{mm}$）下，尾水管进口速度、压力分布也存在偏心，尾水管内有与转轮旋转方向相反的涡带产生，水流在随涡带公转的同时还在以转轮旋转的反方向自转，尾水管进口压力分布沿径向存在较大的梯度，在涡旋中心存在低压区。经计算预估 A、B 两水轮机尾水管的回能系数 η_v 为 67.94%。

4. 小结

原型水轮机从蜗壳进口至尾水管出口全流道的定常三维湍流 CFD 计算结果表明，水轮机流动参数流速和压力等分布合理，在主要运行工况未出现叶道涡和叶片面严重脱流等现象。A 水轮机在高水头工况性能较优，B 水轮机在低水头工况性能较优。

2.1.5.2 水轮机水力稳定性分析

1. 动静翼干涉引起的水轮机引水部件的压力脉动

水力机械在设计工况下，其叶片进口边的位置和角度是满足液流运动条件的，撞击、液流脱流及转轮的效率下降等问题不会发生。但是在非设计工况下，在转轮叶片的进口边附近将会发生脱流，这种脱流形成的压力脉动是随机性的，即压力脉动的振幅变化没有规律，脉动的频率也不固定，而且多数情况下将引起不规则的噪声。小流量时，叶片进口处的工作面产生脱流，而在大流量时，则在叶片进口处的背面产生脱流，旋涡脱流产生后，这个区的水流容易变得不稳定，同时在叶片上产生交变的力作用，使叶片产生压力脉动和自激振动。

（1）物理模型。压力脉动采用非定常的二阶隐式算法计算，湍流模型采用标准 $k-\varepsilon$ 双方程流模型，壁面处采用标准壁面函数处理。

（2）计算域。应用三维全流道计算的方法，计算从蜗壳的进口到尾水管出口的整个流道。

表2-7列出了几个不同工况下蜗壳进口、固定导叶前、固定导叶后、转轮前的压力脉动通频幅值和对应的频率。

表2-7 不同工况、各测点位置压力脉动幅值及频率表（A水轮机）

工 况		蜗壳进口		固定导叶前		固定导叶后		转轮前	
		振幅	频率	振幅	频率	振幅	频率	振幅	频率
$H=107.00\text{m}$	$a_0=16\text{mm}$	0.2%	2Hz	0.7%	2Hz	1.2%	2Hz	1.3%	2Hz
	$a_0=28\text{mm}$	0.9%	5Hz	3.3%	5Hz	4.9%	5Hz	6.6%	5Hz
$H=140.00\text{m}$	$a_0=18\text{mm}$	0.2%	3Hz	0.6%	3Hz	0.9%	3Hz	1.2%	3Hz
	$a_0=22\text{mm}$	0.6%	6Hz	2.2%	5Hz	3.6%	6Hz	4.6%	6Hz
	$a_0=26\text{mm}$	0.4%	5Hz	1.7%	5Hz	2.7%	5Hz	3.5%	5Hz
	$a_0=28\text{mm}$	0.6%	5Hz	2.5%	5Hz	3.9%	5Hz	4.9%	5Hz
$H=156.00\text{m}$	$a_0=20\text{mm}$	0.5%	5Hz	1.4%	5Hz	2.9%	5Hz	3.7%	5Hz

从表2-7可以看出小流量时引水部件的压力脉动通频幅值较小，大流量时引水部件的压力脉动通频幅值较大。压力脉动频率集中在低频范围内，约为转频的2～3倍，小流量时频率较低。压力脉动幅值无明显随水头变化规律。

（3）B水轮机计算结果。表2-8列出了设计工况下蜗壳进口、固定导叶前、固定导叶后、转轮前的压力脉动幅值和对应的频率。

表2-8 设计工况、各测点位置压力脉动幅值及频率表（B水轮机）

工 况		蜗壳进口		固定导叶前		固定导叶后		转轮前	
		振幅	频率	振幅	频率	振幅	频率	振幅	频率
$H=140.00\text{m}$	$a_0=22\text{mm}$	1.4%	1.8Hz	2.8%	1.8Hz	7.5%	1.3Hz	8.5%	2.2Hz

由表2-7和表2-8可以看出，在设计工况下A、B水轮机的蜗壳进口、固定导叶前、固定导叶后、转轮前的压力脉动幅值都比较小，频率较低；B水轮机引水部件压力脉动比A水轮机引水部件压力脉动值大。

2. 尾水涡带引起的水轮机压力脉动

表2-9为多工况尾水管压力脉动的通频峰—峰值与水头之比的相对值。

表 2-9			不同工况尾水管压力脉动幅值表（A 水轮机）			
工 况	$a_0=16$mm	$a_0=18$mm	$a_0=20$mm	$a_0=22$mm	$a_0=26$mm	$a_0=28$mm
$H=107.00$m	5.7%	6.3%	—	3.6%	4%	3.1%
$H=140.00$m	2.8%	2.2%	—	3.6%	2%	3.2%
$H=156.00$m	2.1%	1.9%	1.9%	—	2.5%	3.4%
$H=179.00$m	2.1%	2.3%	1.2%	2.3%	2.8%	—

由表 2-9 看出，A 水轮机转轮在低水头（107.00m）工况下运行时压力脉动较大，随着水头的升高压力脉动随之减小，至 156.72m 水头时最小，当水头继续升高时压力脉动增大。引水部件的压力脉动频率集中在低频范围内，约为转频的 2～3 倍；越靠近转轮压力脉动的通频幅值就越大。

尾水管压力脉动频率集中在低频范围内，流量越大频率越低。小流量时约为转频的 1/5，大流量时约为转频的 1/4。压力脉动的幅值在小流量工况时较大，在中高流量工况时幅值较小，在大流量时，随流量的加大压力脉动幅值有增加的趋势。

表 2-10 为各工况尾水管压力脉动的通频峰—峰值与水头之比的相对值。此值为全三维计算结果。

表 2-10			不同工况尾水管压力脉动幅值表（B 水轮机）			
工 况	$a_0=16$mm	$a_0=18$mm	$a_0=20$mm	$a_0=22$mm	$a_0=26$mm	$a_0=28$mm
$H=107.00$m	6.2%	4.7%	—	5.1%	5.9%	5.2%
$H=140.00$m	3.2%	1.9%	—	2.5%	2.4%	2.7%
$H=156.00$m	2.6%	1.9%	2.2%	—	3.3%	3.5%
$H=179.00$m	2.1%	1.8%	2.1%	2.2%	2.7%	—

在低水头工况下，B 水轮机尾水管压力脉动值比 A 水轮机尾水管压力脉动值大；在中高水头工况下 B 水轮机尾水管压力脉动值与 A 水轮机尾水管压力脉动值大体相当。

3. 卡门涡

（1）水轮机导叶尾缘的卡门涡。随着流动趋于稳定，在活动导叶尾部出现了一个较小的死水区，该死水区对导叶尾缘的流动形成了一定的扰动，使得流过该死水区周围的流线被死水区带动形成了一定的回流后流向下游。由于这一扰动同转轮入口处由动静翼干涉引起的水轮机引水部件的压力脉动相比非常小，因此可忽略不计。

位置不同的三个活动导叶尾缘的速度矢量分布基本相同，说明水流经活动导叶后周向速度的分布是相似的。大流量工况（水头 $H=140.00$m，导叶开度 $a_0=28$mm）、小流量工况（水头 $H=140.00$m，导叶开度 $a_0=16$mm）下活动导叶尾缘的流动情况，同最优工况一样，位置不同的三个活动导叶尾缘的速度矢量分布基本相同，即水流经活动导叶后周向速度分布是相似的；另外，无论小流量工况、最优工况、还是大流量工况，活动导叶尾缘均未见卡门涡发生。

（2）叶片出水边厚度变化造成的卡门涡。

1）尾部加厚活动导叶尾缘流动计算结果。通过引入非定常的方法，采用蜗壳与导水机构联合计算，在最优工况、大流量工况、小流量工况下对尾缘加厚活动导叶的流动情况进行了计算。由于导叶尾缘厚度的增加，在这一区域出现了交替产生并脱落的卡门涡，使得局部流动阻力加大，在一定程度上影响了流场的合理分布。

2）三个工况下加厚尾部活动导叶尾缘流动情况比较。在最优工况（水头 $H=$ 140.00m，导叶开度 $a_0=22\text{mm}$）、大流量工况（水头 $H=140.00\text{m}$，导叶开度 $a_0=$ 28mm）、小流量工况（水头 $H=140.00\text{m}$，导叶开度 $a_0=16\text{mm}$）下对加厚尾部活动导叶尾缘流动情况分别进行计算。三个工况下加厚尾部活动导叶尾缘均出现了交替产生并脱落的卡门涡，使得局部流动阻力加大，在一定程度上影响了流场的合理分布。

3）卡门涡脱流频率的估算。采用捷克物理学家斯特鲁哈尔（Strouhal）提出来的经验公式，对上述三个工况下加厚尾部活动导叶尾缘产生的卡门涡脱流频率进行了估算。卡门涡的脱流频率在 $20\sim50\text{Hz}$ 之间，与一般电站的土建厂房的固有频率（$30\sim50\text{Hz}$）在相同的范围内，可能会形成共振，造成土建厂房的破坏，所以，不采用这种加厚出水边的活动导叶。

（3）转轮叶片尾缘卡门涡。采用非定常的方法，以及蜗壳、导水机构和转轮联合计算，对转轮叶片尾缘处卡门涡进行了研究，在转轮叶片尾缘处未见卡门涡产生，流动情况理想。

4. 叶道涡

对混流式水轮机，当偏离最优工况区时，叶片的绕流条件变差，水流将在叶片进口发生撞击、脱流，整个流道内流动产生分离，使水轮机的流动情况恶化，水力效率降低。低水头工况下，水流入口角为负值，在叶片进口沿工作面流动发生分离；高水头工况下，入口角为正值，在叶片进口的背面流动发生分离。叶片进口的脱流在流道内发展，则可能在叶片流道的中间位置形成直至流道出口的旋涡，即叶道涡。由于叶道涡中心压力很低，叶道涡通常与沿中心线的空化结合，形成了漩涡空化区。同时，叶道涡是不稳定的，导致转轮流道内水流的脉动，并在尾水管内引起较大的低频压力脉动，严重时将引起水轮机功率的波动和各部件机械的振动，对机组构件造成破坏，影响机组的安全稳定运行。

2.1.5.3 CFD 分析结论

（1）根据设计参数，通过 CFD 计算预测，A 水轮机（$\bar{b}_0=0.225$）的模型最优效率为 94.8%，真机最优效率为 96.0%，最优点的空化系数为 0.060；B 水轮机（$\bar{b}_0=0.234$）的模型最优效率为 94.5%，真机最优效率为 95.7%，最优点的空化系数为 0.064。

（2）采用定常三维湍流 CFD 计算方法，通过模拟从蜗壳进口至尾水管出口全流道的流动，对水轮机能量性能和空化性能进行预测。全流道三维定常湍流的计算结果表明，水轮机流动参数流速和压力等分布合理，在主要运行工况未出现叶道涡和叶片面严重脱离现象。

（3）采用三维非定常湍流计算方法，模拟从蜗壳进口至尾水管出口全流道的非定常流动，预测引水部件的压力脉动；模拟尾水管中的涡带，从而预测尾水管的压力脉动频率和幅值。尾水管等处的压力脉动通频峰—峰值与水头之比等稳定性指标满足有关规程的要求。

（4）A、B水轮机叶片由于采用比较理想的头部形状，除了在极低水头工况下，转轮中未出现叶道涡，并且所有工况下均未出现卡门涡等非稳定流动现象。

（5）由模型综合特性曲线及原型运转特性曲线的比较得出，A水轮机在高水头工况性能较优，B水轮机在低水头工况性能较优。考虑压力脉动、叶道涡等水力因素，A水轮机的水力稳定性比较好。

2.1.6 稳定性指标及机组参数

经过以上分析及CFD分析结果，机组招标采用如下稳定性指标及机组参数。

2.1.6.1 尾水管压力脉动

尾水管压力脉动频率和混频双振幅（峰—峰）值保证不大于表2-11数值。

表2-11 尾水管压力脉动频率和混频双振幅值

水头/m	水轮机功率范围	压力脉动的双振幅值 $\Delta H/H/\%$		预计主频率/Hz
		模型	原型	
97.00～107.00	空载至各水头下45%预想功率	8	8	0.36～0.54
	各水头下45%～70%预想功率	8	8	0.36～0.54
	各水头下70%～100%预想功率	6	6	1.79
107.00～125.00	空载至各水头下45%预想功率	8	8	0.36～0.54
	各水头下45%～70%预想功率	7	7	0.36～0.54
	各水头下70%～100%预想功率	4	4	1.79
125.00～140.00	空载～321MW	7	7	0.36～0.54
	321～499MW	7	7	0.36～0.54
	499～714MW	3	3	1.79
140.00～160.00	空载～321MW	7	7	0.36～0.54
	321～499MW	8	8	0.36～0.54
	499～714MW	3	3	0.36～1.79
160.00～179.00	空载～321MW	6	6	0.36～0.54
	321～499MW	8	8	0.36～0.54
	499～714MW	5	5	0.36～1.79

注 ΔH 为实测压力脉动过程曲线峰值外包络线，H 为相应的运行水头。

2.1.6.2 振动和大轴摆度

水轮机顶盖振动值（双振幅值）和水导轴承处大轴相对摆度及绝对摆度（双幅值）保证不大于表2-12数值。

2.1.6.3 水轮机主要参数

1. 水轮机效率

（1）在净水头140.00m和功率714MW条件下的水轮机效率保证值不小于93.75%。

相应的模型水轮机的效率保证不小于91.95%。

（2）在净水头125.00m和功率612MW条件下的水轮机效率保证值不小于93.62%。相应的模型水轮机的效率保证不小于91.82%。

（3）模型水轮机的加权平均效率保证不小于92.84%。

（4）原型水轮机的加权平均效率保证不小于94.64%。

（5）模型水轮机的最高效率保证不小于94.53%。

（6）原型水轮机的最高效率保证不小于96.33%。

表 2-12 水轮机顶盖振动及大轴摆度保证值

净水头 /m	水轮机功率范围	顶盖振动值		水导处主轴摆度	
		垂直振动 /mm	水平振动 /mm	相对摆度 /(mm/m)	绝对摆度 /mm
97.00~107.00	各水头下的 70%~100%预想功率	0.12	0.15	0.05	0.25
	各水头下的 45%~70%预想功率	0.12	0.15	0.05	0.25
107.00~125.00	各水头下的 70%~100%预想功率	0.10	0.12	0.05	0.20
	各水头下的 45%~70%预想功率	0.10	0.12	0.05	0.20
125.00~140.00	321~499MW	0.10	0.12	0.05	0.20
	499MW~100%预想功率	0.10	0.12	0.05	0.20
140.00~176.00	321~499MW	0.10	0.12	0.05	0.20
	499~714MW	0.10	0.12	0.05	0.20
97.00~179.00	空载	0.10	0.12	0.05	0.20
	其他运行工况	0.12	0.15	0.05	0.25

2. 水轮机功率

（1）水轮机以额定转速运行时，净水头为125.00m时，原型水轮机功率为612.0MW。

（2）水轮机以额定转速运行时，净水头为140.00m时，原型水轮机功率为714.0MW。

3. 水轮机转速

（1）水轮机旋转方向为俯视逆时针。

（2）水轮机额定转速107.1r/min。

4. 比转速

（1）原型水轮机最优工况比转速156.1m·kW。对应模型比转速155.9m·kW。

（2）净水头140.00m，功率714MW时比转速188.0m·kW。对应模型比转速187.8m·kW。

（3）净水头125.00m，功率612MW时比转速200.5m·kW。对应模型比转速

200.3m·kW。

2.2 水轮机模型及验收试验

龙滩水电站水轮机及其附属设备由东方电机股份有限公司、伏依特西门子公司和上海希科水电设备有限公司联合体（简称 VSH/SHEC）中标，并于 2003 年 1 月与业主方签订供货合同。2003 年 9 月，业主方组成龙滩水电站水轮机模型验收试验工作组，在 VOITH SIEMENS 水力机械试验室进行了水轮机模型验收试验，验证水轮机的水力性能指标是否满足供货合同要求，并将验收后的模型试验结果作为水轮机水力设计和验证原型水轮机能量指标保证值和机组稳定性的依据。

2.2.1 模型试验原理

水轮机中的水流运动属于水力学范畴，水轮机内部流动满足三维黏性流动方程，包括连续性方程、运动方程、能量方程和状态方程，遵循水力相似准则。这些准则包括：

斯特努哈数 St：非定常运动中当地加速度与迁移加速度的比值，反映到水轮机中对应的就是单位转速。在稳定工况下，水轮机转轮中的相对运动是定常的，绝对运动是非定常的。所以斯特努哈数 St 相等即单位转速相等是水轮机模型试验必须满足的条件。

欧拉数 Eu：差压力与惯性力的比值，表示水流中压强相似关系。水轮机中，压差力是最重要的作用力，压强和空化现象有关系。因此欧拉数相等是水轮机模型试验必须满足的条件。

雷诺数 Re：惯性力与黏性力的比值。反映到水轮机中可以用 $\sqrt{HD}$ 来表征。对于水轮机来说，当原型和模型尺寸比例比较大时，要保持雷诺数 Re 相等即 $\sqrt{HD}$ 为常数在实验室中是很难实现的。从水力摩阻分析，雷诺数达到相当大后，流道中摩擦阻尼系数仅和相对粗糙度有关，而和雷诺数无关，这个区域即阻力平方区，流态自行模拟。因此，在模型试验中仅规定了最小雷诺数。因雷诺数 Re 不相等，所以需要对模型的效率试验结果进行修正。

弗劳德数 Fr：重力与惯性力的比值。重力对速度分布的影响甚微，水轮机模型试验可不考虑弗劳德数 Fr 相等。

2.2.2 模型试验方法和标准

2.2.2.1 模型试验方法

根据相似理论，水轮机相似的充分必要条件是：水轮机的过流部分形状相似，几何尺寸成比例，同时单位转速相等。此时水轮机流道中对应点的速度三角形相似，单位流量、单位功率和比转速分别相等，效率可进行修正。按照相似理论，可以在试验室用尺寸较小的模型水轮机在较低水头下模拟大尺寸和高水头的原型水轮机。

水轮机模型试验台由机械管路系统、电气系统、测试系统和辅助系统组成。机械管路系统由水泵、管路、阀门、压力罐、静压轴承、试验台架等组成；电气系统由电动机、测功机、电气调速和控制系统、变压器等组成；测试系统由传感器及其原级标定设备、数据采集系统、计算机及其软件等组成；辅助系统由试验台控制系统、抽真空设备及其控制系统、供油设备及其控制系统、阀门控制系统等组成。

2.2.2.2 模型试验标准

水轮机模型试验依据的标准有 IEC 60193《水轮机、蓄能泵和水泵水轮机模型验收试验》、IEC 60609《水轮机、蓄能泵和水泵水轮机汽蚀损坏的评定》和 GB/T 15613《水轮机、蓄能泵和水泵水轮机模型验收试验》、GB/T 15469《水轮机、蓄能泵和水泵水轮机空蚀评定》。

龙滩水电站水轮机模型试验及验收试验按供货合同和 IEC 60193、IEC 60609 标准进行。

2.2.3 水轮机技术要求

电站按正常蓄水位 400.00m 设计，按初期蓄水位 375.00m 建设。水轮机设计和制造应能适应两期水位，即能从前期 375.00m 水位，过渡到后期 400.00m 蓄水位运行，确保在两期水位下均能安全、稳定、高效运行。

2.2.3.1 特征水位

龙滩水电站特征水位见表 2-13。

表 2-13 特 征 水 位 表

参　数	前　期	后　期
正常蓄水位/m	375.00	400.00
死水位/m	330.00	340.00
防洪限制水位/m	359.30	385.20
确定安装高程的尾水位/m	224.20	224.20
最低尾水位/m	221.00	221.00
最高尾水位/m	256.79	256.63

2.2.3.2 电站水头

龙滩水电站水头见表 2-14。

表 2-14 电 站 水 头 表

参　数	前　期	后　期
最大毛水头/m	154.00	179.00
最小毛水头/m	97.00	107.00
电能加权平均水头/m	131.65	156.72

2.2.3.3 性能保证

（1）水轮机效率。水轮机在各特征水头与功率条件下的效率、加权平均效率及最高效率保证见表 2-15。

表 2-15 水 轮 机 效 率 保 证 值

项　　目	模型效率/%	原型效率/%
在净水头 140.00m 和功率 714MW 条件下	91.95	93.75
在净水头 125.00m 和功率 612MW 条件下	91.82	93.62
水轮机加权平均效率	92.84	94.64
水轮机最高效率	94.53	96.33

（2）水轮机功率。水轮机以额定转速运行时，水轮机发功率 612.0MW、714.0MW 和 790.0MW 的最小净水头分别为 125.00m、140.00m 和 148.00m。原型水轮机功率和导叶开度见表 2-16。

表 2-16 水轮机功率和导叶开度值

净水头 H/m	107.00	125.00	140.00	150.00	160.00	170.00	176.00
水轮机功率/MW	476.9	612.0	714.0	790.0	790.0	790.0	790.0
预计的导叶开度/%	104	104	100	99	85	75	71

（3）空化系数。在各特征水头与功率条件下空化系数见表 2-17。

表 2-17 空 化 系 数 表

工 况 点	水头 125.00m 功率 612MW	水头 140.00m 功率 714MW	水头 176.00m 功率 714MW
初生空化系数	0.099	0.099	0.053
临界空化系数	0.088	0.097	0.037
电站空化系数	0.152	0.136	0.108
所需吸出高度/m	−4.1	−5.8	−0.7

（4）转速与飞逸转速。水轮机额定转速 107.1r/min。在最大水头 179.00m 时，最大飞逸转速保证不超过 214.0r/min。

（5）水推力。在最大净水头下，转轮密封为设计间隙时，最大水推力正常工况下保证不超过 810t，非正常工况下保证不超过 1460t。

（6）尾水管压力脉动。尾水管压力脉动频率和混频双振幅（峰—峰）值保证不大于表 2-18 值。

表 2-18 尾水管压力脉动频率和混频双振幅值

水头/m	水轮机功率范围	压力脉动双振幅值 $\Delta H/H$/%		预计主频率 /Hz
		模型	原型	
97.00~107.00	空载至各水头下 45% 预想功率	8	8	0.36~0.54
	各水头下 45%~70% 预想功率	8	8	0.36~0.54
	各水头下 70%~100% 预想功率	6	6	1.79

水头/m	水轮机功率范围	压力脉动双振幅值 $\Delta H/H/\%$		预计主频率 /Hz
		模型	原型	
107.00~125.00	空载至各水头下45%预想功率	8	8	0.36~0.54
	各水头下45%~70%预想功率	7	7	0.36~0.54
	各水头下70%~100%预想功率	4	4	1.79
125.00~140.00	空载~321MW	7	7	0.36~0.54
	321~499MW	7	7	0.36~0.54
	499~714MW	3	3	1.79
140.00~160.00	空载~321MW	7	7	0.36~0.54
	321~499MW	8	8	0.36~0.54
	499~714MW	3	3	0.36~1.79
160.00~179.00	空载~321MW	6	6	0.36~0.54
	321~499MW	8	8	0.36~0.54
	499~714MW	5	5	0.36~1.79

（7）叶道涡。叶道涡发展线不出现在保证的水轮机稳定运行区域内。叶道涡发展线定义为叶道涡已在所有叶道内出现，叶道涡位于叶道中间。

2.2.4 模型试验装置及试验误差

2.2.4.1 模型水轮机

模型水轮机主要参数如下：

（1）转轮直径：359.37mm、327.13mm。

（2）转轮叶片数：13个。

（3）固定导叶数：22个。

（4）活动导叶数：24个。

（5）活动导叶高度：0.08182m。

（6）活动导叶分布圆直径：0.40227m。

（7）尾水管高度：1104.3mm。

（8）蜗壳进口断面面积：0.12285m²。

（9）尾水管出口断面面积：0.444004m²。

（10）原形模型比例：22∶1。

2.2.4.2 试验误差

模型试验的误差包括两个方面，一是试验台的测量仪器和设备的系统误差与率定误差，二是随机误差。其中，系统误差主要考虑流量测量误差 E_Q、水头测量误差 E_H、力矩测量误差 E_T、转速测量误差 E_n，经分析计算为0.185%。随机误差主要考虑典型工况下模型效率测量的误差，经分析计算为0.091%，水轮机模型试验台综合误差率为0.238%，满足供货合同和 IEC 规定。

2.2.5 模型试验

水轮机模型试验分为两部分，即水轮机模型初步试验和水轮机模型验收试验。水轮机模型初步试验由 VSH/SHEC 进行并提交初步试验报告。审查并基本同意模型初步试验报告后，再进行水轮机模型验收试验，验证水轮机的水力性能指标是否满足合同要求，验收后的模型试验结果为水轮机水力设计和原型水轮机能量指标保证值和机组稳定性的依据。

2.2.5.1 水轮机效率试验

根据供货合同规定，模型水轮机效率试验在无空化条件下进行，试验水头 30.00m。在初步模型效率试验的基础上，进行了模型水轮机最优效率点的验收试验、6 个导叶角度 $\Delta\gamma$ 为 14°、18°、20°、24°、28°、32°下的等导叶开度效率试验。

（1）模型最优效率：选择模型水轮机最优效率点附近的 3 个导叶角度 $\Delta\gamma$ 为 20°、21°、22°进行效率试验，根据 3 个开度下效率试验结果的包络线确定模型水轮机最优工况点，然后在该工况点（导叶角度 $\Delta\gamma = 21°$、单位转速 $n_{11} = 67.39 \text{r/min}$、单位流量 $Q_{11} = 0.5414 \text{m}^3/\text{s}$）下连续进行 11 次效率试验，取 11 次试验结果的算术平均值作为模型水轮机最优工况点效率。试验结果见表 2-19。

表 2-19 　　　　　　　　　模型水轮机效率验收试验结果表

项 目	验收试验值/%		合同保证值/%		结 论
	模型效率	原型效率	模型效率	原型效率	
在净水头 140.00m 和功率 714MW 条件下	91.81	93.54	91.95	93.75	模型效率低于保证值 0.14%，原型效率低于保证值 0.21%，在效率试验误差范围内
在净水头 125.00m 和功率 612MW 条件下	91.45	93.18	91.82	93.62	模型效率低于保证值 0.37%，原型效率低于保证值 0.44%，低于合同保证值并超出效率试验误差范围
水轮机加权平均效率	93.18	94.91	92.84	94.64	优于合同保证值要求
水轮机最高效率	94.75	96.48	94.53	96.33	优于合同保证值要求

（2）特征点效率：原型水轮机运行水头 $H = 140.00 \text{m}$ 和 $H = 125.00 \text{m}$ 功率保证工况点下模型效率根据 6 个导叶开度下的效率验收试验结果，经插值计算得出。试验结果见表 2-19。

（3）加权平均效率：等导叶开度效率验收试验结果与初步效率试验结果比较在试验误差范围以内，因此加权因子点的模型效率验收值采用初步试验结果。试验结果见表 2-19。

2.2.5.2 水轮机空化试验

龙滩水电站模型水轮机初步试验中已进行了全面的空化试验。为验证模型初步试验结果和见证验收水轮机大负荷工况的空化性能，并检查在水轮机小负荷区域的空化性能趋势，选择了 6 个运行水头，共 7 个工况点进行了空化试验。验收试验工况点及试验结果见表 2-20。

表 2-20   两个不同基准高程的空化特性试验结果

序号	导叶角度 $\Delta\gamma$/(°)	净水头 H /m	水轮机功率 /MW	高程 Z_c 模型初生空化系数	换算到 Z_r 模型初生空化系数	换算到 Z_r 原型初生空化系数	Z_c 模型临界空化系数	换算到 Z_r 模型临界空化系数	换算到 Z_r 原型临界空化系数
1	33.1	107.00	476.9	0.1185	0.1147	0.0953	0.0750	0.0712	0.0518
2	32.8	125.00	612.0	0.1183	0.1145	0.0984	0.0720	0.0682	0.0521
3	31.3	140.00	714.0	0.1143	0.1105	0.0965	0.0750	0.0712	0.0572
4	14.8	140.00	321.3						
5	31.9	148.00	790.0	0.1173	0.1135	0.1005	0.0848	0.0810	0.0680
6	19.7	176.00	714.0	0.0562	0.0524	0.0421	0.0332	0.0294	0.0191
7	33.5	140.00	746.55						

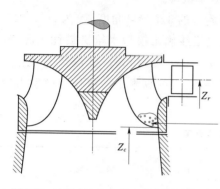

图 2-4 IEC 60193 定义的 Z_c 与 Z_r

（1）空化系数基准高程选择。按照供货合同规定，空化系数的计算基准高程为导叶高度中心线（Z_r）。依据 IEC 60193 的规定，在龙滩水轮机初步模型试验中采用了转轮出水边背面易发生翼型空化部位的高程（Z_c）作为空化系数的计算基准高程。Z_c 与 Z_r 的关系如图 2-4 所示。

依据合同规定并兼顾复核初步试验结果，验收试验要求 VSH 实验室在以 Z_c 作为空化系数的计算基准高程的条件下进行空化验收试验的同时，换算到以 Z_r 作为计算基准高程的空化系数，并提供比较结果。表 2-20 为两个不同基准高程的空化系数比较计算结果。

（2）初生空化系数和临界空化系数的确定按照合同规定，模型试验临界空化系数定义为随空化系数的减小效率下降 0.2% 的工况点；初生空化系数为有 2 个叶片表面出现 2 个以上空泡时的空化系数值。验收试验点的临界空化系数和初生空化系数试验结果与初步试验结果相符合。

（3）试验结果分析。结果见表 2-21。

表 2-21   合同规定的空化系数及吸出高度与试验结果比较

空 化 系 数		水头 125.00m 功率 612MW	水头 140.00m 功率 714MW	水头 176.00m 功率 714MW
电站空化系数 σ		0.152	0.136	0.108
初生空化系数	合同规定值	0.099	0.099	0.053
	模型验收值	0.1145	0.1105	0.0524
	σ/模型验收值	1.328	1.231	2.061
临界空化系数	合同规定值	0.088	0.097	0.037
	模型验收值	0.0682	0.0712	0.0294
	σ/模型验收值	2.229	1.910	3.673
所需吸出高度[①]/m		−4.1	−5.8	−0.7

① 导叶中心线至下游尾水位的高差。计算采用的尾水位是 224.20m。

表 2-21 表明，临界空化系数均满足合同规定。

2.2.5.3 叶片头部空化观测及转轮叶道涡观测

混流式水轮机转轮叶片头部负压侧空化发生在水轮机高运行水头区域，叶片头部正压侧空化涡带发生在低水头大负荷运行区域，转轮叶片叶道涡则发生在水轮机部分负荷运行区域。

水轮机初步试验中已进行了叶片进口空化流态观测和叶道涡观测试验。验收试验主要对转轮叶片头部进口负压侧空化线、叶片头部进口正压侧空化涡带初生和发展线、转轮叶道涡初生和发展线的复核及见证。试验在 30.00m 试验水头、电站空化系数下进行。

1. 转轮叶片头部负压侧空化观测

该区域的脱流空化观测由光导纤维窥镜通过顶盖顶部伸到活动导叶出口与转轮叶片进口之间的水流中，当叶片头部负压侧脱流空化发生时，可以目视观测到叶片负压侧脱流状态。验收试验选择了 3 个导叶角度 4 个工况点进行见证验收试验，验收试验结果与初步试验提供的转轮叶片头部负压侧空化线相符合。

2. 转轮叶片头部正压侧空化涡带观测

验收试验选择 4 个导叶角度 4 个工况点进行见证验收试验，其中导叶角度 $\Delta\gamma$ 为 28°、32°、34°时用于验证叶片头部正压侧空化涡带初生线，$\Delta\gamma$ 为 36°用于验证叶片头部正压侧空化涡带发展线。验收试验结果与初步试验提供的转轮叶片头部正压侧空化涡带初生线相符合，在合同规定的水轮机保证运行范围内叶片头部正压侧无空化涡带发生；在导叶角度 $\Delta\gamma$ 为 36°的空化涡带发展线上，该工况点的模型水轮机运行空化及涡带噪声相对于初生空化线上的工况明显增强，空化涡带加强并出现连续涡带，但从转轮进口处的光导内窥镜中仍然未发现叶片头部区域脱流等空化流态。

3. 叶道涡观测

转轮叶片叶道涡观测验收试验分为两个阶段。第一阶段是依据模型初步试验结果对叶片叶道涡初生线和发展线进行复核见证；第二阶段根据第一阶段中出现的对叶道涡发生线的定义问题及需进一步了解叶道涡初生线与发生线之间运行区域叶道涡成长情况而增加的试验工况和内容。

从第一阶段 3 个运行水头 13 个工况点下转轮叶片叶道涡观测，见证验收试验点与初步试验报告给出的叶道涡初生线相符合。

从观察叶道涡发展的 10 个工况点的试验看出 13 个叶道目视全部出现叶道涡，有的工况目视连续不同步，有的工况不同时出现，呈断续状，但成像反映均有部分叶道无叶道涡。验收试验认为叶道涡发展线的位置基本符合初步试验结果。

2.2.5.4 模型压力脉动试验

1. 压力脉动试验的空化系数基准高程

合同规定压力脉动试验在 30.00m 试验水头、电站空化系数下进行。依据 IEC 60193 规定，选取尾水管高度的 1/2 作为压力脉动试验的空化系数计算基准高程进行了模型初步试验。

验收试验根据合同对空化试验的空化系数定义、IEC 60193 规定和空化系数对压力脉动幅值的影响，同意在尾水管高度的 1/2 基准高程（D_T）的电站空化系数复核压力脉动初步试验结果和考核合同保证值，在距转轮出口 $0.4D_2$ 高度位置（P_T）和转轮叶片出口（Z_c）进行比较试验。$\sigma_{p,DT}$ 为以尾水管高度的 1/2 为计算基准高程的电站空化系数；$\sigma_{p,PT}$ 为以距转轮出口 $0.4D_2$ 高度位置为计算基准高程的电站空化系数；$\sigma_{p,c}$ 为以转轮叶片出口为计算基准高程的电站空化系数。

2. 压力脉动测点布置

(1) 尾水锥管测点：据转轮出口 $0.4D_2$ 高度位置，上、下游侧各一个。

(2) 尾水肘管测点：内、外侧各一个。

(3) 导叶出口与转轮进口之间的顶盖测点：2个。

(4) 蜗壳测点：1个。

3. 压力脉动试验工况点及幅值特性

(1) 在 $\sigma_{p,DT}$ 下对初步试验的复核试验。选择原型水轮机运行水头 H 为 107.00m、140.00m 和 179.00m 从水轮机空载工况到压力脉动幅值较小区域（约 80% 额定功率）进行见证试验。经见证试验，在 $\sigma_{p,DT}$ 下的各测点的压力脉动混频峰峰双振幅值复核试验结果与初步试验结果的偏差小于 1%，频率特性符合初步试验结果，与合同保证值比较结果见表 2-22。

表 2-22　　　　在 $\sigma_{p,DT}$ 下尾水管压力脉动频率和混频双振幅试验结果与合同比较

水　头 /m	水轮机功率范围	压力脉动的双振幅值 $\Delta H/H$/%	
		合同保证值	试验结果
97.00～107.00	空载至各水头下 45% 预想功率	8	7
	各水头下 45%～70% 预想功率	8	7
	各水头下 70%～100% 预想功率	6	4
107.00～125.00	空载至各水头下 45% 预想功率	8	6
	各水头下 45%～70% 预想功率	7	6
	各水头下 70%～100% 预想功率	4	3
125.00～140.00	空载～321MW	7	6
	321～499MW	7	4
	499～714MW	3	2
140.00～160.00	空载～321MW	7	4.8
	321～499MW	8	4.8
	499～714MW	3	3
160.00～179.00	空载～321MW	6	4.3
	321～499MW	8	4.3
	499～714MW	3	3

(2) 在 $\sigma_{p,DT}$、$\sigma_{p,PT}$ 和 $\sigma_{p,c}$ 下的压力脉动比较试验。为了验证空化系数基准高程对压力脉动值的影响，验收试验选择原型水轮机运行水头 H 为 107.00m、140.00m 和 179.00m，从水轮机空载工况到压力脉动幅值较小区域（约 80% 额定功率）进行比较见证试验，试

验工况点同 $\sigma_{p,DT}$ 的复核试验。

由试验结果可见，在 $\sigma_{p,DT}$ 和 $\sigma_{p,PT}$ 下的压力脉动幅值没有明显的改变，说明在 $\sigma_{p,DT}$ 和 $\sigma_{p,PT}$ 空化系数值均处于压力脉动与空化系数的关系平缓区域。

在三个基准高程的空化系数 $\sigma_{p,DT}$、$\sigma_{p,PT}$ 和 $\sigma_{p,c}$ 下，转轮出口基准高程下电站空化系数 $\sigma_{p,c}$ 的压力脉动幅值出现变化，但增幅不大。在空载到70%负荷范围，$\sigma_{p,c}$ 下尾水锥管的压力脉动幅值相对于 $\sigma_{p,DT}$ 下增加0.3%～0.4%。说明在 $\sigma_{p,c}$ 空化系数值已进入压力脉动与空化系数关系的峰值区域边缘。

2.2.5.5　补气试验

为了解和确定补气位置、补气量对减轻水轮机水压脉动的效果，验收试验进行了模型水轮机中心孔和顶盖补气见证试验。

1. 水轮机中心孔补气见证试验

模型初步试验中进行了补气量为1.0%、1.5%的试验，当补气量为1.0%时，部分负荷下尾水管压力脉动幅值已明显下降。验收试验考虑到原型水轮机补气量条件的限制，进行了0.4%、0.7%、1.0%补气量的见证比较试验。从试验结果说明，中心孔补气量至少达到0.7%时，尾水管涡带压力脉动幅值相对于不补气条件时明显降低，效果稳定。

2. 顶盖强迫补气见证试验

验收试验选择原型水轮机运行水头 H 为107.00m、140.00m、176.00m下，进行0.1%补气量的见证试验。试验结果表明，模型水轮机顶盖补气量0.1%时，在运行水头和保证功率范围内，顶盖补气对降低水轮机噪声有明显的听觉上的效果，但对降低压力脉动幅值效果不明显。

2.2.5.6　飞逸转速试验

飞逸转速试验在高空化系数 σ 下所有导叶开度范围内进行。验收试验选择运行水头107.00～179.00m最大负荷运行范围导叶角度 $\Delta\gamma$ 为20.0°、22.0°、26.0°、30.0°、34.0°进行复核试验。对于飞逸试验由于受试验台条件限制和安全起见，固定模型水轮机转速1000.0r/min进行试验，试验水头在9.00m左右，在无空化条件下进行。同时选择导叶角度 $\Delta\gamma$ 为21.1°、26.5°、31.9°进行导叶中心线基准高程下的电站空化系数比较试验。试验结果如下：

（1）在导叶角度 $\Delta\gamma$ 为20.0°、22.0°、26.0°、30.0°、34.0°进行复核试验结果与初步试验结果符合。

（2）在电站空化系数下试验结果表明：在 $\Delta\gamma$ 为21.1°时，电站空化系数下飞逸转速增加5.1r/min；在 $\Delta\gamma$ 为26.5°时，电站空化系数下飞逸转速增加1.8r/min；在 $\Delta\gamma$ 为31.9°时，电站空化系数下飞逸转速降低0.9r/min。

（3）按照原型水轮机运行水头179.00m最大负荷运行工况点计算，模型单位飞逸转速为118.5/min，换算到原型水轮机的飞逸转速为200.3r/min。满足合同保证的最大飞逸转速不超过214.0r/min的要求。

2.2.5.7　水轮机轴向水推力试验

轴向水推力通过测量推力轴承上下供油腔内的油压差得出。模型机上的顶盖上设有至尾水管的泄压管，在原型机运行水头范围内的正常运行和飞逸工况下所选定的运行工况点进行轴向水推力验证试验。分为转轮止漏环间隙为单倍和双倍设计值两种情况，模型验收试验证实了初步模型试验结果。

在导叶角度 $\Delta\gamma$ 为 21.1°，在最大净水头下，转轮密封为设计间隙时，最大水推力 7800.8kN。

在导叶角度 $\Delta\gamma$ 为 13.0°，在最大净水头下，转轮密封为设计间隙时，飞逸工况下最大水推力 5400.0kN。

单密封条件下的最大水推力小于双密封。分别为：5310.0kN（$\Delta\gamma$ 为 21.1°）和 3000.0kN（$\Delta\gamma$ 为 10.0°）。

在正常转轮止漏环设计间隙，在所有规定的运行范围，在正常运行和飞逸工况下，试验得到并换算到真机后的最大轴向水推力小于合同保证值 7946.0kN(810t)。

2.2.5.8 蜗壳差压试验

在选定的运行工况点进行涡壳压差验证试验。所得到的压差和流量关系与初步模型试验结果一致。

模型蜗壳差压与流量关系基本为线性关系，符合水轮机流体力学的一般原则。

2.2.5.9 模型水轮机通流部件尺寸检查

模型验收试验均对蜗壳、固定导叶、活动导叶、转轮和尾水管的主要尺寸以及固定导叶、活动导叶、转轮叶片的型线进行了检验。所有尺寸与设计值比较都小于 IEC 60193 所规定的偏差范围。

2.2.6 模型水轮机验收试验结论

（1）龙滩模型水轮机验收试验结果与初步模型试验报告相符合，试验条件满足 IEC 60193 的要求，模型效率测试综合误差小于 0.25%，满足合同规定。

（2）模型效率验收试验结果表明，原、模型水轮机加权平均效率、最优效率等主要考核指标均满足或优于合同要求，在低水头运行区域个别大负荷工况效率略低于合同保证值。

（3）按照模型水轮机转轮出口为计算基准高程的试验空化系数换算到原型水轮机后，满足合同规定。在龙滩合同规定的水轮机保证运行范围内叶片头部负压侧无空化发生，叶片头部正压侧也无空化涡带发生。

（4）按照原型水轮机运行水头 179.00m 最大负荷运行工况点计算，电站空化系数下模型试验飞逸转速换算到原型水轮机的飞逸转速为 200.3r/min。满足合同保证的最大飞逸转速不超过 214.0r/min 的要求。

（5）在最大净水头下，最大水推力满足合同有关最大轴向水推力的规定。

（6）模型所有尺寸满足 IEC 60193 所规定的偏差范围。

（7）试验结果表明，中心孔补气量至少达到 0.7% 时，尾水管涡带压力脉动幅值相对于不补气条件时明显降低，效果稳定。顶盖补气量 0.1% 时，顶盖补气对降低水轮机噪声有明显的听觉上的效果，但对降低压力脉动幅值效果不明显。

（8）模型验收试验表明，除在低水头运行区域个别大负荷工况效率略低于合同保证值外，模型换算到原型的水力性能满足合同保证要求，其模型的几何型线和流道尺寸可以用于真机的设计、采购及制造。

2.3 水轮机转轮制造方式

水轮机转轮是水轮机的重要部件,直接关系到水轮机效率、空蚀、功率及稳定运行。而转轮性能的好坏,除受水力设计及模型本身的影响外,还与转轮材料、制造精度、加工工艺、组焊工艺等密切相关。龙滩水电站地处广西西北的山区,唯一进场的道路就是公路,转轮的制作方案有 3 种:①转轮分瓣运输、工地组焊;②制造厂整体转轮运至工地;③散件发运、工地制作转轮。龙滩水电站的转轮直径 7.6~9.5m,重约 260t,排除了铁路整体运输的可能性。因此,无论采用分瓣运输方案还是散件现场组焊方案,都必须在工地现场进行焊接加工。

2.3.1 国内外大型水轮机转轮制造情况

随着水电机组尺寸和单机容量的增大,若运输条件允许,国内外大型混流式水轮机转轮均采用工厂整体转轮,整体运输,整体转轮与模型转轮的相似性更好,性能参数更优。但如水轮机转轮尺寸大、运输条件受到限制,则混流式水轮机转轮或采用分两瓣工地进行合缝组焊,如漫湾、岩滩、二滩等水电站;或采用散件运往工地进行组装、焊接、加工及退火处理等,如我国的小浪底水电站、美国的大古力水电站。

2.3.1.1 国内大型混流式水轮机转轮制造情况

国内制造混流式水轮机转轮的工艺方法有如下几种:

(1) 整铸:叶片与上冠和下环直接铸成整体,其特点是工艺简单,大中小转轮都能制造。

(2) 铸焊结构:上冠、下环和叶片分别铸造,粗加工后在厂内组焊、热处理、精加工和平衡,其特点是叶片可单独加工,型线比较准确,叶片便于打磨,大中小水轮机都可生产,但工艺流程复杂,焊接工作量大,目前国内采用较多。

(3) 数控加工焊接:先用数控机床将叶片按计算机设计程序加工好,再与上冠、下环焊接,其特点是精度高,叶片型线好,但工艺技术要求高。

(4) 锻压铸焊:叶片用锻压设备模压成型,然后与上冠、下环焊接的一种新工艺,特点是制造精度高、质量好,但制作钢模较麻烦,钢模材质强度要求高,随着转轮尺寸的增大,锻压设备的吨位要求高,目前国内仅用于中小电站。

2.3.1.2 国外大型混流式水轮机转轮制造情况

国外的大型混流式水轮机转轮,采用铸焊结构代替了传统的整体铸造转轮。但在焊接工艺上各自根据自己的工艺装备和经验,采用了不同的工艺方法。

美国大古力三厂 19~21 号 600MW 机组,水轮机转轮直径 9.78m,分瓣的上冠和下环上带有叶片凸台,包括 13 个叶片,转轮共分成 17 件铸件。经厂内加工后,在工地完成组焊退火、机械加工及静平衡试验工作。大古力三厂 22~24 号 700MW 机组,水轮机转轮直径 9.90m,在制造厂将整个转轮分为 18 瓣运往工地。分瓣转轮运到工地后,在一台特制的焊接变位机上进行组装焊接。变位机可转动 360°,能自动翻转转轮。转轮的主要焊缝均采用熔嘴电渣焊。转轮组焊后进行超声波检查,然后退火,再进行机械加工及静平衡试验。巴西和乌拉圭的伊泰普水电站混流式水轮机容量为 715MW，转轮直径 8.65m，结构与国内生产的铸焊转轮相似，整体转轮以公路运至水电站。

2.3.1.3　转轮现场制造难点及基本对策

转轮是水轮机的核心部件，在水轮机各主要部件的制造过程中，转轮制造周期长、制造工艺复杂、检验的项目多。转轮装配精度高、焊接难度大，需要打磨、加工、退火处理、应力测试、静平衡试验等工序，工艺要求严格。龙滩水电站转轮是国内 700MW 转轮工地现场制造的首次尝试，国内已开展散件制造的只有小浪底水电站，且尚无混流式水轮机散件转轮工地现场制造的规范、装配工艺、焊接工艺和成熟的施工方法等。

龙滩水电站转轮现场制造的主要思路是在总结小浪底水电站 300MW 转轮现场制造经验的基础上，从第一台转轮开始组装即同步进行各种原始资料的收集工作，主要包括转轮车间的结构形式、主要设备、场地布置等；转轮从散件装配、焊接、打磨、转轮吊装与翻身、转轮热处理、转轮加工等主要工序过程的记录资料；转轮装配验收资料、检测资料、试验资料；转轮热处理工艺、加工工艺、静平衡试验资料，根据收集的各种资料，中间检查评审，对转轮现场制造工序进行补充完善。

2.3.2　制造方式选择

龙滩水电站水轮机参数选定后，便开始对 700MW 水轮机转轮的制造方式进行分析研究，并于 2001 年完成了《红水河龙滩水电站水轮机转轮组焊方案的专题报告》。当时三峡水电站水轮机转轮采用的是在机组制造厂车间整体制造，整体运输。对 700MW 机组而言，国内还没有分瓣运输工地组焊或散件发运、工地制作水轮机转轮的先例。因此，对两种方案进行了技术经济比较。

2.3.2.1　工地制作转轮与分瓣转轮技术比较

从运输方面考虑，散件运输要比分瓣运输容易得多，费用低，牵涉单位少，如运输岩滩的分瓣转轮，就与有关单位签订的合同或协议多达 40 余份，耗费了大量的人力、物力。

从制造工期上来看，散件方案的制造工期较易控制和掌握，因为运输灵活，工地制造设备较全，出现问题较易解决，而分瓣方案的工期不易掌握，路途中的运输不易确定，工地组焊前后出现的缺陷，处理过程复杂，如岩滩水电站转轮组焊计划 3 个月，实际花了 6 个月时间。

从制造难度来看，分瓣方案大于散件方案。在分瓣转轮组焊前后，由于受运输及制造工艺等因素的影响，很容易出现上法兰面错牙、上拱、变形、止漏环椭圆度不满足要求等缺陷，工地处理不但费时费力，还往往达不到效果。而散件方案中，上冠和下环为整体铸造、整体运输，变形控制容易，工地车间有较完善的加工设备，处理工地出现的缺陷较容易。

从质量控制和施工条件来看，散件方案优于分瓣方案，由于不分瓣，工厂制造工艺大为简化，有利于转轮的整体质量。在工地制造时，散件方案有专门的组焊车间，不受别的施工干扰，而分瓣转轮一般在安装间组焊，场地受限制，与土建有干扰。散件方案在工地组焊可由制造厂组织实施，业主监督管理方便，制造厂在工地进行整体转轮交货，质量有保证。

从转轮的水力性能等技术参数看，散件方案优于分瓣方案。由于分瓣转轮在运输及现场焊接过程中，易产生组合面错牙、上拱、变形、止漏环椭圆度较大等缺陷，在工地修复难度大，同时还达不到理想的效果，使得原型转轮与模型转轮的相似性相对较差，从而影响水轮机转轮的水力性能，使转轮的技术参数受到一定的影响。而散件方案相当于将制造厂的工厂车间迁至工地，可以避免分瓣方案的上述缺陷，使水轮机转轮的水力性能和技术参数水平达到预期效果。

2.3.2.2 工地制作转轮与制造厂制作整体转轮的比较

若运输条件允许，大型水轮机转轮均采用转轮整体运至工地的方案，鉴于龙滩水电站的交通条件，重点对工地制作与整体转轮两个方案进行研究。

转轮整体运至工地的方案，需经过从国外海运、内陆水运、陆运的联合运输，因运输尺寸超限，必须进行公路桥涵改造、修建码头、购置或租用装卸设备及大型驳船及拖轮等，需反复倒运，运输工期难以保证，费用高。

散件发运、工地制作转轮的方案，主要是转轮部件运输、转轮车间修建、车间加工设备配置等，运输风险和难度较小。下面为该两个方案的经济比较（仅指从广西北海港至龙滩水电站工地的费用）。

（1）散件发运、工地制作转轮方案。该方案主要工程量包括：修建转轮车间、转轮加工设备购置、转轮部件从北海港运至龙滩工地、转轮从转轮车间运至地下厂房。主要费用有：

1）转轮车间施工费用（含300t桥机）1171万元。

2）转轮加工设备费用1865万元。

3）转轮部件运输费（从北海港运至龙滩工地）：单台102万元，9台合计为918万元。

4）转轮从转轮车间运至地下厂房运输费：单台15万元，9台合计为135万元。

9台转轮散件发运、工地制作转轮方案总投资合计为4100万元（不含转轮本体设备费）。

（2）转轮从制造厂整体运至工地方案。整体转轮由制造厂通过海运北海港，在广西境内的运输经分析比较，上岸后用大型拖车运抵岩滩水电站码头，装船后用500t专用驳船水运至龙滩下游吾隘新建码头上岸后陆运到电站厂房。按此估算，主要工程量：修建岩滩和吾隘两座码头，并配置相应的装卸设备；改造北海港至岩滩水电站的公路桥涵；建造500t大型驳船及拖轮各一艘。从制造厂至北海港的海运，可租船或委托运输。主要费用如下：

1）岩滩水电站码头及吾隘码头建设及装卸设备费用约2400万元。

2）公路桥涵改造费用约1000万元。

3）大型驳船及拖轮运费约1600万元。

4）单台转轮从北海港到工地陆路运输费用约1000万元，9台合计为9000万元。

9台转轮从制造厂整体运至工地总费用为14000万元（不含转轮本体设备费）。

（3）通过对比，转轮整体运输方案投资约为14000万元，转轮工地制造方案投资约为4100万元，转轮工地制造方案可节省投资约为9900万元。其中转轮车间的设备没有考虑回收，可作为电站的检修车间。此外，转轮工地制造方案还有以下优点：

1）避免了工厂制造转轮与其他项目间的影响与干扰。

2）避免了转轮整体长途运输的运输风险，可缩短运输周期，避免不必要的运输干扰和协调。

3）节省了电站修建机械检修车间的费用。

通过比较分析，并向国内外机组厂家进行咨询，包括吸取小浪底工程转轮制造经验，最后确定龙滩水电站采用现场制作方案，即，上冠、下环、叶片散件运至工地，在工地制造车间进行组焊、热处理、静平衡试验、抛光等。

2.3.3 转轮制造车间

龙滩水电站700MW转轮工地现场制造在国内是首次，转轮主要参数如下：

（1）总重量：约260t。

（2）叶片数量：13片。

（3）下环直径：8082mm。

（4）转轮高度：5278mm。

图2-5 转轮工地制造工艺流程框图

（5）叶片进水边长度：1969mm。

（6）叶片出水边长度：3726mm。

（7）叶片沿上冠长度：4326mm。

（8）叶片沿下环长度：4158mm。

根据龙滩水电站转轮的尺寸，转轮现场制造车间占地面积约2800m²（80m×35m），其中主车间长72.0m×宽21.0m，高约20.0m。车间设5个工位，两个用于转轮装配（1号和2号工位），一个用于转轮加工（4号工位），一个用于转轮热处理（5号工位），一个用于转轮静平衡试验（3号工位）。验收合格的转轮由3号工位运出厂房。

设备最大吊重为转轮，重约260t，转轮翻身工具重48t，合计总重约308t，车间内设一台320t/50t电动双梁单小车桥式起重机，跨度16.5m，轨顶距地面14.0m。

2.3.4 转轮工地制造

2.3.4.1 转轮制造工艺流程

将转轮上冠、下环、叶片散件运至工地转轮制造车间，在车间完成装配、焊接、打磨、热处理、精加工、静平衡试验等，验收合格出厂，龙滩水电站转轮工地制造工艺流程框图如图2-5所示。

2.3.4.2 转轮制造车间主要设备

根据转轮制造加工的实际需要，转轮制造车间主要设备配置见表2-23。

表 2-23　　　　　　　　　　　　转轮制造车间主要设备配置表

序号	设 备 名 称	型 号 规 格	单位	数量
1	电动双梁单小车桥式起重机	320t/50t，跨度 16.5m	台	1
2	单柱二坐标数显立车	SVT800×50/280 最大车削直径 8100mm	台	1
3	电炉控制柜	功率 1600kW；最高温度 650℃	台	1
4	温度控制柜	DDH 温度控制范围 0～1000℃	台	1
5	空压机	$P=0.8$MPa；$Q=15.3$m³/min	台	1
6	储气罐	$P=0.85$MPa；$V=6$m³	个	1
7	弧焊整流器		台	3
8	等离子切割机		台	1
9	气体保护焊机		台	9～12
10	ESAB 焊接设备		台	10
11	移动式镗孔机		台	1
12	氩弧焊机		台	1
13	可拆式电加热退火炉	1600kW	套	1
14	碳弧气刨机	100kVA	台	3
15	超声波探伤仪		台	1
16	远红外焊条烘干箱		台	2
17	电子吊秤	3000kg	台	1

2.3.4.3　转轮工地制造方案实施

1. 转轮工地制造基本情况

龙滩前期 7 台 700MW 水轮机转轮在工地现场建设车间进行制造，其中上海福伊特西门子水电公司（VSS）负责 1～4 号和 6 号转轮制造，东方电机有限公司（以下简称东电）负责 5 号、7 号机转轮。单台转轮总重约 260t，转轮 D_1 为 7906mm，最大值直径 8082mm，总高为 5278mm。转轮采用 X 形叶片，共 13 片，单张叶片重量为 10265kg。转轮车间于 2004 年动工，2005 年 1 月份验收合格并投入使用。

2. 转轮装配

（1）装配准备工作。在工地车间复测上冠、下环基本尺寸，用样板逐片对叶片进行型线检查，检查结果填表记录；对上冠整体、下环整体及叶片与上冠和下环装配的坡口部位进行磁粉（MT）检查；对上冠与叶片及下环与叶片装配部位 200mm 范围内及叶片剖口两侧 200mm 范围内进行超声波（UT）检查；安装转轮装配支墩，初调各支墩水平及高差在 0.5mm/m 内，将支墩点焊固定在装配台上。

（2）上冠、下环调整。上冠、下环调整的关键是保证下环轴线与上冠轴线同心、上冠、下环水平度以及垂直间距符合要求。上冠与下环的同心度误差不大于 1mm，上冠、

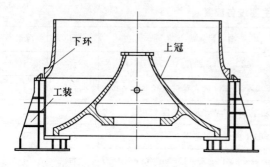

图 2-6 上冠与下环装配示意图

下环水平度不大于 0.5mm/m。上冠与下环的垂直间距调整时考虑约 5mm 的焊接收缩余量。转轮上冠倒置在装配平台下层支墩上，下环倒置吊放在装配平台上层支墩上时，利用楔子板进行调整。在布设支墩时，应使叶片进水边避开下环支墩位置，以便测量检查叶片进口角。上冠与下环装配如图 2-6 所示。

（3）叶片装配。定位叶片的位置根据装配控制尺寸确定，保证叶片的进、出水边与上冠和下环连接处叶片中心位置准确，并按样板控制进口角和出口角参数。

其余叶片以定位叶片为基准，分别向两侧吊装，调整相邻两叶片进、出水边在上冠、下环处的中心距离。

（4）控制尺寸的测量与调整。

1）叶片出水边型线。叶片出水边型线测量检查分 5 个断面进行。主要是测量调整叶片各断面正压侧、负压侧与样板开口端及闭口端间隙、叶片各断面半径尺寸、叶片各断面至转轮中心尺寸。图 2-7 为转轮叶片出水边型线检查示意图。

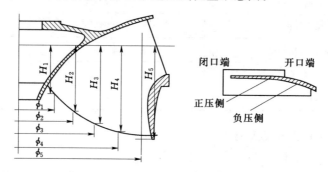

图 2-7 叶片出水边型线检查示意图

2）叶片进、出口角。叶片进口角测量检查分 4 个断面进行。主要测量调整叶片进口端正、负压侧的角度偏差。应符合下列技术要求：①测量正压面和负压面进口角值，其平均值为进口角值；②单个叶片进口角值允许偏差不大于 $\pm 1.5°$，叶片进口角平均值允许偏差不大于 $\pm 1.0°$；③样板测点直径，单点允许偏差不大于 29.7mm，平均允许偏差不大于 14.8mm。测量检查如图 2-8 所示。

叶片出口角测量检查分 5 个断面进行。测量原理及技术控制标准要求与进

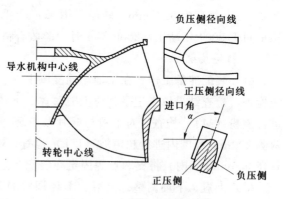

图 2-8 叶片进口角测量图

口角调整要求相同。

3）叶片节距。测量叶片进口角的同时，测量叶片间的节距。节距允许偏差±29.7mm。

4）转轮叶片出口开度。叶片出口开度测量检查分 5 个断面进行，开度为叶片正压侧测点至相邻叶片低压侧最小距离。单个叶片平均开度允许偏差 2%～－1%。叶片进口边不测开度。

3. 转轮焊接

转轮的焊接是转轮现场组装的主要环节，由于转轮焊接量大，如何控制焊接变形，保证叶片的开度、出口角、节距以及后续的机加工尺寸，成为转轮焊接的关键。

（1）焊接工艺评定。在转轮焊接的准备阶段，进行了焊接工艺（PQR）评定，具体如下：

1）200mm 厚 ASTM A743 CA6NM 钢板。

2）立焊：ϕ1.6mm Z410NiMoT1-1。

3）焊丝预热温度：100℃；590℃/12h 焊后去应力热处理。

4）焊接工艺评定标准为 ASME，试板作了拉伸、弯曲、0℃冲击、硬度等四项试验。

（2）焊接工艺。依据评定合格的焊接工艺，制定转轮焊接工艺说明书（WPS）及主要焊接参数，见表 2-24。参加转轮焊接的焊工需按 ASME 考试合格，要求合格位置为 2G、3G。龙滩转轮焊接采用药芯气体保护焊（FCAW），具有焊接效率高、焊接质量稳定的优点。焊丝选用 Z410NiMoT1-1 药芯焊丝，保护气体采用纯度为 99.5%以上的二氧化碳瓶装气体。

表 2-24　　　　　　　　　主要焊接工艺参数表

焊接位置	填 充 金 属		电 流		电压 /V	焊接速度 /(m/min)	线能量 /(kJ/cm)
	牌号	直径/mm	极性	安培/A			
立	Z410NiMoT1-1	1.6	正接	180～300	25～29	80～180	≤30
平、横	Z410NiMoT1-1	1.6	正接	230～360	25～35	100～180	≤30

（3）固定叶片。转轮装配验收合格后，焊接前为防止叶片位移，减小焊接变形，用奥氏体不锈钢钢板作为撑筋，对叶片进行刚性固定。撑筋焊在上冠和叶片之间，负压侧焊 2 个，正压侧焊 3 个，两侧错开。

（4）焊缝点焊。当转轮升温到约 90～100℃时，开始进行焊缝点焊，点焊在负压侧进行，采用与转轮正式焊接相同的焊接工艺。上冠和下环的负压侧均点焊，分 5 段，每段长约 300mm，焊 3 层。点焊完成后，待焊缝坡口温度达到工艺要求的 100℃，即开始正式的转轮焊接。

（5）正式焊接。焊接过程中采取焊工均布的原则，13 张叶片，13 名焊工，按叶片的单双号分班焊接。焊接顺序：上冠负压侧，下环负压侧交替焊接，至上冠坡口深度的 1/3 →上冠正压侧清根、打磨、MT →上冠正压侧焊接至坡口的深度为 2/3 →上冠负压侧焊接，坡口焊平→下环负压侧焊接 2/3 →上冠正压侧焊接，坡口焊平→下环负压侧焊接，坡口焊平→堆焊上冠焊缝 R 角→下环上冠焊缝做消氢处理 200℃/12h。然后转轮翻身，对下环正压侧清根、打磨、MT、焊接、消氢。

（6）无损检测及返修。

1）无损检测：转轮的所有焊缝表面要做 100% MT，所有要求全焊透的部位做 100% UT，即热处理前后各做一次 MT 和 UT，合格标准为 ASME 第 5 卷。

2）焊接返修：根据 UT 结果统计，缺陷主要为夹渣，未熔合，少量的气孔和裂纹。转轮的返修是采用常规手段，即预热、刨缺陷、打磨、MT、焊接、消氢、打磨 R 角、复探等。

龙滩水电站 1 号水轮机转轮于 2005 年 9 月初开始焊接工作。2006 年 1 月底，1 号转轮焊接工作结束，共用焊材约 9t。焊接完成后，对所有焊缝进行无损探伤检查，对存在缺陷的焊缝返修处理直至全部焊缝检查合格。

4. 转轮热处理

利用可拆装式电退火炉对转轮进行焊后热处理。转轮热处理过程分三个阶段：

第一阶段：炉温由室温升至 200℃，控制温升速度不超过 30℃/h，时间约 10h，然后保温。

第二阶段：炉温由 200℃升至 550℃，控制温升速度不超过 30℃/h，时间约 60h，然后保温。

第三阶段：炉温由 550℃升至 590℃，控制温升速度不超过 30℃/h，时间约 60h，然后保温。

保温结束后，关闭风机及加热电源，转轮随炉冷却。

5. 转轮残余应力测试

在转轮退火前和退火后，采用电测盲孔法对转轮焊接残余应力进行了测量，退火前残余应力第一主应力最大值为 770.00MPa，等效应力最大值为 667.00MPa，平均等效应力为 220.64MPa。退火后残余应力第一主应力最大值为 210.00MPa，等效应力最大值为 182.00MPa，平均等效应力为 81.90MPa。

6. 转轮机加工

转轮经退火热处理等工序后，在 8m 立车上进行机械加工，具体加工流程如下：按导水机构中心线调整转轮的水平，按转轮机械加工图检查并确认机械加工余量，做好记录；再次检查上道工序中的数据及划线。1 号转轮于 2006 年 5 月中旬开始机加工，7 月 10 日机加工结束。机加工结束后，对加工尺寸进行了最终检查，除转轮与主轴连接的两个销套孔尺寸超差需配做销套外，其他尺寸及形位公差均在设计要求范围内。

7. 转轮静平衡试验

转轮静平衡试验是为了测量和修正转轮的剩余不平衡量，改善转轮的质量分布，降低转轮旋转时，因不平衡而引起的有害动负荷，从而将振动或振动力减小到允许范围内的工艺过程。龙滩水电站 1 号水轮机转轮的静平衡试验在转轮车间加工厂房内完成，整个转轮的静平衡试验测量系统采用通过压力传感器测量 3 个支撑点的压力，配合计算机软件进行平衡数据处理的方法来完成，该工艺方法具有理论严谨、工艺简单、操作方便、计算精确等优点，替代了传统的钢球镜板平衡方法和液压球轴承平衡装置。

静平衡计算方法按照 ISO 1940—1：2003，IDT《机械振动恒态（刚性）转子平衡品质要求》规定的要求进行。

(1) 允许不平衡度 e_{per}。用下式计算 e_{per}：

$$e_{per}=G[30/(\pi n)]1000=6.3\times(30/107.1\pi)\times1000=561.7(g\cdot mm/kg) \quad (2-1)$$

式中：G 为平衡品质等级，取 6.3；n 为水轮机转速，取 107.1r/min。

(2) 允许不平衡量 U_{per}。用下式计算 U_{per}：

$$U_{per}=me_{per}=259000\times516.7=145(kg\cdot m) \quad (2-2)$$

式中：m 为转轮质量，转轮重 259000kg。

(3) 允许不平衡重量 N。用下式计算 N：

$$N=U_{per}/R=145/3.666=39.7(kg) \quad (2-3)$$

式中：R 为平衡半径，转轮平衡半径为 3.666m。

2006 年 7 月 28 日，龙滩水电站 1 号机转轮具备交货状态，比供货合同规定交货期提前了 1 个月，其他 6 台转轮均按照合同要求交货日期陆续出厂交付。

2.3.5 转轮验收情况

为保证转轮的质量，业主方邀请中国水利水电科学研究院北京中水科工程总公司为龙滩水电站工地转轮制造提供全面检测与验收服务，从叶片、上冠、下环、叶片进厂到转轮出厂提供一系列检测、验收技术服务。验收工作按阶段分为：单件检测验收、转轮摆装检测、焊接后退火前检测、退火后检测、机加工检测、静平衡检测和出厂检测验收等；按验收项目分类分为水力尺寸检测、机加工尺寸检测、无损探伤检测、残余应力检测、静平衡检测等；检测方式包括：文件审查、见证检测、独立检测等。

结论综述如下：

(1) 转轮上冠、下环、叶片铸件化学成分和机械性能符合合同要求。

(2) 转轮上冠、下环、叶片铸件最终无损探伤检查合格，焊缝无损探伤检查结果合格。

(3) 转轮上冠、下环、叶片单件尺寸基本符合设计要求，各阶段检查转轮水力尺寸符合合同要求及设计要求。

(4) 转轮的精加工尺寸及配合尺寸满足要求。

(5) 经退火前及退火后的残余应力检测，退火后的残余应力水平明显降低，退火后转轮残余应力测量结果小于材料屈服强度 550MPa 的一半，达到了预期的残余应力控制目标。

(6) 转轮静平衡试验结果满足设计要求和相关标准规定。

2.3.6 小结

龙滩水电站 700MW 水轮机转轮工地制造，降低了转轮生产周期，节省了转轮成本，减少转轮整体运输的风险。龙滩 700MW 水轮机转轮在工地制造成功，提升了国内水电建设超大型转轮的现场制作水平。为后续同类工程大型水轮机转轮工地制造提供了成功的经验和模式。

转轮作为水电站的核心部件，以散件形式运到现场，在工地现场制造的方式，开拓了大型核心设备现场制造的新领域，降低了大型设备制造运输成本；同时，减少了大量的道路改造和扩建，在实际工程的成功应用具有积极而重要的社会效益。

2.4 水力-机械过渡过程

龙滩水电站工程规模大，机组单机容量大，尾水调压室规模巨大，水头变化幅度及负荷变化均较大，研究水力-机械过渡过程对龙滩水电站的安全性和经济性均有重要意义。通过水力-机械过渡过程的研究，揭示各种水力机械及其系统在可能经历的各种过渡过程中的动态特性，并寻求改善这些动态特性的合理控制方式和技术措施，以便提高水力机械装置运行的可靠性、速动性、灵活性与总体的经济性。

2.4.1 计算理论和方法

有压管道非恒定流的基本方程为一组拟线性双曲型偏微分方程，常用的计算方法有隐式有限差分法和特征线法。隐式差分法适合于短管、几何尺寸变化剧烈的管道的非恒定流计算以及明渠、明满流的计算，特征线法适合于计算长棱柱体管道，便于处理复杂边界。龙滩水电站过渡过程仿真计算采用特征线法。

2.4.1.1 动量方程和连续性方程

描述一维流的基本方程是连续性方程和动量方程。

连续性方程：

$$VH_x + H_t + \frac{a^2}{g}V_x + \frac{a^2}{g}\frac{A_x}{A}V - \sin\theta V = 0 \qquad (2-4)$$

动量方程：

$$gH_x + VV_x + V_t + \frac{S}{8A}fV|V| = 0 \qquad (2-5)$$

式中：H_x 为测压管水头随 x 轴线的变化率；H_t 为测压管水头随时间的变化率；V 为管道断面的平均流速；V_x 为流速随 x 轴线的变化率；V_t 为流速随时间的变化率；A 为管道断面面积；A_x 为管道断面面积随 x 轴线的变化率，若 $A_x=0$，则式（2-4）即简化为棱柱体管道中的水流连续性方程；θ 为管道各断面形心的连线与水平面所成的夹角；S 为湿周；f 为摩阻系数；g 为重力加速度；a 为水击波传播速度。

2.4.1.2 特征线方程

连续性方程［式（2-4）］和动量方程［式（2-5）］组成了一对拟线性双曲型偏微分方程。其中有两个因变量即流速和测压管水头，两个自变量是沿管轴线距离和时间。尽管拟线性双曲型偏微分方程组的一般解不存在，但可以采用特征线方法将偏微分方程转换成特殊的常微分方程，然后对常微分方程积分而得到便于数值处理的有限差分方程。

将动量方程和连续性方程转化为两个在特征线上的常微分方程：

$$C^+ : \begin{cases} \dfrac{\mathrm{d}H}{\mathrm{d}t} + \dfrac{a}{g}\dfrac{\mathrm{d}V}{\mathrm{d}t} + \dfrac{a^2 A_x}{g\,A}V - V\sin\theta + \dfrac{aS}{8gA}fV|V| = 0 \\[4mm] \dfrac{\mathrm{d}x}{\mathrm{d}t} = V + a \end{cases} \qquad (2-6)$$

$$C^- : \begin{cases} \dfrac{\mathrm{d}H}{\mathrm{d}t} - \dfrac{a}{g}\dfrac{\mathrm{d}V}{\mathrm{d}t} + \dfrac{a^2 A_x}{g\,A}V - V\sin\theta - \dfrac{aS}{8gA}fV|V| = 0 \\[4mm] \dfrac{\mathrm{d}x}{\mathrm{d}t} = V - a \end{cases} \qquad (2-7)$$

上述方程沿特征线 C^+ 和 C^- 积分，其中摩阻损失项采取二阶精度数值积分，并用流量 Q 代替断面流速，经整理得：

$$C^+ : Q_P = QCP - CQPH_P \qquad (2-8)$$

$$C^- : Q_P = QCM + CQMH_P \qquad (2-9)$$

式（2-8）和式（2-9）中：

$$CQP = \frac{1}{(C-C_3)/A_P + C(C_1+C_2)}$$

$$CQM = \frac{1}{(C+C_3)/A_P + C(C_4+C_5)}$$

$$QCP = CQP\left[Q_L\left(\frac{C+C_3}{A_L} - CC_1\right) + H_R\right]$$

$$QCM = CQM\left[Q_R\left(\frac{C-C_3}{A_S} - CC_4\right) - H_S\right]$$

$$C = \frac{a}{g}$$

$$C_1 = \frac{a(A_P - A_R)}{2A_P(aA_R + Q_R)}$$

$$C_2 = \frac{\Delta t S_P |Q_R|}{8A_R A_P^2}f$$

$$C_3 = \frac{1}{2}\Delta t \sin\theta$$

$$C_4 = \frac{a(A_P - A_S)}{2A_P(aA_S - Q_S)}$$

$$C_5 = \frac{\Delta t S_P |Q_S|}{8A_S A_P^2}f$$

式（2-8）和式（2-9）为二元一次方程组，便于求解管道内点的 Q_P 和 H_P。计算中时间步长和空间步长的选取，需满足库朗稳定条件，$\Delta t \leqslant \dfrac{\Delta x}{|V+a|}$ 否则计算结果不能收敛。

2.4.1.3 基本边界条件

1. 水库

$$H_P = 常数 \qquad (2-10)$$

2. 水轮发电机组边界条件

在甩负荷过渡过程计算中，水轮发电机组的边界条件包括以下几个方程：

$$Q_P = Q_S \tag{2-11}$$

$$Q_P = Q'_1 D_1^2 \sqrt{(H_P - H_S) + \Delta H} \tag{2-12}$$

$$Q_P = QCP - CQPH_P \tag{2-13}$$

$$Q_S = QCM + CQMH_S \tag{2-14}$$

$$n'_1 = nD_1 / \sqrt{(H_P - H_S) + \Delta H} \tag{2-15}$$

$$Q'_1 = A_1 + A_2 n'_1 \tag{2-16}$$

$$M'_1 = B_1 + B_2 n'_1 \tag{2-17}$$

$$M = M'_1 D_1^3 (H_P - H_S + \Delta H) \tag{2-18}$$

$$n = n_0 + 0.1875(M + M_0) \Delta t / GD^2 \tag{2-19}$$

$$\Delta H = \left(\frac{\alpha_P}{2gA_P^2} - \frac{\alpha_S}{2gA_S^2} \right) Q_P^2 \tag{2-20}$$

式中：D_1 为转轮直径；n 为转速；M 为水轮机力矩；Q'_1、n'_1、M'_1 分别为单位流量，单位转速，单位转矩；下标 P、S 分别表示转轮进出口侧计算边界点；下标 0 表示上一计算时段的已知值。

式（2-16）和式（2-17）是以直线方程的形式分别代表水轮机瞬时工况点的流量特性和力矩特性。

令：
$$X = \sqrt{(H_P - H_S) + \Delta H}$$
$$C_1 = QCP/CQP + QCM/CQM$$
$$C_2 = 1/CQP + 1/CQM$$
$$C_3 = \alpha_P/(2gA_P^2) + \alpha_S/(2gA_S^2)$$
$$E = 0.1875 \Delta t / GD^2$$

上述几个方程可以化成：
$$F_1 = (A_1^2 C_3 D_1^4 - 1)X^2 + A_1 D_1^2 (2A_2 C_3 D_1^3 n - C_2)X$$
$$+ A_2 D_1^3 n (A_2 C_3 D_1^3 n - C_2) + C_1 = 0 \tag{2-21}$$

$$F_2 = B_1 D_1^3 EX^2 + B_2 ED_1^4 nX - n + n_0 + EM_0 = 0 \tag{2-22}$$

用牛顿辛普生方法解上述两个方程。求出 X、n 后，将其回代，可依次求出各未知变量。

在增荷过渡过程中，机组转速已知且不变，式（2-21）简化为一元二次方程，用求根公式得出 X 后，将其回代，再求出各未知变量。

3. 阻抗式调压室边界条件

在 3 机 1 洞的条件下，阻抗式调压室的边界条件为：

调压室底部进水侧特征线方程 C_1^+、C_2^+、C_3^- 和出水侧特征线方程 C_4^-：

$$C_1^+ : Q_{P1} = QCP_1 - CQP_1 H_{P1} \tag{2-23}$$

$$C_2^+ : Q_{P2} = QCP_2 - CQP_2 H_{P2} \tag{2-24}$$

$$C_3^- : Q_{P3} = QCP_3 - CQP_3 H_{P3} \tag{2-25}$$

$$C_4^- : Q_{P4} = QCM_4 + CQM_4 H_{P4} \tag{2-26}$$

调压室流量连续方程：

$$Q_{P1} + Q_{P2} + Q_{P3} = Q_{PT} + Q_{P4} \tag{2-27}$$

调压室底部衔接的能量方程：

$$H_{P1} + \frac{Q_{P1}^2}{2gA_{P1}^2} - \frac{\zeta_1}{2gA_{P1}^2} Q_{P1} |Q_{P1}| = E \tag{2-28}$$

$$H_{P2} + \frac{Q_{P2}^2}{2gA_{P2}^2} - \frac{\zeta_2}{2gA_{P2}^2} Q_{P2} |Q_{P2}| = E \tag{2-29}$$

$$H_{P3} + \frac{Q_{P3}^2}{2gA_{P3}^2} - \frac{\zeta_3}{2gA_{P3}^2} Q_{P3} |Q_{P3}| = E \tag{2-30}$$

$$H_{P4} + \frac{Q_{P4}^2}{2gA_{P4}^2} + \frac{\zeta_4}{2gA_{P4}^2} Q_{P4} |Q_{P4}| = E \tag{2-31}$$

$$H_{PT} + \frac{Q_{PT}^2}{2gA_d^2} = E \tag{2-32}$$

式中：H_{PT}、E、A_d 为调压室底部的测压管水头、能量水头和过流面积；ζ_1、ζ_2、ζ_3、ζ_4 为管道的局部损失系数；Q_{PT} 为流进调压室的流量；Q_{P1}、H_{P1}、A_{P1} 为调压室底部进水侧管路 1 流量、测压管水头、面积；Q_{P2}、H_{P2}、A_{P2} 为调压室底部进水侧管路 2 流量、测压管水头、面积；Q_{P3}、H_{P3}、A_{P3} 为调压室底部进水侧管路 3 流量、测压管水头、面积。

调压室水位变化方程：

$$Z_{PT} = H_{PT} + Z_{Z2} - \zeta_T Q_{PT} |Q_{PT}| \tag{2-33}$$

$$Z_{PT} = Z_T + \Delta t (Q_{PT} + Q_T) / (A_{PT} + A_T) \tag{2-34}$$

式中：Z_{PT}、Z_T 为调压室现时段和前一时段的水位；A_{PT}、A_T 为与 Z_{PT}、Z_T 相对应的调压室横截面的面积；Q_{PT}、Q_T 为现时段和前一时段流进调压室的流量；ζ_T 为调压室孔口的阻抗系数；Z_{Z2} 为基准面的高程。

上述方程可以化简成：

$$F_1 = QCP_1 - CQP_1 \left(E - \frac{Q_{P1}^2 - \zeta_1 Q_{P1} |Q_{P1}|}{2gA_{P1}^2} \right) - Q_{P1} = 0 \tag{2-35}$$

$$F_2 = QCP_2 - CQP_2 \left(E - \frac{Q_{P2}^2 - \zeta_2 Q_{P2} |Q_{P2}|}{2gA_{P2}^2} \right) - Q_{P2} = 0 \tag{2-36}$$

$$F_3 = QCP_3 - CQP_3 \left(E - \frac{Q_{P3}^2 - \zeta_3 Q_{P3} |Q_{P3}|}{2gA_{P3}^2} \right) - Q_{P3} = 0 \tag{2-37}$$

$$F_4 = QCM_4 + CQM_4 \left(E - \frac{Q_{P4}^2 + \zeta_4 Q_{P4} |Q_{P4}|}{2gA_{P4}^2} \right) - Q_{P4} = 0 \tag{2-38}$$

$$F_5 = E + Z_{Z2} - \zeta_T Q_{PT} |Q_{PT}| - \frac{Q_{PT}^2}{2gA_d^2} - Z_T - \Delta t \frac{Q_{PT} + Q_T}{A_{PT} + A_T} \tag{2-39}$$

$$F_6 = Q_{P1} + Q_{P2} + Q_{P3} - Q_{P4} - Q_{PT} \tag{2-40}$$

用牛顿辛普生方法求解上述方程。

2.4.2 大波动过渡过程

大波动过渡过程是机组突增全负荷或突甩负荷引起的过渡过程，对其进行分析研究是检验和校核水电站的布置合理性和设计可靠性的重要手段，对水电站的设计方案进行合理有效的评估。主要研究内容包括：优化导叶启闭规律，优化输水系统各部分的体型和尺寸，确定机组调保参数，确定沿管线最大、最小压力分布，为输水系统结构设计、水轮发电机组招标设计及运行提供依据。

2.4.2.1 电站基本参数

（1）引水发电系统概况。龙滩水电站为左岸地下厂房，装机容量9台700MW水轮发电机组（前期装机7台，后期加装2台）。引水发电系统包括9个坝式进水口和9条直径为10.0m的引水隧洞；尾水系统由9条尾水管和井前尾水支洞、3个三机一组的单元长廊式尾水调压室、6条井后尾水支洞（4～9号机）、两个"三合一"的"卜"形尾水叉洞、3条直径21.0m的圆形尾水隧洞及尾水出水口等建筑物组成，引水发电系统平面布置如图2-9所示。

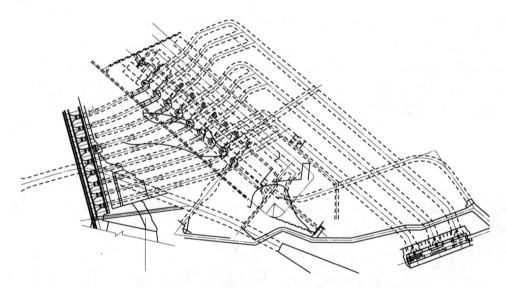

图2-9 引水发电系统平面布置示意图

（2）水位。见表2-25～表2-27。

表2-25 水库主要特征水位表

项 目	前 期/m	后 期/m	备 注
水库正常蓄水位	375.00	400.00	
水库设计洪水位	376.56	400.93	5000年一遇
水库校核洪水位	380.69	404.74	10000年一遇
死水位	330.00	340.00	

表 2-26 下游特征尾水位表

水 位 名 称	洪水频率 $P/\%$	前期 375.00m 水位/m	后期 400.00m 水位/m
大坝设计洪水尾水位	0.2	255.77	255.79
大坝校核洪水尾水位	0.01	259.65	258.24
厂房设计洪水尾水位	0.3333	255.16	255.33
厂房校核洪水尾水位	0.1	256.62	256.42
100 年一遇洪水尾水位	1	253.91	254.53
50 年一遇洪水尾水位	2	253.35	253.56
40 年一遇洪水尾水位	2.5	252.96	252.96
30 年一遇洪水尾水位	3.333	252.05	252.05
20 年一遇洪水尾水位	5	250.83	250.83
10 年一遇洪水尾水位	10	248.33	248.33
电站最低尾水位		221.00	221.00

表 2-27 机 组 水 头 及 流 量

分期	水 头/m		流 量/(m³/s)	备 注
一期	最大	154.00	—	
	额定	125.00	—	
	最小	97.00	—	
二期	最大	—	582.0	额定功率 714MW
	最大	179.00	—	
	额定	140.00	556.0	
	最小	107.00	497.0	

（3）机组主要参数。

1）水轮机型号：HL197-LJ-760。

2）机组转动惯量：$GD^2 = 220000 \mathrm{t} \cdot \mathrm{m}^2$。

3）额定转速：107.1r/min。

4）飞逸转速：214.0r/min。

5）机组安装高程：215.00m。

6）水轮机功率：714MW/790MW（额定/最大）。

2.4.2.2 调保参数要求

（1）允许尾水管真空度：7.0m。

（2）机组最大转速上升率：$\beta_{max} < 50\%$。

（3）蜗壳最大动水压力：$H_{Pmax} < 2.3$MPa（234.40m）。

2.4.2.3 数值计算及现场试验结果

龙滩水电站过渡数值仿真计算分别提供了详细的计算成果，并且进行了现场甩负荷试验。

1. 数值仿真计算结果

针对龙滩水电站大波动过渡过程，数值仿真计算了如下工况。

D1：下游1台机发电尾水位，1台机甩全负荷。

D2：下游3台机发电尾水位，同调压室内3台机甩全负荷。

D3：水库校核洪水位，同调压室内3台机同时甩全负荷。

D4：下游2台机发电尾水位，同调压室内2台机甩全负荷。

D5：下游3台机发电尾水位，同调压室内3台机叠加甩全负荷。

D6：水库正常蓄水位，最大水头，同调压室内3台机同时甩全负荷。

D7：水库设计洪水位，同调压室3台机同时甩全负荷。

D8：水库设计洪水位，相邻调压室5台机同时甩全负荷。

D9：水库校核洪水位，相邻调压室5台机同时甩全负荷。

D10：水库校核洪水位，9台机同时甩全负荷。

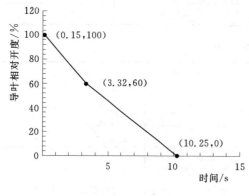

图 2-10　导叶关闭规律

D11：水库校核洪水位，同调压室内2台机增至3台机。

D12：水库校核洪水位，6台机增至9台机（同单元内3台机增）。

D13：水库校核洪水位，8台机增至9台机。

D14：水库前期死水位，1台机组甩全负荷。

D15：水库后期死水位，1台机组甩全负荷。

1～3号机组共1号尾水调压室和尾水隧洞，所在水力单元管线最长，调保极值发生在1号调压室所在单元，经过一系列导叶关闭规律的优化工作，采用如图2-10所示导叶关闭规律。

表 2-28　　　　　　　　　大波动工况计算结果表

工况	计 算 内 容	初 始 状 态				计 算 结 果		
		上游水位/m	下游水位/m	引用流量/(m³/s)	工作水头/m	蜗壳最大动水压力/m	尾水管进口最小动水压力/m	机组最大转速上升率/%
D1	下游1台机发电尾水位，1台机甩全负荷	371.20	221.00	581.8	147.90	193.557	−6.995	49.000
D2	下游3台机发电尾水位，同调压室内3台机甩全负荷	377.10	225.60	582.0	148.00	202.054	−4.488	49.983
D3	水库校核洪水位，同调压室内3台机同时甩全负荷	404.74	256.42	580.2	144.90	229.182	29.101	49.509

机组调保参数控制工况计算结果见表2-28。从数值计算结果得出以下结论：

（1）蜗壳最大动水压力发生在工况 D3：上游水库校核洪水位 404.74m，1 号调压室单元内 3 台机突甩全负荷。最大动水压力为 229.182m，小于 234.4m 的控制要求。

（2）尾水管进口最大真空度发生在工况 D1：下游 1 台机发电尾水位 221.00m，同单元内 1 台机组（3 号机组）正常运行时突甩全负荷，其他机组停机。其尾水管最大真空度为 6.995m，满足小于 7.0m 的控制要求。

（3）机组最大转速上升率发生在工况 D2：下游 3 台机发电尾水位 225.60m，同调压室单元内 3 台机突甩全负荷。机组最大转速上升率为 49.983%，小于 50%，满足设计要求。

2. 机组厂家计算结果

针对龙滩水电站大波动过渡过程，机组厂家重点以 1 号调压室所在水力单元进行研究，计算了如下工况（A 代表 1 号、2 号机组状态；B 代表 3 号机组状态）：

（1）下游 3 台机发电尾水位，二期发电额定水头下共一调压室的 3 台机组甩负荷，1 号、2 号机组导叶正常关闭，3 号机组飞逸。

（2）下游 3 台机发电尾水位，二期发电额定水头下共一调压室的 3 台机组甩负荷，1～3 号机组导叶正常关闭。

（3）上游水位 372.50m，下游 3 台机发电尾水位，水头 143.70m 下共一调压室的 3 台机组甩负荷，1 号、2 号机组导叶正常关闭，3 号机组飞逸。

（4）上游水位 372.50m，下游 3 台机发电尾水位，水头 143.70m 下共一调压室的 3 台机组甩负荷，1～3 号机组导叶正常关闭。

（5）上游水位 377.00m，下游 3 台机发电尾水位，水头 148.00m 下共一调压室的 3 台机组发最大功率甩负荷，1 号、2 号机组导叶正常关闭，3 号机组飞逸。

（6）上游水位 377.00m，下游 3 台机发电尾水位，水头 148.00m 下共一调压室的 3 台机组发最大功率甩负荷，1～3 号机组导叶正常关闭。

（7）上游水位 379.50m，下游 3 台机发电尾水位，水头 150.70m 下共一调压室的 3 台机组发最大功率甩负荷，1～3 号机组导叶正常关闭。

（8）上游水位 400.00m，下游 3 台机发电尾水位，共一调压室的 3 台机组发最大功率甩负荷，1 号、2 号机组导叶正常关闭，3 号机组飞逸。

（9）下游 3 台机发电尾水位，一期发电最小水头，共一调压室的 1 号、2 号机组增负荷。

（10）下游 3 台机发电尾水位，二期发电最小水头，共一调压室的 1 号、2 号机组增负荷。

（11）下游 3 台机发电尾水位，二期发电额定水头，共一调压室的 1 号、2 号机组增负荷。

（12）下游 3 台机发电尾水位，一期发电最大水头，共一调压室的 1 号、2 号机组增负荷。

（13）下游 3 台机发电尾水位，二期发电最大水头，共一调压室的 1 号、2 号机组增负荷。

（14）下游 3 台机发电尾水位，一期发电最小水头，共一调压室的 3 台机组甩负荷，1

号、2号机组导叶正常关闭，3号机组飞逸。

(15) 下游3台机发电尾水位，一期发电最小水头，共一调压室的3台机组甩负荷，1号、2号、3号机组导叶正常关闭。

(16) 下游3台机发电尾水位，二期发电最小水头，共一调压室的3台机组甩负荷，1号、2号机组导叶正常关闭，3号机组飞逸。

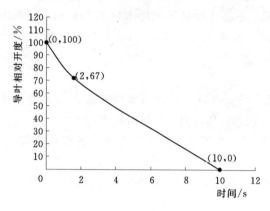

图2-11 机组厂家采用的导叶关闭规律

(17) 下游3台机发电尾水位，二期发电最小水头，共一调压室的3台机组甩负荷，1~3号机组导叶正常关闭。

(18) 上游水位400.00m，下游3台机发电尾水位，共一调压室的3台机组发最大功率甩负荷，1~3号机组导叶正常关闭。

(19) 上游水位400.00m，下游水位253.00m，水头143.70m下共一调压室的3台机组甩负荷，1号、2号机组导叶正常关闭，3号机组飞逸。

(20) 上游水位400.00m，下游水位248.60m，水头148.00m下共一调压室的3台机组发最大功率甩负荷，1号、2号机组导叶正常关闭，3号机组飞逸。

机组厂家采用如图2-11所示的导叶折线关闭规律，进行大波动过渡过程计算，机组调保参数控制工况计算结果见表2-29。

表2-29 大波动工况计算结果表（机组厂家）

工况	计算内容	机组号	静态运行点						计算结果					
			上游水位/m	下游水位/m	水头/m	流量/(m³/s)	功率/MW	机组状态	蜗壳最小动水压力/m	蜗壳最大动水压力/m	机组最大转速上升/(r/min)	机组最大转速上升率/%	尾水管进口最小压力/m	尾水管进口最大压力/m
1	1A	1、2	368.50	225.30	140.00	555	714	导叶关	147.0	197.9	155	45.1	-3.5	17.2
	1B	3	368.50	225.30	140.00	555	714	飞逸	147.0	152.9	200	86.5	-2.3	12.9
2	2A	1、2	368.50	225.30	140.00	555	714	导叶关	147.0	197.7	156	45.4	-4.9	5.3
	2B	3	368.50	225.30	140.00	555	714	导叶关	147.0	197.3	156	45.7	-5.6	5.3
3	3A	1、2	372.50	225.50	143.70	576	750	导叶关	150.5	204.7	159	48.1	-4.4	17.5
	3B	3	372.50	225.50	143.70	576	750	飞逸	150.5	156.7	203	89.4	-3.2	12.8
4	4A	1、2	372.50	225.50	143.70	576	750	导叶关	150.5	204.5	159	48.5	-5.5	5.2
	4B	3	372.50	225.50	143.70	576	750	导叶关	150.5	204.2	159	48.8	-6.2	5.2
5	5A	1、2	377.00	225.60	148.00	590	790	导叶关	154.4	211.4	162	51.3	-5.1	17.6
	5B	3	377.00	225.60	148.00	590	790	飞逸	154.4	160.9	206	92.7	-4.0	12.7

续表

工况	计算内容	机组号	上游水位/m	下游水位/m	水头/m	流量/(m³/s)	功率/MW	机组状态	蜗壳最小动水压力/m	蜗壳最大动水压力/m	机组最大转速上升/(r/min)	机组最大转速上升率/%	尾水管进口最小压力/m	尾水管进口最大压力/m
6	6A	1、2	377.00	225.60	148.00	590	790	导叶关	154.4	211.1	163	51.8	−6.1	5.1
	6B	3	377.00	225.60	148.00	590	790	导叶关	154.4	210.8	163	52.1	−7.0	5.1
7	7A	1、2	379.50	225.50	150.70	575	790	导叶关	157.5	210.5	160	49.3	−5.6	5.3
	7B	3	379.50	225.50	150.70	575	790	导叶关	157.5	210.2	160	49.5	−6.3	5.3
8	8A	1、2	400.00	224.60	173.00	490	790	导叶关	176.0	224.8	152	41.4	−1.0	16.4
	8B	3	400.00	224.60	173.00	490	790	飞逸	179.9	185.9	213	99.2	−0.5	13.1
19	19A	1、2	400.00	253.00	143.70	576	750	导叶关	178.0	232.2	159	48.1	23.1	45.0
	19B	3	400.00	253.00	143.70	576	750	飞逸	178.0	184.2	203	89.4	24.3	40.3
20	20A	1、2	400.00	248.60	148.00	590	790	导叶关	177.4	234.4	162	51.3	17.9	40.6
	20B	3	400.00	248.60	148.00	590	790	飞逸	177.4	183.9	206	92.7	19.0	35.7

从机组厂家数值计算结果得出以下结论：

（1）蜗壳最大压力上升发生在工况20A：上游水位400.00m，下游水位248.60m，水头148.00m与功率为790MW时3台机同时甩负荷，1号机和2号机导叶正常关闭，3号机的活动导叶被卡住发生飞逸时，最大动水压力为234.4m，满足控制要求。

（2）尾水管进口最大真空度、机组转速最大上升率均发生在工况6B：上游水位377.00m，下游水位225.60m，水头148.00m与功率790MW时3台机同时甩负荷，3台机组导叶正常关闭，尾水管进口最大真空度为7m，满足要求，机组转速最大上升率为52.1%，略超控制值。

（3）蜗壳最大压力上升与尾水管进口最大真空度满足规定值。但计算所得的最大转速上升值为52.1%，该值比保证值50%略高。从计算结果来看，机组以额定流量、额定功率运行，甩负荷时最大转速上升值满足要求，如工况2计算结果。如果机组的运行范围被限制，发最大功率时以流量小于等于575m³/s运行，根据工况7的计算情况，机组转速上升值可以被限制在保证值内。

（4）甩负荷试验结果。2007年5月16日，采用机组厂家提供的导叶关闭规律，对1号机组进行了甩负荷试验。试验时上游水位为319.40m，下游水位为218.90m，分别做了甩25%额定负荷（175MW）、甩50%额定负荷（350MW）、甩当时水头下最大负荷（450MW）试验，各次甩负荷试验数据见表2-30。

根据现场甩负荷各部位监测情况，1号机组在分别进行25%额定负荷、50%额定负荷和当时最大负荷甩负荷试验过程中，机组各部位运行正常，试验结果良好。

表 2-30   甩 负 荷 试 验 数 据

机组甩负荷		175MW			350MW			450MW		
记录时间		甩负荷前	甩负荷时	甩负荷后	甩负荷前	甩负荷时	甩负荷后	甩负荷前	甩负荷时	甩负荷后
测量参数	机组转速/(r/min)	107.1	112.99	107.04	107.1	124.2	107.04	107.1	138.7	107.2
	导叶开度/%	51.58	4.5	20.1	76.9	1.0	20.2	100.0	0.0	23.84
	蜗壳实际压力/MPa	1.1	1.5	1.1	1.085	1.498	1.103	1.07	1.387	1.105
	尾水管压力真空度/bar				0.83	−0.9	0.82	0.67	−0.55	0.76
	转速上升率/%		5.48			15.90			29.50	
	水压上升率/%		36.40			38.00			29.60	

2.4.3 小波动过渡过程

为了保证龙滩水电站机组的稳定运行和供电品质,对水力-机械调节系统进行了小波动稳定分析研究,以判断小波动过程的稳定性和调节品质,整定合理的调速器参数。

数值仿真计算考虑了如下小波动过渡过程计算工况:

X1:最大水头 179.00m,同调压室内 3 台机组各减 10%额定功率。

X2:额定水头 140.00m,同调压室内 3 台机组各减 10%额定功率。

X3:最小水头 107.00m,同调压室内 3 台机组各减 10%额定功率。

X4:最大水头 179.00m,同调压室内 3 台机组 90%额定功率时各增 10%功率。

X5:额定水头 140.00m,同调压室内 3 台机组 90%额定功率时各增 10%功率。

X6:最小水头 107.00m,同调压室内 3 台机组 90%额定功率时各增 5%功率。

X7:最大水头 179.00m,同调压室内 3 台机组由空载各甩 85%功率。

X8:前期最小水头 97.00m,同调压室内 3 台机组各甩 10%额定功率。

X9:前期最小水头 97.00m,同调压室内 3 台机组 90%额定功率时各增 5%功率。

最大水头、额定水头、最小水头下减 10%负荷调速器参数整定值以及各工况计算结果见表 2-31。

表 2-31   小 波 动 计 算 结 果

工况	工况说明	调节时间/s	振荡次数/次	最大偏差	缓冲时间常数 T_d	测频微分时间常数 T_n	暂态转差率 bt	电网自调节系数 eb
X1	最大水头下减 10% 负荷	70.8	0.5	3.84				1.0
X2	额定水头下减 10% 负荷	190.8	1.5	4.82	10.0	1.2	1.4	
X3	最小水头下减 10% 负荷	258.0	2.5	6.57				

从数值计算结果来看，水轮机工作水头越大，调节时间越短。最大水头工况，机组转速在70.8s以内就可以进入±0.2%带宽内。最小水头工况，机组转速在258s以内进入±0.2%带宽内。从数值模拟角度看，龙滩水电站调节品质良好。

2.4.4 水力干扰过渡过程

龙滩水电站3台机组共一尾水隧洞，部分机组突增或突减负荷引起的管道压力、流量和调压室水位波动对其余运行机组会产生水力干扰。为研究运行机组在受扰动情况下的调节品质以及其功率的摆动情况，对机组并入无穷大网及机组并入有限电网分别进行了计算，以确定水力干扰过程中运行机组的功率摆动，为水轮发电机组设置最大功率或过载能力提供依据。

数值仿真计算考虑了如下水力干扰过渡过程计算工况：

GR1：额定水头下同单元内两台机甩全负荷，1台机运行。

GR2：额定水头下同单元内1台机甩全负荷，两台机运行。

GR3：最大水头下同单元内1台机甩全负荷，两台机运行。

GR4：最大水头下同单元内1台机甩全负荷，两台机运行。

GR5：一期最小水头下同单元两台机甩全负荷，1台机运行。

GR6：一期最小水头下同单元1台机甩全负荷，两台机运行。

GR7：二期最小水头下，同单元两台机甩全负荷，1台机运行。

GR8：二期最小水头下，同单元1台机甩全负荷，两台机运行。

GR9：额定水头下同单元两台机甩增负荷，1台机运行。

GR10：额定水头下同单元1台机增全负荷，两台机运行。

GR11：最大水头下同单元1台机增全负荷，两台机运行。

GR12：最大水头下同单元内1台机增全负荷，两台机运行。

GR13：一期最小水头下同单元两台机增全负荷，1台机运行。

GR14：一期最小水头下同单元1台机增全负荷，两台机运行。

GR15：二期最小水头下，同单元两台机增全负荷，1台机运行。

GR16：二期最小水头下，同单元1台机增全负荷，两台机运行。

运行机组并入无穷大网，导叶开度不变，运行机组并入有限电网，导叶开度随调速器动作自动调整，运行机组参与调节与不参与调节控制工况计算结果见表2-32。

通过水力干扰过渡过程的研究得出以下结论：

(1) 运行机组所有物理量（包括导叶开度、转速、功率、引用流量、蜗壳压力、尾水管真空度等）均随调压室水位波动而波动，周期基本一致。说明调压室在水力干扰过渡过程中起着主导的作用。

(2) 甩全负荷机组对运行机组稳定性的影响比小波动的影响严重，并且衰减度较小；调压室和闸门井水位波动的振幅也很大。但波动总趋势是收敛的，整体稳定。

(3) 同单元两台机组甩负荷比1台机组甩负荷引起的水力干扰严重，同单元两台机组甩负荷比1台机组甩负荷功率摆动幅度最大差别接近一倍。

(4) 尾水隧洞越长，水力-机械过渡过程品质越差。

表 2-32 各工况水力干扰计算结果

工况	工况说明	初始功率/MW	最大功率/MW	最小功率/MW	向上最大偏差/MW	向下最大偏差/MW	最大摆动幅度/MW	进入0.4%带宽时间/s	振荡次数/次
不参与调节	GR1：额定水头下同单元内两台机甩全负荷，1台机运行	705.5	782.7	676.6	77.2	28.9	106.1	—	—
	GR2：额定水头下同单元内1台机甩全负荷，两台机运行	705.5	747.2	692.3	41.7	13.2	54.9	—	—
参与调节	GR1：额定水头下同单元内两台机甩全负荷，1台机运行	705.5	758.0	655.1	52.5	50.4	92.9	>400	—
	GR2：额定水头下同单元内1台机甩全负荷，两台机运行	705.5	734.8	682.8	29.3	22.7	52.0	310.4	2.5

2.4.5 研究小结

通过对龙滩水电站大波动、小波动及水力干扰过渡过程数值仿真计算的得出以下结论：

（1）对于龙滩水电站大波动过渡过程，采用导叶折线关闭规律：3.32s 时关闭至 60% 开度，10.25s 时完全关闭，调保参数均满足设计和规范要求。机组厂家采用的导叶折线关闭规律：2.00s 时关闭至 67% 开度，10.00s 时完全关闭，蜗壳最大压力上升与尾水管进口最大真空度都满足规定值。机组以额定流量、额定功率运行时，机组甩负荷最大转速上升值满足要求。电站最终采用机组厂家提供的导叶关闭规律。

（2）在相同的调速器参数条件下，水轮机工作水头对小波动过渡过程的动态品质影响较大。从数值模拟角度看，龙滩水电站小波动过渡过程调节品质良好。

（3）水力干扰方面，甩全负荷机组对运行机组稳定性的影响比小波动的影响严重，绝大部分计算工况的转速变化调节时间（±0.4% 带宽）均超过 300s，并且衰减度较小，但波动总趋势是收敛的，整体稳定。

（4）现场甩负荷试验监测表明，引水系统及机组各部位运行正常。

第 3 章

电 气

3.1 电气主接线研究

3.1.1 国内外大型水电站电气主接线方式及其研究

电气主接线关系到电站电能能否可靠、安全送出，是水电站电气设计的主体和依据，与电网特性、电站接入系统方式、电站规模、水能参数、电站运行方式、电站枢纽条件以及电站运行的可靠性、经济性等密切相关，并对电气设备选型、设备布置、继电保护和控制方式有很大的影响。对大型或超大型水电站电气主接线的研究一般从电气主接线的运行可靠性与经济性两方面进行分析比较，以选定综合技术经济指标较优的电气主接线方案。

3.1.1.1 国内外部分大型水电站电气主接线

国内外已投运的大型水电站电气主接线发电机-变压器组大多采用单元接线或联合单元接线，高压侧大多采用 3/2 接线或双母线接线，其中 3/2 接线应用较普遍，详见表3-1。

表 3-1　　　　　国内外部分已投运的大型水电站电气主接线

序号	水电站名称	装机容量 /MW	电气主接线方式	投运时间
1	三峡左岸	14×700	发-变组联合单元接线，500kV 侧 3/2 接线	2003 年
2	龙滩	9×700	发-变组单元接线，500kV 侧完全 4/3 接线	2007 年
3	二滩	6×550	发-变组单元接线，500kV 侧 3/2 和 4/3 混合接线	1998 年
4	水布垭	4×460	发-变组单元接线，500kV 侧双母线接线	2007 年
5	李家峡	5×400	发-变组单元接线，330kV 侧 3/2 接线	1997 年
6	龙羊峡	4×320	发-变组单元接线，330kV 侧双母线接线	1987 年
7	小浪底	6×300	发-变组单元接线，220kV 侧双母线四分段带旁路母线接线	1999 年
8	公伯峡	5×300	发-变组单元接线，330kV 侧双母线接线	2004 年
9	漫湾	5×250	发-变组单元接线，500kV 侧 3/2 接线，220kV 侧双母线接线	1995 年
10	三板溪	4×250	发-变组联合单元接线，500kV 侧单母线接线	2006 年
11	五强溪	5×240	发-变组联合单元接线，500kV 侧双母线接线	1994 年

序号	水电站名称	装机容量/MW	电气主接线方式	投运时间
12	天生桥二级	6×220	发-变组扩大单元接线，500kV 侧 3/2 接线	2001 年
13	伊泰普	18×700	发-变组单元接线，500kV、765kV 侧 3/2 接线	1984 年
14	大古力Ⅲ	3×600+3×700	发-变组单元接线，500kV 侧 3/2 接线	1975 年
15	古里Ⅱ	10×630	发-变组单元接线，765kV 侧 3/2 接线	1983 年

3.1.1.2 国内外大型水电站电气主接线可靠性研究

电气主接线是比较复杂的网络接线，研究电气主接线可靠性的一般方法是研究出线的连通性，即以出线是否连通作为可靠性的判据，求出此情况下的概率和频率。这种分析方法思路清晰，得到的指标也容易理解，对比较各种不同电气主接线的可靠性具有实际意义。

国外电气主接线可靠性研究历史较长，比较典型的是 20 世纪 70 年代苏联学者提出的计算电气主接线可靠性逻辑表格法或列举法，采用供电连续性作为系统可靠工作的判据，基本思路是：研究元件一年中被切除的次数，将可能造成这个事件的各种互不相关的因素，包括断路器正常和检修两种工况下，各个其他元件发生故障时能导致待研究元件故障切除的次数，一一列举出来，分别计算其出现的概率，然后用全概率公式算出总的切除次数。

国内电气主接线可靠性的研究，20 世纪 80 年代前主要采用定性分析的方法，进入 90 年代后对重要电站的电气主接线采用逻辑表格法或列举法进行可靠性计算。用表格法进行电气主接线可靠性计算方法较简单，可以采用手工计算，但有两个较大的缺陷：其一是计算时间较长，效率低；其二是只能考虑简单的故障组合，如只计算一重故障和一个元件故障、另一个元件检修的组合，未涉及两重故障及两重以上的故障组合，对电气主接线可靠性评估的准确性、客观性有影响。对于电站规模较大、元件较多的电气主接线，可靠性计算所需时间长，误差大，所以，该计算方法未能得到广泛应用。

随着计算机的广泛使用和计算速度的日益迅捷，网络法与状态空间法开始用于电气主接线可靠性计算，同时将定量计算的电气主接线的经济指标与可靠性指标结合起来进行综合方案优选的科学决策思路得到推广应用。在龙滩水电站电气主接线设计过程中，对电气主接线的可靠性指标与经济指标进行了定量化的数值计算和综合方案优选分析，取得了较好的经济效益与社会效益。

3.1.2 设置发电机断路器的研究

3.1.2.1 设置发电机断路器的过程

龙滩水电站规划装机 9 台，单机容量 700MW，额定电压 18kV，额定功率因数 0.9，发电机电压回路额定电流超过 26000A。关于发电机断路器（GCB）的设置经历了如下几个阶段：

1990 年的《红水河龙滩水电站初步设计审查会议审查意见》、1992 年的《红水河龙滩水电站可行性评估意见》和 1994 年完成的《红水河龙滩水电站招标设计报告》中，未设置发电机断路器，主要是由于当时国内外不能生产额定电流超过 26000A 的 SF6 发电机断路器，而发电机出口空气断路器具有尺寸大、噪声大的缺点，在龙滩水电站地下厂房布置困难，故该阶段的电气主接线按未设置发电机断路器设计。

1999 年在龙滩水电站可研补充设计过程中，根据国内外 GCB 的制造水平，重新讨论关于设置 GCB 的问题，并在 1999 年 9 月的会议纪要中提出预留发电机出口断路器安装位置。在 2000 年 3 月的《龙滩水电站利用外资方案咨询意见》中，考虑龙滩水电站为适应"无人值班"（少人值守）的计算机监控方式，提高电站运行可靠性、安全性，设置发电机断路器是必要的，而且国外已有厂家能生产额定电流超过 26000A 的 SF6 发电机断路器，并有挂网运行经验，故提出利用外资进口发电机断路器。

3.1.2.2 设置发电机断路器的必要性与可行性

龙滩水电站前期正常蓄水位 375.00m 时共装设 7 台 700MW 水轮发电机组，如装设 GCB，将增加设备投资 700 多万美元。所以，在进行龙滩水电站电气主接线研究时必须对设置 GCB 的必要性与可行性进行深入研究。

1. 设置发电机断路器的必要性

龙滩水电站设置发电机断路器具有以下明显的优点，因此是极其必要的。

（1）有利于发电机与主变压器的安全运行。GCB 能迅速切除发电机与主变压器的故障电源，降低故障产生的应力，减少故障产生的损坏。主变压器内部的不对称短路故障，如：单相或两相短路故障，其不对称故障电流的负序分量产生的热应力作用在发电机阻尼绕组上，能在短时间内产生异常高温而使发电机损坏，这种故障电流在主变压器高压侧断路器跳开后依然继续存在，直至灭磁装置起作用使磁场消失，这段时间可能对发电机造成损害。如果装设 GCB，则能在很短时间内将发电机从故障点切开，从而有效地保护机组。同样，对于主变压器本身的故障，因装设 GCB 而能迅速切除发电机电源，从而减少主变压器事故的扩大。

（2）有利于厂用电系统的安全稳定运行。装设 GCB 可简化厂用电接线并提高厂用电系统运行的可靠性和灵活性。龙滩水电站因其在系统中的地位和作用巨大，对厂用电接线的可靠性要求很高。设置 GCB，厂用电源取自主变压器低压侧离相封闭母线，无论机组运行与否，均不会造成厂用电中断，频繁的开停机操作对厂用电接线的完整性没有影响，机组内部故障只需将 GCB 跳开，不会影响厂用电的连续供电，这样，在提高了厂用电接线运行可靠性的同时，也简化了厂用电系统的倒闸操作。如果不装 GCB，厂用电接线与厂用电系统的操作就复杂得多，且可靠性会降低。如每次停机需经主变压器高压侧进线断路器跳开带厂用变的发电机电压回路，造成厂用电接线的不完整，在枯水季节，开机台数较少时，对厂用电的影响更大，为保证厂用电的可靠性，只有增加厂用电源个数和进行厂用电源的切换操作。而装设 GCB，则可解决这一问题，可经主变压器由系统倒送取得厂用电源，使厂用电接线得到简化，厂用电系统运行的可靠性和灵活性得到提高。

（3）有利于发电机同期操作。如果不装设 GCB，电站同期只能在主变压器高压侧进行，而高压侧断路器切断失步同期电流的能力有限，且高压断路器一般不是三相机械联动，在同期操作中有可能发生单相或两相拒动，危及发电机安全。装设 GCB 后，同期可由 GCB 完成，GCB 能进行频繁操作，具备足够的切断反相同期电流和失步开断的能力，并且三相机械联动所产生的相间不同期时间极小。因此 GCB 的装设能提高发电机同期操作的安全性。

（4）优化电站保护配置、提高保护的选择性。装设 GCB 可以优化电站保护配置，将保护系统分成几个相应的区域，使保护的选择性增大。由于有很高的故障分辨能力，能在最小的时间内消除故障。若无 GCB，主变压器的反复投退，会造成整个系统零序网络不稳定，零序保护整定值变化较大。

（5）可提高电站电气主接线的运行可靠性。龙滩水电站调节库容大，前期为年调节水库，后期具有多年调节水库，在电力系统中担负调峰任务，需经常带峰荷运行，负荷变动较大，开停机操作频繁，如果不装设 GCB，则频繁的开停机操作必须由主变压器高压侧 500kV 进线断路器进行，而装设发电机断路器后，频繁的开停机操作可由 GCB 完成。500kV GIS 断路器其空载无故障（即不进行机械调整、不检修和不更换零部件情况下）操作次数一般为 3000～5000 次，而 GCB 因其专门用于发电机保护和开停机操作，其空载无故障操作次数可大于 10000 次。所以，装设 GCB 可提高电站电气主接线的运行可靠性。

2. 设置发电机断路器的可行性

通过对国内外 GCB 的生产使用情况进行调研，ABB 公司生产的 HEC8 型 SF6 发电机断路器额定持续工作电流可达 28000A，额定开断电流可达 160kA，能满足龙滩水电站的要求，当时该种型号的发电机断路器已在德国供货并有挂网运行经验。此外，在不对原有地下厂房布置进行大的修改前提下，通过对母线洞进行局部调整，可将 GCB 布置在母线洞的母线层内。所以，龙滩水电站装设 GCB 是可行的。

3.1.2.3 GCB 对电气主接线可靠性影响的定量计算分析

尽管通过以上分析认为龙滩水电站装设 GCB 是必要的，但毕竟只是进行了定性分析，如能定量计算 GCB 对电站电气主接线可靠性的影响，将为龙滩水电站装设 GCB 提供科学的决策依据。因此，就开展了 GCB 对电站电气主接线的影响进行了定量研究。

从可靠性观点来看，装设发电机断路器可以显著减少高压断路器的操作次数从而大大降低高压断路器的故障率。然而，发电机断路器本身就是一个可能发生故障的元件，装设发电机断路器将增大发电机端的故障率。但装设发电机断路器是否对电站可靠性有利与高压断路器、发电机断路器的可靠性参数有很大关系，需要针对具体接线，将电站高低压侧的接线作为整体进行可靠性计算分析才能得到可信的结论。

在 1990 年的初步设计和 1994 年的招标设计阶段，由于当时国内外不能生产额定电流超过 26000A 的 SF6 发电机断路器，因此未设置发电机断路器，推荐的电气主接线为发电机变压器组采用单元接线，500kV 侧双母线四分段出线双断路器接线。所以，在进行龙滩水电站电气主接线可靠性研究的过程中，针对双母线四分段出线双断路器接线方式是否要装设发电机断路器进行了比较分析。

经计算发现装设发电机断路器后可靠性指标有很大的提高，例如：河池 1 出线故障率从 0.5284295 降低到 0.2356497，仅为原来的 44.59%；一进一出线的指标，以 G1 和河池 1 为例，故障率从 0.5091316 降低到 0.2163546，为原来的 42.48%；任二回出线的指标，以河池 1 和平果 1 为例，故障率从 0.08892408 降低到 0.03997038，为原来的 44.95%。

可靠性指标发生这么大的变化，主要是由于增设发电机断路器后显著地减少了高压断路器的操作次数，从而大大减小了高压断路器的故障率。

根据《水电厂电气主接线可靠性计算导则》的要求，龙滩水电站 2 回或 2 回以上 500kV 出线同时故障停运频次（故障频率）不超过 0.1 次/年。经计算双母线四分段出线双断路器接线方式如果不设置发电机断路器（GCB），则其 2 回 500kV 出线同时故障停运频次（故障频率）大都超过 0.1 次/年，未能满足可靠性要求，如：

(1) 河池 1 和平果 2 故障频率：1.191682×10^{-1} 次/年。
(2) 平果 1 和柳州 1 故障频率：1.532642×10^{-1} 次/年。
(3) 平果 1 和平果 2 故障频率：1.161663×10^{-1} 次/年。
(4) 柳州 1 和平果 2 故障频率：1.610007×10^{-1} 次/年。
(5) 河池 2 和平果 2 故障频率：1.191682×10^{-1} 次/年。

经计算双母线四分段出线双断路器接线方式增设发电机断路器（GCB），则其 2 回 500kV 出线同时故障停运频次（故障频率）均小于 0.1 次/年，能满足可靠性要求，如：

(1) 河池 1 和平果 2 故障频率：4.995057×10^{-2} 次/年。
(2) 平果 1 和柳州 1 故障频率：9.490548×10^{-2} 次/年。
(3) 平果 1 和平果 2 故障频率：4.695398×10^{-2} 次/年。
(4) 柳州 1 和平果 2 故障频率：9.803513×10^{-2} 次/年。
(5) 河池 2 和平果 2 故障频率：4.995057×10^{-2} 次/年。

所以，通过对可靠性的定量计算与分析，原双母线四分段出线双断路器接线方案如果不装设发电机断路器（GCB），其可靠性指标不满足要求，应排除；而装设发电机断路器（GCB）的双母线四分段出线双断路器接线方案的可靠性指标满足要求，可以作为方案之一参与龙滩水电站电气主接线的进一步比选。

通过以上计算分析可知，是否装设 GCB 对电站电气主接线可靠性的影响较大，通过定量计算发电机断路器（GCB）对电站电气主接线的影响，为龙滩水电站电气主接线是否装设 GCB 提供了科学的决策依据。

3.1.3 元件的可靠性计算模型与参数修正

在进行电气主接线可靠性计算时涉及很多种类的元件，如水轮发电机组、主变压器、断路器、隔离开关、母线、电压互感器及电流互感器等。要精确模拟这些元件有一定的困难，其中断路器最复杂，需要考虑的因素多。因电气主接线中设备元件的可靠性指标是进行电气主接线可靠性计算的基础数据，而在电气主接线中不同位置的相同元件，其可靠性指标可能不同，甚至有很大差别，不能仅以电力系统中设备元件的统计平均故障率作为元件的可靠性指标进行电气主接线可靠性计算，尤其是电气主接线中的断路器元件，因其是可动作元件，其可靠性指标不仅与其统计平均故障率有关，还和与其有关联的设备如架空线路、水轮发电机组、主变压器、高压电缆等有关，在进行可靠性计算时必须对断路器元件的可靠性指标进行修正，建立各类元件的合理的可靠性计算模型。

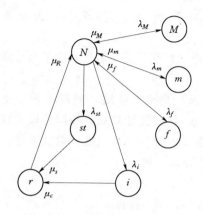

图 3-1 断路器的空间
状态图（7 状态）

N—正常运行状态；*M*—计划检修状态；
m—强迫检修状态；*f*—误动状态；*i*—接
地或绝缘故障状态；*st*—拒动状态；
r—故障后修复状态

3.1.3.1 元件的可靠性计算模型

1. 断路器的可靠性计算模型

一个正常闭合或断开的断路器可能有 7 种状态，如图 3-1 所示。

在实际应用中，这种复杂模型是不实用的，考虑的因素太多，使问题的复杂性大大增加，因此，有必要将模型进行简化。

从故障后果的观点来看，可以把 st 和 i 等效为 S，m、f 和 r 合并为 R。前者（S）将导致保护区内所有断路器跳闸，这是一种相关故障；而后者（R）只有故障断路器自己跳闸。当需要考虑继电保护的误动影响时，还必须进行修正。继电保护失效主要有两种情况：

误动：保护区内无故障，保护动作。

拒动：保护区内有故障，保护没有动作。

继电保护误动的效果与被保护断路器处于 S 的后果一样，因此可以归到一种状态中。继电保护拒动会引起升压站/开关站很多设备退出运行，导致严重后果，这也是一种相关故障，其后果相当于在故障断路器的保护区内的断路器都处于 S，从而导致下一级断路器跳闸，这种状态单独列出来，称为 F。当 S 和 F 操作时间可以忽略时，这两个状态可以合并入 R。最终得到断路器的三状态可靠性计算模型，如图 3-2 所示。

综合上述因素，确定断路器故障模型（包括继电保护及自动装置）如下：

（1）线路侧断路器。

$$\lambda = \left[K_1 + K_2 \left(\frac{L_i}{L_P} \right)^{0.5} + K_3 \left(\frac{n_i}{n_P} \right)^{0.4} \right] \lambda_P \qquad (3-1)$$

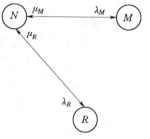

图 3-2 断路器的简化
空间状态图（3 状态）

N—正常运行状态；*M*—计划检
修状态；*R*—故障检修状态

式中：K_1 为静态系数，取 0.3；K_2 为切除短路系数，取 0.4；L_i 为线路长度，km；L_P 为平均线路长度，km，对我国 500kV 线路，平均长度取为 187.0km；K_3 为操作系数，取 0.3；n_i 为断路器每年的实际操作次数；n_P 为年平均操作次数，我国取为 24 次/年；λ_P 为断路器统计平均故障率。

（2）主变压器-机组侧断路器。

$$\lambda = \left[K_1 + K_2 \left(\frac{\lambda_U + \lambda_T}{\lambda_L L_P} \right)^{0.5} + K_3 \left(\frac{n_i}{n_P} \right)^{0.4} \right] \lambda_P \qquad (3-2)$$

式中：K_1、K_2、K_3 与式（3-1）相同；L_P 为线路平均长度，km；λ_U 为水轮发电机组故障率；λ_T 为主变压器故障率；λ_L 为线路故障率，次/（100km·年）；n_i 为机组每年操作次数；n_P 为断路器平均每年操作次数。

（3）母联断路器、分段断路器及联络变压器断路器故障率不乘修正系数，取 λ_P。

2. 水轮发电机组、输电线路、变压器、隔离开关等元件的可靠性计算模型

水轮发电机组、输电线路、变压器都属于静态元件，其功能是从一点到另一点传输功率，可以处于下列状态之一：正常运行状态、故障修复状态和计划检修状态。隔离开关的可靠性模型与以上元件相似。这些类型的元件的状态转移模型如图 3-3 所示。

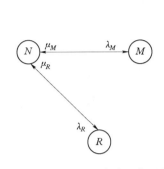

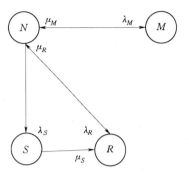

图 3-3　发电机组、线路、变压器、
隔离开关的可靠性模型
N—正常运行状态；R—故障修复状态；M—计划
检修状态；λ_R—故障率；μ_R—故障修复率；
λ_M—计划检修率；μ_M—计划
检修修复率

图 3-4　有倒闸操作的母线
可靠性计算模型

3. 母线的可靠性计算模型

无倒闸操作的母线，其可靠性计算模型与水轮发电机组、输电线路、变压器的模型类似，如图 3-3 所示。有倒闸操作的母线（如双母线接线），模型如图 3-4 所示，参数与图 3-1 类似，只是其中 S 为开关切换状态，相应的 λ_S、λ_R 的意义不同，没有拒动和误动的因素，而且其中的 μ_S 为切换率，是切换时间的 T_S 的倒数。

3.1.3.2　元件的可靠性参数修正

建立电气主接线中各元件的可靠性指标计算模型与计算公式。下面以 4/3 接线和双母线四分段出线双断路器接线为例，对电气主接线中的断路器元件可靠性指标进行修正计算，在表 3-2 和表 3-3 中分别列出了两种电气主接线方案中断路器元件可靠性指标修正前后的数值，元件编号如图 3-5 和图 3-6 所示。其中，按照统计数据，500kV 架空线平均故障率为 0.114 次/(100km·年)，平均长度为 187.0km，500kV 高压断路器年平均动作次数为 24 次，调峰电站机组开停机次数按 1000 次/(年·台)。

表 3-2　　　　　　　　　　4/3 接线高压断路器修正前后的故障率

元件编号	主动性故障率 原始值/($\times 10^{-2}$)	主动性故障率 修正值/($\times 10^{-2}$)	被动性故障率 原始值/($\times 10^{-2}$)	被动性故障率 修正值/($\times 10^{-2}$)
3	6.000000	4.086668	2.000000	1.362223
7	6.000000	3.671135	2.000000	1.223712
11	6.000000	3.671135	2.000000	1.223712
15	6.000000	4.086668	2.000000	1.362223

元件编号	主动性故障率原始值/(×10⁻²)	主动性故障率修正值/(×10⁻²)	被动性故障率原始值/(×10⁻²)	被动性故障率修正值/(×10⁻²)
19	6.000000	4.086668	2.000000	1.362223
23	6.000000	3.671135	2.000000	1.223712
27	6.000000	3.671135	2.000000	1.223712
31	6.000000	4.086668	2.000000	1.362223
34	6.000000	4.086668	2.000000	1.362223
38	6.000000	3.960863	2.000000	1.320288
42	6.000000	3.960863	2.000000	1.320288
46	6.000000	4.086668	2.000000	1.362223
49	6.000000	5.815295	2.000000	1.938432
53	6.000000	5.944462	2.000000	1.981487
57	6.000000	4.177440	2.000000	1.392480
61	6.000000	4.086668	2.000000	1.362223
64	6.000000	4.086668	2.000000	1.362223
68	6.000000	4.086668	2.000000	1.362223
72	6.000000	4.086668	2.000000	1.362223
76	6.000000	4.086668	2.000000	1.362223

表3-3　　双母线四分段出线双断路器接线高压断路器修正前后的故障率

元件编号	主动性故障率原始值/(×10⁻²)	主动性故障率修正值/(×10⁻²)	被动性故障率原始值/(×10⁻²)	被动性故障率修正值/(×10⁻²)
4	6.000000	18.705690	2.000000	6.235232
12	6.000000	18.705690	2.000000	6.235232
18	6.000000	5.389919	2.000000	1.796640
29	6.000000	5.815295	2.000000	1.938432
33	6.000000	18.705690	2.000000	6.235232
40	6.000000	18.705690	2.000000	6.235232
53	6.000000	6.133270	2.000000	2.044423
57	6.000000	6.133270	2.000000	2.044423
64	6.000000	18.705690	2.000000	6.235232
72	6.000000	18.705690	2.000000	6.235232
78	6.000000	5.389919	2.000000	1.796640
89	6.000000	5.815295	2.000000	1.938432
93	6.000000	18.705690	2.000000	6.235232
100	6.000000	18.705690	2.000000	6.235232
107	6.000000	18.705690	2.000000	6.235232

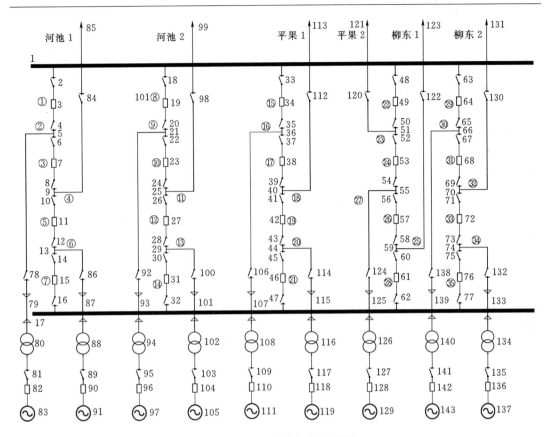

图 3-5 4/3 接线元件编号图

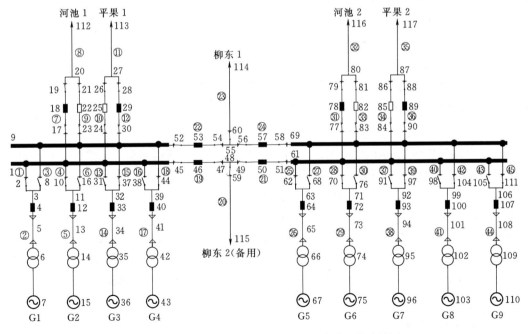

图 3-6 双母线四分段出线双断路器接线元件编号图

对比表 3-2 和表 3-3 中的数据，可以发现断路器的动作次数对其故障率的影响很明显。4/3 接线方案中，对于主变压器高压侧断路器，由于装设发电机断路器，机组开停机操作由发电机断路器完成，不需要操作主变压器高压侧断路器，机组开停机次数对其故障率修正不产生影响，其动作次数应小于年平均动作次数，取 10 次/年。主变压器高压侧断路器的动作次数及与之有关联的变压器、高压电缆或线路的故障率应参与修正计算，经修正计算的高压断路器可靠性指标比原始值（统计平均值）要小。例如，元件编号为 3 的高压断路器的故障率修正后为原始值的 68.11%；而元件编号为 7：4/3 接线的高压断路器的故障率修正后为原始值的 61.19%。

双母线四分段出线双断路器接线方案中，对于主变压器高压侧断路器，由于没有装设发电机断路器，与之有关联的水轮发电机组、变压器和高压电缆或线路的故障率应参与修正计算。机组开停机次数［1000 次/（年·台）］对主变压器侧高压断路器可靠性指标的影响很大，应参与修正计算。经修正计算的高压断路器可靠性指标比原始值（统计平均值）要大。例如，元件编号为 4 的高压断路器的故障率修正后为原始值的 3.12 倍。和 4/3 接线方案中功能相似的 3 号断路器相比，其故障率为 3 号断路器的 4.58 倍。正因为双母线四分段出线双断路器接线（未装设发电机断路器）方案高压断路器的故障率经修正后放大了几倍，所以该接线方案中的各个断路器可靠性指标比其他接线方案差，故障率和故障频率明显高。

如不考虑各种因素对高压断路器故障率的修正，得到的计算结果误差较大。对于电气主接线系统中各元件尤其是断路器元件，根据其将要出现的运行状况对不同位置的断路器故障率进行修正，可以更客观的反映电气主接线的可靠性指标。

3.1.4 电气主接线可靠性计算方法研究与软件开发

龙滩水电站电气主接线可靠性计算方法在网络连通性基本模型的基础上，考虑电站的各种特性，改进了传统的基于连通性的分析方法，首先寻找每一回出线的割集故障事件，在此基础上，根据每一个可靠性判据，对各种故障事件进行分析，得到各种判据下的故障事件，并求出相应的可靠性指标，提高可靠性计算结果的可信度。

3.1.4.1 电气主接线可靠性计算方法研究

1. 搜索故障与概率、频率的计算

通过直接分析电气主接线网络图，找出影响每一回线路停电的事件，然后分析在该事件下的后果，得到该状态下的概率和频率。

故障的搜索方法如下：首先找到任一回出线到源点的最小割集，包括一阶割集、二阶割集、三阶割集，即相应的一重故障、二重故障、三重故障，由于三重以上故障发生的概率和频率极小，因此不予考虑。对于割集，其可靠性指标按如下原则计算：

一重故障：故障率即为单个元件强迫停运的故障率，故障恢复时间为单个元件强迫停运的故障恢复时间。如果存在备用设备，停电时间就是备用设备投运的操作时间。

二重故障：考虑强迫停运与计划检修停运重叠的情况。

二重故障的持续强迫停运故障率为：

$$\lambda_p = \lambda_1 \lambda_2 (r_1 + r_2) \qquad (3-3)$$

二重故障的持续强迫停运时间为:

$$r_p = \frac{r_1 r_2}{r_1 + r_2} \tag{3-4}$$

计划检修停运与持续强迫停运可能在以下两种情况之一重叠:元件1已在检修,元件2强迫停运;元件2已在检修,元件1强迫停运。此时的等效停运率为:

$$\lambda_{sn} = \lambda_{m1} \lambda_2 r_{m1} + \lambda_{m2} \lambda_1 r_{m2} \tag{3-5}$$

等效的停运时间为:

$$r_{sn} = \frac{1}{\lambda_{sn}} \left(\frac{r_2}{r_{m1} + r_2} \lambda_{m1} \lambda_2 r_{m1}^2 + \frac{r_1}{r_{m2} + r_1} \lambda_{m2} \lambda_1 r_{m2}^2 \right) \tag{3-6}$$

式中:λ_1、λ_2 分别为两个元件强迫停运的故障率;r_1、r_2 分别为两个元件强迫停运故障恢复时间;λ_{m1}、λ_{m2} 分别为两个元件计划检修停运率;r_{m1}、r_{m2} 分别为两个元件计划检修停运时间。

三重故障:考虑强迫停运与计划检修停运重叠的情况。由于在工程实际中,不会同时对两个元件进行检修,因此只考虑两个元件强迫停运与另外一个元件发生检修停运的重叠。计算方法和公式与二重故障类似,只需将两个强迫停运元件首先等效为一个强迫停运元件,代入式(3-3)~式(3-6)即可。

以上仅限于割集类型,由于在电气设备的实际操作过程中,元件之间是关联的,也就是说当某一回路上的一个与母线相连的元件故障,为了将其隔离,必须将母线停电,这时必须断开所有与母线相连的断路器,这必然会影响到其它回路,此时的动作断路器所在的非故障回路的停运时间是从发生故障起,直到故障隔离并实现该支路重合闸这一段倒闸操作时间。为了考虑这种类型的故障,程序中读入各个断路器相关故障信息,然后在割集故障的基础上,开发了一套算法检索出此类故障。在计算此类故障的故障停运时间时,应该用倒闸操作时间,而不是元件的修复时间。

在有些电气主接线中,常常接有一些常开隔离开关,例如双母线接线中的某些隔离开关。在此类接线中,必须考虑常开隔离开关对故障的影响,虽然常开隔离开关不会影响到故障率的大小,但对故障的恢复时间有影响,为了考虑这种情况,程序中读入各个常开/常闭隔离开关组的信息,在故障后果分析中考虑了其对故障恢复时间的影响。

在求出任一回线路的故障事件后,根据相应的可靠性判据,求出在此类判据下会导致系统故障的各重故障事件,程序中开发了在各种判据和系统故障情况下检索相应故障事件的算法。在求出了对应于各种故障判据下的各重故障的故障率和故障恢复时间后,就可以求得这种判据下的指标:

(1)故障率 λ_s:系统在时刻 t 以前正常工作,在 t 以后单位时间(年)内发生故障的条件概率密度(次/年)。

(2)故障停电平均持续时间 D:发生一次故障的平均停电持续时间(h/次)。

(3)可用率 A:系统处于可用状态的概率,$1-A$ 即停电概率。

(4)年停电的平均时间 U:系统一年中发生全厂故障的期望平均停电持续时间(h)。

(5)停电频率 f_s:系统一年内发生停电故障的平均次数(次/年)。

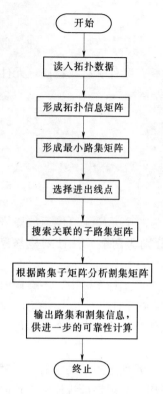

图 3-7　最小割集算法流程

（6）期望故障受阻电力 *EPNS*：系统一年种由于发生停电故障而无法送出的电量的期望值（MW/年）。

（7）期望故障受阻电能 *EENS*：系统一年中由于发生停电故障而无法送出的电能的期望值（MWh/年）。

期望受阻电量、电能的计算通过统计全厂所有引起电量损失的故障事件的故障持续时间和损失电量来得到。

2. 故障搜索算法

用网络连通性进行电气主接线可靠性评估的关键是如何求得出线到源点（发电机）的通路，并进一步求得相应的故障割集事件。其核心算法——最小割集方法，其进行故障搜索的流程如图 3-7 所示。

传统的最小路集/割集法都采用搜索法，即先形成节点支路树，然后逐一搜索最小路，再用反演法或对偶图方法求出最小割集。但这种搜索最小路的方法难以处理同时有单向支路和双向支路的混合有向网络、难以处理母线这样的单节点元件；一般只对单电源点单负荷点拓扑结构的系统进行分析，推广到多电源点多负荷点的系统比较困难。

而矩阵技术，节点支路关联矩阵包含了进行可靠性分析所需的整个系统的所有网络拓扑信息，并且能够很好地解决双向支路元件的问题。在节点支路关联矩阵中，双向支路元件复制为两条单向支路，分别写出其节点支路关联向量。这样处理后，所有的支路元件的拓扑关系都能够在节点支路关联矩阵中表达出来。利用矩阵能够突破单电源点单负荷点的限制，易于推广到多电源点多负荷点的分析。因此，在参考国内外一些可靠性研究成果基础上，应用稀疏矩阵技术对传统的搜索最小路的方法进行了改进，得到一种邻接终点矩阵方法。这种方法，通过定义特殊的矩阵乘法规则，用矩阵的乘法运算完成对最小路的搜索过程，计算效率大大提高。

邻接终点矩阵算法描述如下：

设 $N=(V, E)$ 是一个简单有向网络，其中 $V=\{v_1, v_2, \cdots, v_n\}$ 是节点集，E 是支路集。

定义 n 阶方阵 $A_1=[a_{ij}^1]$ 为网络的邻接矩阵，其中：①当 v_i 和 v_j 之间通过有向支路 v_iv_j 连接时，$a_{ij}^1=v_iv_j$；②当 v_i 和 v_j 之间没有支路连接，或 $i=j$ 时，$a_{ij}^1=0$。

定义 n 阶方阵 $R=[r_{jk}]$ 为网络的终点矩阵，其中：①当 v_j 和 v_k 之间通过有向支路 v_jv_k 连接时，$r_{jk}=v_k$；②当 v_j 和 v_k 之间没有支路连接，或 $j=k$ 时，$r_{jk}=0$。

显然，矩阵 A_1 包含了网络中所有长度为 1 的路径，矩阵 R 反映了网络中每条支路的终点。

另外定义矩阵 A_1 和 R 之间的乘法运算 “ ＊ ”，产生新矩阵 $A_2=[a_{ik}^2]$。

A_2 的元素 a_{ik}^2 由下列法则得到：

$$a_{ik}^2=\{a_{ij}^1 r_{jk}|j=1,2,\cdots,n\} \tag{3-7}$$

式（3-7）中：

当 $a_{ij}^1 = v_iv_j$，$r_{jk} = v_k$ 且 v_i、v_j、v_k 各不相同时，$a_{ij}^1 r_{jk} = v_iv_jv_k$；

当 $a_{ij}^1 = 0$ 或 $r_{jk} = 0$ 或 v_k 至少与 v_i、v_j 中的一个相同时，$a_{ij}^1 r_{jk} = 0$。

不难看出，A_2 的所有非零元素构成了网络的所有长度为2的最小路。

类似地，可以计算得到 A_3、A_4，…，A_{n-1}，从而得到了网络的任意节点之间的所有长度的路径。

将 A_1、A_2，…，A_{n-1} 中对应位置 (i, j) 的非零元素组合在一起，就得到从节点 i 到节点 j 的所有最小路。显然，在这种矩阵方法中，单电源点单负荷点的情况和多电源点多负荷点的情况并没有太大的差别，只是多取几个非零元素集合。

在上述的最小路计算中，并没有涉及单节点元件。在将最小路集转化为最小割集时，就需要把单节点元件包括进来。对原来形成的节点支路关联矩阵进行增广处理，添加单节点元件的节点元件关联向量，从而形成节点元件关联矩阵。其中，单节点元件的节点元件关联向量只有元件所在节点对应位置的元素为1，其他元素为0。

根据得到的路集和节点元件关联矩阵，形成元件路集矩阵。每条路构成矩阵的一行，该路中包含的元件对应位置的元素为1，其他元素为0。这样得到的元件路集矩阵的每一列，就是该列对应的元件所存在的路的集合。若某一列是一向量，则该元件就是系统的一阶割集；若某 m 列相加得到一向量（所有元素的值均为1），则这 m 个元件构成系统的 m 阶割集。另外，若原始元件路集矩阵由各个出线点、电源点的路集构成，就可以得到对应出线点、电源点的各阶割集。总之，利用元件路集矩阵可以对任意的点或点集进行割集分析。

3. 常开隔离开关的处理

当某些元件故障时，会引起故障元件的主保护动作及断路器跳闸，从而引起其他非故障元件和分支线退出运行，此后故障元件被隔离，保护断路器重合，将这种元件故障模式称为断路器主动性故障。为了求得这种情况下的故障事件，首先形成断路器相关故障矩阵，再根据已求得的最小割集事件，搜索出与断路器有关的最小割集故障事件，然后引入断路器相关故障矩阵，得到所有此类故障事件。

由于常开隔离开关不影响电气主接线中设备的正常运行，因此在计算电气主接线的割集故障时，并不考虑常开隔离开关，在网络图上常开隔离开关与电气主接线是不相连的。当发生故障时，常开隔离开关可以将负荷转移，从而影响到了故障持续时间。将常开隔离开关正常工况下的状态以及切除故障转移负荷的时间等信息保留在相应的数据库记录中，在得到了所有的割集故障之后，分析各个故障有无通过常开隔离开关恢复的可能，如有可能，则用故障后的切换时间替换故障元件的修复时间作为故障停运时间。

4. 水能对机组出力以及对可靠性计算结果的影响

由于水电站的出力和发电量与水电站的水能特性密切相关，因此应研究水电站水能特性的影响，龙滩水电站的典型水能参数与水能关系曲线如下：

龙滩水电站正常蓄水位400.00m、总装机容量6300MW时的预想出力和平均出力保证率见表3-4。将表3-4中的平均出力用曲线表示如图3-8所示。后面的计算结果是针对9台机组5回出线（另外一回备用，暂不投运）、单机容量700MW的条件得到的。对应情况下电站的年利用小时数为 2933h,机组的功率因数为 0.9。

表 3-4   预想出力和平均出力保证率

保证率/%	预想出力/万 kW	平均出力/万 kW
1	630	630.0
5	630	441.3
10	630	346.5
15	630	321.4
20	630	291.0
25	630	255.9
30	630	222.5
35	630	204.7
40	630	197.2
45	630	191.0
50	630	179.8
55	630	169.8
60	630	159.5
65	630	150.0
70	630	145.0
75	630	139.8
80	630	131.1
85	630	122.6
90	630	105.1
95	630	105.0
100	426.4	72.5

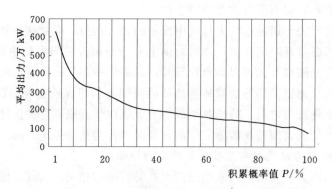

图 3-8 平均出力保证率曲线

为了考虑水能对机组出力的影响,还需要水能数据。龙滩水电站总装机容量 6300MW 时多年月平均出力见表 3-5。

表 3 - 5					多年月平均出力表					单位：万 kW		
月　份	1	2	3	4	5	6	7	8	9	10	11	12
多年月平均出力	176.3	197.8	228.3	317.3	116.2	161.7	193.4	262.9	317.6	236.8	172.1	151.7

从表 3-5 可见，水电站的一次能源与火电或核电是不同的，受到水能特性的制约，水能是天然能源，受季节、气候以及地理环境的影响大，人为可调节性差。这样，就会出现水能不足限制发电机出力的情况，同时也会出现水能超过负荷需求而开闸泄洪的情况。这两种情况反映了水电站的两个不同的可靠性特性，所对应的可靠性指标也不一样。对于第一种情况，水能不足造成发电容量的损失，从后果来看，与系统元件故障引起的发电容量损失是相同的，两者从可靠性角度来看是串联的关系。因此，计算水能对可靠性结果的影响时，与计算其他元件故障对可靠性评估结果的影响的方法是相同的。

对于水文资料充分的水电站，可推导水电站出力保证曲线，并利用其与常规的电气主接线可靠性计算得到的机组停运频率和停运时间，得到计入水能出力概率特性的电气主接线的年停运频率和年停运时间，公式如下：

$$\sum(\lambda) = \sum_{k=1}^{N} \lambda_k t_k' \qquad (3-8)$$

式中：λ_k 为不同停运机组台数时的停运频率（由常规电气主接线可靠性计算公式求得）；t_k' 为不同停运机组台数时的水能停运时间百分数（从水电站出力保证曲线中得到）；$\sum(\lambda)$ 为计入水能出力概率特性的电气主接线年停运频率。

$$\sum(t) = \sum_{k=1}^{N} t_k t_k' \qquad (3-9)$$

式中：t_k 为不同停运机组台数时的停运时间（2 台机组或多台机组折合成单台机组情况）；t_k' 为不同停运机组台数时水能停运时间，从出力保证曲线中得到；$\sum(t)$ 为计入水能特性折合为单台机组的年总停运时间。

在水电站的设计中，水电站的出力分配主要根据水电站的水能特性确定，而传统的电气主接线可靠性计算方法是用水电站负荷特性代替水电站出力特性。在进行龙滩水电站电气主接线可靠性计算时，对可靠性计算方法进行了改进，计入了水电站水能特性的影响，这样，水电站的设计出力特性既能够反映水电站出力特性又反映了系统负荷的要求，使水电站电气主接线可靠性计算能更客观的反映水电站的实际情况。

5. 电气主接线方案经济分析模型

对电气主接线方案进行经济分析主要是对方案的总投资、年运行费用和停电损失费用进行综合效益分析，以确定最佳的方案。

（1）总投资折合年值的计算。水电站设备投资包括水轮发电机组、变压器、断路器、隔离开关、母线和电缆等设备的投资。为了与年运行费用进行综合比较，必须将设备投资折算成等年值，考虑水电站的经济使用年限为 25 年，水电站设备投资等年值 Z 为：

$$Z = Z_0 \left[\frac{r_0(1+r_0)^n}{(1+r_0)^n - 1} \right] \qquad (3-10)$$

式中：Z_0 为水电站设备投资；r_0 为投资收益率；n 为评估年限（取为 25 年）。

（2）年运行费计算。水电站的年运行费包括电能损失、检修、维护及折旧费等，折算年运行费用为：

$$U = \frac{r_0(1+r_0)^n}{(1+r_0)^n - 1} \left[\sum_{t=t'}^{m} U_t(1+r_0)^{m-t} + \sum_{t=m+1}^{n} U_t \frac{1}{(1+r_0)^{t-m}} \right] \qquad (3-11)$$

式中：t' 为工程部分投运年限；m 为施工年限；n 为评估年限（取为 25 年）；t 为年份；r_0 为投资收益率。

简化计算中，往往用年运行费率，即运行费用占投资费用的比率来表示。这样，其计算就简单多了，设年运行费率为 p，则简化公式如下：

$$U = Zp \qquad (3-12)$$

（3）停电损失折合费用计算。根据产电比理论，将水电站的年停电损失电能转化成为经济指标，即停电损失折合费用。该值反映了可靠性水平的经济价值，可靠性高，停电损失小，可靠性低，停电损失就大。停电损失折合费用可按下式计算：

$$U_1 = \alpha p EENS \qquad (3-13)$$

式中：α 为电厂的功率因数；p 为产电比；$EENS$ 为期望电能损失。

（4）年最小费用计算。年最小费用 C 等于年设备投资额折合年值、年运行费以及停电损失费之和。即：

$$C = Z + U + U_1 \qquad (3-14)$$

显然年最小费用越小，则经济效益越好。

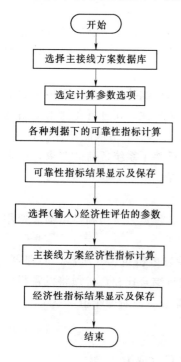

图 3-9　软件工作流程图

3.1.4.2　软件开发

1．软件功能简述

与清华大学合作开发了水电站电气主接线可靠性计算软件能够对水电站的各种电气主接线方案进行可靠性及经济性计算；同时，通过计算条件的改变，也能对变电站的电气主接线进行可靠性及经济性计算。可以得到以下可靠性指标：①任一回（进、出）线路发生故障停运；②任二回（进、出）线路发生故障停运；③任意组合的高阶故障停运；④全厂发生故障。

可靠性指标包括各种状态下的故障概率、故障频率、故障平均停电时间、期望故障受阻电力、期望故障受阻电能。

软件包括两个部分：①电气主接线的相关信息数据输入部分；②可靠性及经济性指标计算部分。软件工作流程如图 3-9 所示。

2．软件特点简介

电气主接线可靠性计算方法研究与软件开发在很多方面对传统的电气主接线可靠性计算方法进行了改进，能更加客观的反映电气主接线系统运行的可靠性与经济性，计算软件通用性强，人机界面友好，易于推广使用。主要特点如下：

（1）采用邻接终点矩阵方法，提高计算效率。传统的最小路集/割集法都采用搜索法，即先形成节点支路树，然后逐一搜索最小路，再用反演法或对偶图方法求出最小割集。但这种搜索最小路的方法存在一些局限性：①难以处理同时有单向支路和双向支路的混合有向网络；②难以处理母线这样的单节点元件；③一般只对单电源点单负荷点拓扑结构的系统进行分析，推广到多电源点多负荷点的系统比较困难。

在参考国内外一些可靠性研究成果基础上，应用稀疏矩阵技术对传统的搜索最小路的方法进行了改进，得到一种邻接终点矩阵方法。利用这种方法，在节点支路关联矩阵中包含了进行可靠性分析所需的整个系统的所有网络拓扑信息，并且能够很好地解决双向支路元件的问题；在节点支路关联矩阵中，双向支路元件复制为两条单向支路，分别写出其节点支路关联向量，这样处理后，所有的支路元件的拓扑关系都能够在节点支路关联矩阵中表达出来；利用邻接终点矩阵能够突破单电源点单负荷点的限制，易于推广到多电源点多负荷点的分析。也就是说，采用邻接终点矩阵方法这种新的计算手段，解决了传统最小路集法存在的局限性，再通过定义特殊的矩阵乘法规则，用矩阵的乘法运算完成对最小路的搜索过程，计算效率大大提高。

（2）反映水电站水能特性的影响。在水电站的设计中，水电站的出力分配主要是根据水电站的水能特性确定的，而传统的电气主接线可靠性计算方法是用水电站负荷特性代替水电站出力特性。本次计算对可靠性计算方法进行了改进，计入了水电站水能特性的影响，这样，水电站的设计出力特性既能够反映水电站出力特性又反映了系统负荷的要求，使水电站电气主接线可靠性计算能更客观地反映水电站的实际情况。

（3）建立了电气主接线可靠性的多种判据和经济分析指标。定义了电气主接线可靠性的多种判据和经济分析指标：

任一回（进、出）线路发生故障停运。

任二回（进、出）线路发生故障停运。

任意组合的高阶故障停运。

全厂发生故障。

可靠性指标包括各种状态下的故障概率、故障频率、故障平均停电时间、期望故障受阻电力和期望故障受阻电能。

年最小费用 C 等于年设备投资额折合年值、年运行费以及停电损失费之和，且年最小费用越小，则经济效益越好。

通过定义上述可靠性判据和经济分析指标，即可对多个参与比选的电气主接线方案进行技术经济指标的定量分析，使计算软件成为研究电气主接线方案的有力分析工具。

3.1.5 电气主接线设计
3.1.5.1 电气主接线设计原则

根据龙滩水电站接入系统设计、设备特点、枢纽布置与设备布置情况，按以下原则进行龙滩水电站电气主接线设计：

（1）供电可靠。电气主接线可靠性指标应满足《水电厂电气主接线可靠性计算导则》

的要求：对于大型或超大型水电站，两回出线同时故障停运的频率不大于 0.1 次/年，全厂故障停运的频率不大于 0.001 次/年。任一断路器或母线检修，不应影响对系统的连续供电，应尽量限制故障停电范围，保证系统稳定运行。

（2）运行灵活、检修方便、开停机操作简单。进行电气主接线设计应充分考虑龙滩水电站为调峰电站、机组开停机操作频繁的特点，在运行方式改变时，开停机操作尽量简单，且不影响厂用电系统及其他元件的连续运行。

（3）接线简单、过渡方便、布置紧凑清晰。电气主接线应力求简单可靠，接线中元件个数尽量少，布置紧凑清晰，有利于运行监视、维护和事故处理，扩建过渡尽量不影响已运行部分。

（4）继电保护和控制简单可靠。

（5）技术先进、经济合理。

（6）设置发电机断路器。

（7）满足系统要求，龙滩水电站至平果的出线应具备单独带 1~2 台机组与电站其他机组分厂运行的能力。

3.1.5.2　发电机-变压器组接线方式与方案

1. 发电机-变压器组接线方式

发电机-变压器的组合方式有：扩大单元、联合单元与单元接线。根据龙滩水电站的运输条件，扩大单元接线难以实现。单元接线与联合单元接线相比较，单元接线具有接线简单清晰、运行灵活性较高、继电保护较简单、不存在分期过渡的问题、布置简单等优点，初步设计审查意见为同意采用发电机、变压器单元接线，中国国际工程咨询公司的可行性评估意见也认为设计采用发电机变压器单元接线是合适的，另外，联合单元接线由于布置上要增加主变洞的开挖高度，而主变洞与高压电缆洞的土建施工较早，要增加主变洞的高度难度大，所以，发电机-变压器组采用单元接线。

2. 电气主接线方案

共拟定以下 4 个电气主接线方案进行比较，电气主接线方案如图 3-10 所示。

方案一：发电机变压器采用单元接线，装设发电机断路器，500kV 侧 3/2 断路器接线。

方案二：发电机变压器采用单元接线，装设发电机断路器，500kV 侧 4/3 断路器接线。

方案三：发电机变压器采用单元接线，装设发电机断路器，500kV 侧 3 串 3/2 断路器与 3 串 4/3 断路器混合接线。

方案四（改进）：发电机变压器采用单元接线，装设发电机断路器，500kV 侧接线双母线四分段出线双断路器接线。

3.1.5.3　电气主接线方案比较

1. 可靠性指标比较

通过对 4 个拟定的电气主接线进行方案可靠性计算，各方案的综合可靠性指标见表 3-6。

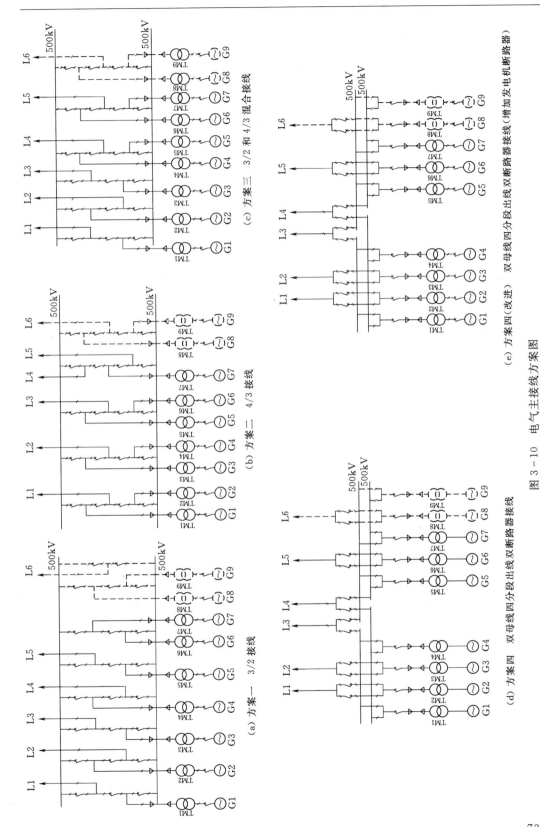

图 3 – 10 电气主接线方案图

表3-6　　　　　　　　　　　各方案可靠性指标比较表

项　　目	方案一	方案二	方案三	方案四（改进）
停一回线/(次/年)	1.2386×10^{-1}	1.009×10^{-1}	1.0277×10^{-1}	2.3014×10^{-1}
停一台机/(次/年)	2.23×10^{-1}	2.03×10^{-1}	1.9862×10^{-1}	3.4909×10^{-1}
停两回线/(次/年)	1.3733×10^{-2}	6.6753×10^{-3}	6.4128×10^{-3}	5.051×10^{-2}
全厂停电/(次/年)	无	无	无	无
停电损失费用/(万元/年)	344.22	329.178	322.66	450.65
停电损失费用差别/%	107	102	100	140

4个方案可靠性均较高，均满足《水电厂电气主接线可靠性计算导则》的要求，相对而言，方案四（改进）的可靠性指标稍差，其年停电损失费用相对较高，而方案一、方案二和方案三的可靠性指标非常接近，其年停电损失费用的差别在7%以内。

2. 经济性指标比较

通过计算，4个方案的经济性指标见表3-7。表中静态总投资包括水轮发电机组、主变压器、500kV高压电缆、500kV GIS，静态总投资的差额表现为500kV GIS断路器台数的差别。年最小费用为投资等年值、年运行费及停电损失费用之和，年最小费用最小，则经济效益最好。

表3-7　　　　　　　　　　　4个接线方案的经济性指标及其比较

项　　目	方案一	方案二	方案三	方案四（改进）
静态总投资/万元	361513	353793	356366	356366
静态总投资差额/万元	7720	0	2573	2573
投资等年值/(万元/年)	69278.78	67701.87	68246.37	68246.37
投资等年值差额/(万元/年)	1576.91	0	544.5	544.5
年运行费用/(万元/年)	12343.68	12027.22	12136.63	12136.63
年停电损失费用/(万元/年)	344.22	329.18	322.66	450.65
年最小费用/(万元/年)	81966.67	80057.27	80705.66	80833.65
年最小费用差额/(万元/年)	1908.4	0	+647.39	+775.38

对电气主接线方案的经济性分析，主要是对各方案的总投资、总投资折合年值、年运行费用和年停电损失费用进行综合分析，并引入年最小费用指标，年最小费用最小的方案即为经济性最好的方案。

由表3-7可知：方案二静态总投资最少（500kV GIS断路器台数最少），方案一由于500kV GIS断路器台数最多（比方案一多3台），静态总投资最多；停电损失费用方案三最少，方案四（改进）最大，但方案二、方案一和方案三的停电损失费用比较接近，其差别在7%以内，而方案四（改进）则比方案三高出约40%。按年最小费用指标最低则经济性指标最好的原则，方案二经济性指标最好，方案三最差，方案一与方案四（改进）居中。

3. 运行灵活性与继电保护比较

4 个方案的发电机-变压器组均为单元接线，且均装设发电机断路器，开停机操作由发电机断路器完成，无须操作 500kV 高压断路器，运行灵活，操作简单。

方案一、方案二与方案三通过 2 条母线可根据系统需要自由进行潮流分配，无须进行倒闸操作，运行调度灵活。而方案四（改进）由于是出线断路器兼作分段断路器，潮流分配不是完全自由的，在某些时段根据系统调度要求或有进出线回路需从一段母线切换到另一段母线时，要进行倒闸操作；如果母线故障亦需进行复杂的倒闸操作才能恢复供电，其运行的灵活性较差。

另外，系统要求龙滩水电站至平果的出线要能独立带 1～2 台机组而与电站其他机组分厂运行，方案二、方案三与方案四（改进）均可通过适当的操作来实现，其中方案二与方案三总体不改变原来接线的完整性，方案四（改进）则改变了原来接线的完整性，而方案一则只能满足独立带 1 台机组与电站其他机组分厂运行的要求，不能完全满足独立带 1～2 台机组与电站其他机组分厂运行的要求。所以，从适应系统运行调度要求分析，方案二与方案三最好，方案四次之，方案一最差。

方案一、方案二与方案三的 500kV 接线的每个进出线回路均连接两台断路器，每一台中间断路器连接着两个回路，用于保护的电流互感器的二次回路与保护装置的跳合闸出口回路等较为复杂，但国内有比较成熟的设计和运行经验。

方案四（改进）除兼作分段用的断路器外，其余进出线回路在运行时均为单断路器，保护相对较为简单。

4. 对厂用电的影响比较

4 个方案均装有发电机断路器，当机组停运时，均可从主变压器低压侧取得厂用电源，不会造成厂用电源的失去或厂用电接线的频繁切换，对厂用电接线的完整性没有影响，对厂用电的安全运行非常有利。

5. 布置比较

龙滩水电站 500kV 开关站布置在左岸地面，由于受工程条件制约，500kV GIS 开关站的布置场地在长度和宽度方向均受到限制。500kV 高压电缆、500kV GIS 和户外出线平台设备分三层布置，用于布置 500kV GIS 的建筑物平面尺寸控制在 17.2m（宽）×220.0m（长）以内，用于布置 500kV 出线平台设备（包括 500kV 出线构架、并联电抗器、电容式电压互感器、避雷器、高频阻波器、SF6 空气套管）的土建平面尺寸控制在 50.6m（宽）×220.0m（长）以内，500kV GIS 屋顶作为出线平台的一部分。针对上述四种接线方案，经与潜在的 500kV GIS 供货商进行技术交流，方案二、方案三和方案四（改进）均能在此尺寸范围内布置，方案一因断路器数量较多，布置较困难。

6. 推荐意见

经过上述综合分析比较，发电机-变压器组采用单元接线、设置发电机出口断路器及 500kV 侧接线采用 4/3 接线的方案二是综合技术经济指标最优的方案，作为龙滩水电站电气主接线的推荐方案。

3.2 700MW 全空冷水轮发电机

3.2.1 国内外投入运行的部分大容量水轮发电机的冷却方式

龙滩水电站水轮发电机从 20 世纪 70 年代末开始分析研究和选型。随着工程的进展和设计工作的深入以及制造厂家设计制造水平的提高,单机容量从 500MW 到 600MW 最后确定为 700MW。发电机单机容量增大,各部件的尺寸加大,各部分的损耗、发热量随之增加,发电机通风冷却的难度相应增大,因此水轮发电机参数、结构和冷却方式的选择成为发电机设计、制造的关键技术。

在进行龙滩水电站水轮发电机选型研究时,国内外投入运行的单机容量 500MVA 及以上的大容量水轮发电机见表 3-8。

表 3-8　　　　　　　国内外投入运行的部分大容量水轮发电机

电站	国家	额定容量/ 最大容量 /MVA	台数 /台	额定转速 /(r/min)	冷却方式	定子铁芯 长度/mm	布置型式	首台机 发电年份
大古力Ⅲ	美国	718/825	3	85.7	半水冷	2130	全伞式	1978
		615/707	3	72	全空冷	3480	半伞式	1975
伊泰普	巴拉圭	823/823	9	90.9	半水冷	3500	半伞式	1984
	巴西	737/766	9	92.3	半水冷	3260	半伞式	1984
古里Ⅱ	委内瑞拉	700/805	10	112.5	全空冷	3800	5 台伞式 5 台半伞式	1984
萨扬-舒 申斯克	俄罗斯	711/720	10	142.8	半水冷	2750	半伞式	1978
罗贡	俄罗斯	666/	6	166.7	全水冷	3050	半伞式	1985
克拉斯诺 亚尔斯克	俄罗斯	590/	12	93.8	半水冷	1850	半伞式	1967
丘吉尔 瀑布	加拿大	500/	11	200	全空冷	2900	半伞式	1971
二滩	中国	611/642	6	142.9	全空冷	2883	半伞式	1998
三峡左岸	中国	778/840	14	75	半水冷	3130(ABB) 2950(VGS)	半伞式	2003

3.2.2 龙滩水电站发电机主要技术参数选择

3.2.2.1 部分大容量水轮发电机机械制造难度和每极容量比较

大容量水轮发电机机械制造难度和每极容量、槽电流对比分别见表 3-9 和表 3-10,从表中可知龙滩水电站 700MW 水轮发电机的设计、制造难度水平。

表 3 - 9　　　　　　　　部分大容量水轮发电机机械制造难度对比表

电站	国家	额定容量/最大容量/MVA	额定电压/kV	额定功率因数	额定转速/(r/min)	飞逸转速/(r/min)	难度（额定容量×飞逸转速）
大古力Ⅲ	美国	718/825	15	0.975	85.7	158	113400
		615/707	15	0.975	72	144	88600
伊泰普	巴拉圭	823/823	18	0.85	90.9	170	139900
	巴西	737/766	18	0.95	92.3	170	125290
古里Ⅱ	委内瑞拉	700/805	18	0.9	112.5	215	173100
萨扬-舒申斯克	俄罗斯	711/720	15.75	0.9	142.8	280	199100
罗贡	俄罗斯	666/	15.75	0.9	166.7		
克拉斯诺亚尔斯克	俄罗斯	590/	15.75	0.85	93.8	180	106200
丘吉尔瀑布	加拿大	500/	15	0.95	200	330	16500
二滩	中国	611/642	18	0.9	142.9	280	171080
三峡左岸	中国	778/840	20	0.9	75	150	116700
龙滩	中国	778	18	0.9	107.1	214	166492

表 3 - 10　　　　　　部分大容量水轮发电机每极容量、槽电流对比表

电　站	额定容量/最大容量/MVA	极数	频率/Hz	每极容量（50Hz）/MVA	槽电流/A	冷却方式
大古力Ⅲ	718	84	60	10.26	9212	半水冷
	615	100	60	7.38	4736	全空冷
伊泰普	823	66	50	12.47	8810	半水冷
古里Ⅱ	700/805	64	60	13.12/15.09	5613/6455	全空冷
萨扬-舒申斯克	711	42	50	16.93	8868	半水冷
罗贡	666	36	50	18.5		全水冷
丘吉尔瀑布	500	36	60	16.67	6414	全空冷
二滩	611	42	50	14.55	6544	全空冷
三峡左岸	778	80	50	9.725	8981	半水冷
龙滩	778	56	50	13.89	6237	全空冷

3.2.2.2　额定功率因数

发电机的额定功率因数取决于电站接入系统方式、运行方式、无功功率平衡、发电机的造价、设计制造难度和运行的经济性等。当额定功率一定时，发电机的额定功率因数越小，容量越大，发电机的设计制造难度越大，发电机的重量和材料的消耗增加，造价相应增加，但发电机的电势也相应提高，有利于发电机的稳定运行；额定功率因数提高，可减

轻发电机的重量，有效材料利用率增大，可提高效率，但将使发电机容量降低。

水轮发电机额定功率因数与重量（或造价）的关系可根据下列公式进行分析：

$$G_F = k_G \sqrt[3]{\left(\frac{S_n}{n_n}\right)^2}$$

$$= k_G \sqrt[3]{\left(\frac{P_n}{n_n \cos\phi_n}\right)^2} \tag{3-15}$$

式中：G_F 为发电机重量；k_G 为估算系数；S_n 为额定容量；P_n 为额定功率；n_n 为额定转速；$\cos\phi_n$ 为额定功率因数。

国内外大容量水轮发电机额定功率因数大多在 0.90 及以上，见表 3-9，龙滩水电站发电机的额定功率因数可在 0.90~0.95 之间选取，为了满足电力系统远景规划的要求，同时也使发电机造价在一个合理的范围内，经比较，发电机额定功率因数取 0.90。

发电机额定功率因数与制造难度及发电机造价的关系分别见表 3-11 和表 3-12。

表 3-11　　　　　　　　发电机额定功率因数与制造难度关系表

额定功率因数	0.875	0.900	0.925
发电机制造难度/%	102.8	100	97.3

表 3-12　　　　　　　　发电机额定功率因数与造价关系表

额定功率因数	0.85	0.9	0.95	1.0
造价比/%	111.4	107.3	103.5	100

3.2.2.3　额定电压

发电机额定电压是一个综合性参数，直接影响到发电机的技术经济指标和变压器、大电流母线、发电机电压配电装置等的选择，并与发电机的额定容量、冷却方式、合理的槽电流和额定转速等有关。国内外大容量水轮发电机额定电压一般在 15~20kV，龙滩水电站发电机的额定电压可选 15.75kV、18kV 或 20kV。就发电机本身而言，在合理的电磁参数下，额定电压越低价格越便宜，绝缘水平越容易保证。但当采用 15.75kV 时，额定工作电流超过 28kA，发电机电压配电装置选型困难，电气设备造价增加。而采用 20kV 对绝缘材料和防电晕措施要求较高，定子铁芯长度增加、造价增加。

从经济合理的槽电流、提高槽满率和降低发电机造价考虑，额定电压采用 18kV 相对合理。因此发电机额定电压采用 18kV。

3.2.2.4　额定转速

机组转速是确定电站其他参数的基础，除取决于水轮机的设计外，还与发电机本身的额定电压、额定功率因数、定子绕组的并联支路数、合理的槽电流以及发电机的冷却方式等有关。

全空冷发电机的合理槽电流为 5500~7500A，定子水冷发电机的合理槽电流约 9000A，经计算，龙滩水电站水轮发电机组可供选择的转速有 111.1r/min 和 107.1r/min。对于发电机而言，转速 111.1r/min 方案定子绕组可选用的支路数为 9 和 6，对应的槽电流分别为 5544A 和 8316A，9 支路可采用全空冷方式，6 支路可采用定子水冷转子空冷方式。转速107.1r/min 方案定子绕组可选用的支路数为 8，对应的槽电流为 6237A，可采用全空冷方式，见表 3-13。相对而言 8 支路的槽电流取值较为合理；可选槽数方案较多，更易于设计参数匹配较合理的电磁方案。

表 3-13　　　　　　　　不同转速时额定电压与额定电流、支路数、槽电流表

额定功率/MW	700			
额定功率因数	0.9			
额定容量/MVA	778			
额定电压/kV	18			
额定电流/A	24947			
额定转速/(r/min)	111.1		107.1	
极数	54		56	
定子并联支路数	9	6	8	7
槽电流/A	5544	8316	6237	7128

经与国内外制造厂家广泛交流，并请有关制造厂家及高等院校进行水轮机模型 CFD 分析研究，同时在机组招标文件中规定，投标者应对两种转速方案进行比选，并提出推荐意见。根据招标文件要求，各投标者在水轮机投标文件和发电机投标文件中均对 107.1r/min 和 111.1r/min 两个转速方案进行了比较，均推荐 107.1r/min 转速方案。因此最终确定采用 107.1r/min 转速方案。

3.2.2.5　纵轴暂态电抗（$X'd$）

发电机的 $X'd$ 主要是由定子绕组和励磁绕组的漏抗值确定，一般内冷发电机的 $X'd$ 为 0.30～0.40，全空冷发电机的 $X'd$ 为 0.24～0.38。$X'd$ 的大小影响到电力系统的稳定和发电机的造价，$X'd$ 越小，动稳定极限越大，瞬态电压变化率越小，但减小 $X'd$ 值将增加定子铁芯直径或长度，导致发电机尺寸和重量及造价增加。机组造价与 $X'd$ 的平方根是反比关系，从降低造价考虑 $X'd$ 值应增大，但同时必须满足电力系统运行要求，考虑到 500kV 电网网架和机组采用快速励磁措施，$X'd$ 在合理参数范围内可相对取大一点。综合考虑最终确定 $X'd$ 不大于 0.33。

3.2.2.6　纵轴次暂态电抗（$X''d$）

$X''d$ 主要取决于阻尼绕组的漏抗，也与定子绕组和励磁绕组的漏抗有关，根据国内外已运行大型机组统计 $X''d$ 一般在 0.16～0.26。$X''d$ 的大小主要影响短路电流值，涉及电气设备选择和接地系统设计，$X''d$ 越大，短路冲击电流幅值越小，从电气设备选择和接地系统设计考虑，$X''d$ 应大一点。但 $X''d$ 是由阻尼绕组漏抗决定的，增大比较困难，从发电机制造角度考虑，不宜取得过高。综合考虑最终确定 $X''d$ 不小于 0.24。

3.2.2.7　短路比（SCR）

短路比是指空载额定电压时励磁电流与三相稳态短路电流为额定值时的励磁电流之比。短路比除与发电机的设计有关外，还需由电力系统的具体情况决定。SCR 越大，Xd 越小，一般情况下，大的短路比可提高发电机在系统中运行的静态稳定，但将使发电机的

造价增加。国内外大型水轮发电机的短路比见表3-14，在美国NEMA标准中短路比与额定功率因数的关系见表3-15。综合考虑最终确定 SCR 不小于 1.11。

表 3-14   国内外部分大容量水轮发电机短路比（SCR）

电　　站	额定容量/最大容量/MVA	短路比（SCR）
大古力Ⅲ	718	1.35
	615	1.21
伊泰普	823	1.18
古里Ⅱ	700/805	1.1
萨扬-舒申斯克	711	1.1
二滩	611	1.122
三峡左岸	778	1.2

表 3-15   短路比与发电机额定功率因数的关系表

额定功率因数（$\cos\phi_n$）	0.80	0.85	0.90	0.95	1.0
短路比（SCR）	1.0	1.05	1.1	1.175	1.25

3.2.2.8 飞轮力矩（GD^2）

飞轮力矩是发电机转动部分重量与其惯性直径平方的乘积。飞轮力矩直接影响到各种工况下突然甩负荷时机组速率上升以及输水系统压力的上升，并且影响电力系统的暂态稳定，还与机组的造价密切相关。一般来说，飞轮力矩越大，机组的惯性时间常数越大，对电力系统的暂态稳定越有利，但同时将增加机组尺寸或重量，提高机组的造价。通过委托高校进行调节保证计算，并考虑电力系统的稳定要求以及招标情况等，最终确定 GD^2 不小于 220000t·m²。

3.2.2.9 发电机主要技术参数汇总

（1）型号：SF700-56/16090。

（2）额定功率：700MW。

（3）额定容量：778MVA。

（4）额定电压：18kV。

（5）额定功率因数（滞后）：0.9。

（6）额定电流：24947A。

（7）额定转速：107.1r/min。

（8）飞逸转速：214r/min。

（9）额定频率：50Hz。

（10）极数：56。

（11）绝缘等级：F。

（12）纵轴暂态电抗 $X'd$（不饱和值）：不大于33%。

（13）纵轴次暂态电抗 $X''d$（不饱和值）：不小于24%。

（14）短路比（*SCR*）：不小于 1.11。

（15）飞轮力矩（*GD*²）：不小于 220000t·m²。

（16）推力负荷：3100t。

（17）发电机总重：3028t。

（18）发电机额定效率：98.67％。

（19）进相容量：339MVar。

（20）额定励磁电压：469V。

（21）额定励磁电流：3455A。

（22）定子绕组温升：72K。

（23）转子绕组温升：78K。

（24）集电环温升：80K。

3.2.3 龙滩水电站水轮发电机主要结构特点

3.2.3.1 发电机型式

龙滩水电站水轮发电机组为设有上导、下导和水导三导轴承的半伞式结构，水轮机和发电机为两根轴、采用法兰连接，机组旋转方向为俯视逆时针。

3.2.3.2 推力轴承布置位置

龙滩水电站机组的推力轴承可以采用通过推力支架布置在水轮机顶盖上或布置在发电机下机架上，两种结构国内外均有成熟的经验，均能保证机组的安全稳定运行。一般来说，推力轴承布置在水轮机顶盖上，可减小发电机高度，因此，安装于地下厂房的大型水轮发电机组采用推力轴承布置在水轮机顶盖上的方式可减少厂房开挖，但对于龙滩水电站而言，在满足机电设备布置的条件下，两种结构对厂房高度影响不大，同时龙滩水电站水头变幅大，机组运行时压力脉动不能准确预测，无法预测压力脉动对推力轴承的影响，为确保机组的稳定性，推力轴承不宜采用顶盖支承方式，同时龙滩水电站机组台数多，设计、制造难度大，根据工程进度安排要满足年投产 3 台机组的要求，采用下机架布置方式有利于减少水轮机与发电机的协调工作，便于水轮机与发电机的分开授标，通过专题论证和专家咨询后决定采用推力轴承布置在下机架的方式。

3.2.3.3 发电机主要部件结构

1. 定子

龙滩水电站为地下厂房，9 台水轮发电机组全部布置在左岸地下，为满足年投产 3 台机组的要求，招标文件要求定子机座的刚强度能满足在安装间或发电机机坑组装定子，承受将整体定子（带绕组）从安装间或发电机机坑吊入另一机坑过程中引起的应力而无变形。

定子由定子机座、定子铁芯和定子绕组等组成。定子机座为斜立筋结构，共有 16 根斜立筋。斜立筋结构的优点是减少热应力，阻止定子叠片翘曲和基础的破坏，它具有足够的弹性，允许自由热膨胀，保证圆环的稳定性和同心度。它用特定的切向刚度，适应静态和动态扭矩。当定子机座热膨胀时，斜立筋会朝机械阻力最小的方向偏转，使斜立筋连接的环板同时偏转，从而保证同心。在电磁扭矩作用下，斜立筋会朝机械阻力最大的方向变形，从而具有很高的稳定性。定子机座采用斜立筋结构，还可以容易地改变定子的自然频率，躲开危险的共振频率范围。定子机座总高 6205mm，机座外径 18441mm，由于受运输条件限制，定子机座分 6 瓣运输，在现场拼焊成整圆。

定子铁芯由双鸽尾定位筋、上齿压板、下齿压板、定子冲片和穿心拉紧螺杆组成。定子铁芯现场叠片，由 0.5mm 厚 V250-50 硅钢片分段压紧而成，并在磁化试验后再次压紧，定子铁芯通过双鸽尾筋与定子机座连接。铁芯内径 15000mm，铁芯外径 16090mm，铁芯高度为 3300mm。

定子绕组线棒由多根绝缘的铜股线组成，铜股线在整个定子铁芯长度上采用 333°换位，以减小股线在槽部漏磁场中不同位置产生循环电流而引起的附加损耗和股线间温差。定子共 624 槽，为三相 8 支路星形连接，每个槽内为双层条形波绕组。

组装后的定子总重量约 737t。

2. 转子

转子由转子中心体、转子支架、磁轭、磁极等部件构成。转子为无轴结构、斜支臂圆盘式支架。在机组运行过程中当受到径向力作用时，斜支臂能够通过自身的变形吸收能量，减少对中心体的冲击，使机组的运行平稳。受运输条件的限制，转子各组成部件以散件的形式运至工地，在制造厂内预装后分解为 1 个中心体和 7 个扇形斜支臂，采用副立筋结构，副立筋现场配刨，在主安装间进行转子整体组焊和配刨等工作。

磁轭由上下压板、冲片和拉紧螺杆等组成。磁轭冲片由 2mm 厚钢板冲制而成。磁轭通过 28 个磁轭键与转子支架连接，磁轭键采用径向、切向复合键连接结构。转子磁轭在现场分层叠压，分别用螺栓紧固。磁极通过鸽尾与磁轭上相应的键槽挂接，并用楔形键固定。制动环固定在转子支架下部，为分块结构，便于拆卸和更换。

组装后的转子总重量约 1472t。由主厂房两台 500t＋500t 双小车桥机利用平衡梁进行联合吊装。

3. 轴承

发电机具有 2 个导轴承和 1 个推力轴承，即位于转子上方的上导轴承、位于转子下方的推力轴承和下导轴承。

推力轴承布置在下机架中心体上部，包括推力头、镜板、18 块推力瓦、推力轴承支撑等。推力瓦由厚瓦和薄瓦组成，薄瓦的工作面有 4mm 厚的钨金层，采用弹性小支柱支撑结构，镜板泵加外加泵外循环冷却方式，6 个油冷却器布置在下机架支臂处，每个油冷却器的容量 115kW。推力轴承设有高压油顶起系统，机组启动前高压油系统投入，在推力瓦和镜板间形成压力油膜，防止推力瓦和镜板间形成干摩擦，发生烧瓦事故，当机组达到 90% 额定转速时，推力轴承可自形成润滑油膜，高压油顶起系统关闭；机组停机时，当转速小于 90% 额定转速时高压油系统投入，机组停机后，高压油顶起系统关闭。推力负荷 3100t。

导轴承由导轴承瓦、滑转子、油冷却器及油密封系统等部件组成。上导轴承采用单独油槽布置在上机架中心体内，上导瓦为 16 块巴氏合金瓦，采用自润滑内循环冷却方式。下导轴承与推力轴承油槽分开设置。下导轴承布置在下机架中心体内，采用自润滑内循环系统，下导瓦为 12 块巴氏合金瓦。

4．上、下机架

发电机上机架为斜支臂机架，由 1 个中心体和 16 个斜支臂组成，制造厂内不进行整体机械加工，在工地现场组装、焊接成一整体。中心体兼作上导油槽。上机架端部与基础连接，将径向力传递到混凝土基础上。斜支臂下部与定子机座连接，当定子机座热膨胀变形时会将一部分径向力通过斜支撑传递给上机架，由于采用了斜支臂结构，从而改善了上机架的受力状态，还可以使混凝土围墙承受径向力减小。组装后的上机架总重约 92t。

发电机下机架为辐射型工字梁支臂机架，由 1 个中心体和 12 个工字形支臂组成，制造厂内不进行整体机械加工，在工地现场组装、焊接成一整体。在下机架中心体的上部和内部分别布置推力轴承和下导轴承。每个支臂上布置两个制动器，沿圆周方向共布置 24 个制动器，在支臂的侧面布置推力轴承油冷却器。机组运行时产生的轴向和径向力通过支臂基础传至机坑混凝土。下机架能够承受水轮发电机组所有转动部分的重量和水轮机最大水推力的轴向荷载，并能与上机架一起安全地承受作用于水轮机转轮上的不平衡水推力，以及由于绕组短路，包括半数磁极短路引起的不平衡力。由于下机架为承重机架，为防止下机架下沉变形引起推力负荷分布不均匀，要求下机架有足够的刚度，在最严重工况下最大垂直挠度不大于 2.5mm。组装后的下机架总重约 164t。

5．其他

发电机主轴上部与转子支架连接，下部与水轮机轴连接，主轴材料采用锻钢 20SiMn。采用机械制动方式，24 个制动器安装在下机架支臂上。定子机座外布置有 16 个空冷器，机坑内布置 18 个加热器、6 个除湿机。发电机消防采用水喷雾灭火系统，灭火环管为不锈钢管。中性点经 150kVA 接地变压器接地。

3.2.4　大容量水轮发电机极限容量与冷却方式

3.2.4.1　极限容量

水轮发电机极限容量与冷却方式密切相关，水轮发电机额定容量 S_n 可由下列公式进行计算：

$$S_n = KA_s B_\delta D_i^2 l_t n_n \text{(kVA)} \tag{3-16}$$

式中：K 为常数（大容量水轮发电机约为 1.35×10^{-12}）；A_s 为定子线负荷，A/cm；B_δ 为空载气隙磁通密度，Gs；D_i 为定子铁芯内径，cm；l_t 为定子铁芯长度，cm；n_n 为额定转速，r/min。

在电站水头范围与水能条件一定的情况下，额定转速一般取决于水轮机的最优选择值，因此要提高发电机容量主要靠增加 A_s、B_δ 和 $D_i^2 l_t$ 来实现。B_δ 值受硅钢片导磁性能的限制最大约 $8000 \sim 10000$Gs，A_s 的取值与采用的绝缘等级以及冷却方式有关，对于大容量空冷水轮发电机 A_s 的取值一般为 $750 \sim 850$A/cm。对于内冷水轮发电机（包括水内冷和蒸发冷却），由于冷却介质传热能力提高，A_s 的取值可为空冷的 1.5 倍，B_δ 也可比空冷发电机适当提高，因此内冷水轮发电机的极限容量也可提高约 $1.5 \sim 2.0$ 倍。

3.2.4.2　冷却方式

大容量水轮发电机冷却方式有：全空冷、半水冷、双水内冷和蒸发冷却。

（1）全空冷。全空冷是指发电机定子绕组、定子铁芯和转子绕组均采用空冷，是国内外采用最广泛的冷却方式，从小容量水轮发电机到大容量水轮发电机均有采用。当时世界上设计制造的最大容量的全空冷水轮发电机为委内瑞拉古里Ⅱ水电站的发电机，额定容量700MVA、最大容量805MVA。

（2）半水冷。半水冷是指发电机定子绕组采用水冷，定子铁芯和转子绕组采用空冷，当时世界上单机容量600MVA以上的大容量水轮发电机比较多的采用此种冷却方式，如世界上单机容量最大的伊泰普水电站发电机、额定容量823MVA，以及三峡左岸发电机、额定容量778MVA。

（3）双水内冷。双水内冷是指发电机的定子、转子均采用水冷却。我国单机容量最大的双水内冷发电机为刘家峡水电站300MW水轮发电机，世界上单机容量最大的双水内冷发电机为俄罗斯罗贡水电站水轮发电机，单机容量666MVA。

（4）蒸发冷却。蒸发冷却是我国自行研制成功的一种大型水轮发电机新型冷却方式，利用汽化潜热传输热量进行发电机冷却，其冷却原理是在定子绕组空心铜导线中的冷却介质吸收热量后蒸发，变为汽、液两相，其单位体积的密度与回液管的冷却介质密度形成重量差，作为蒸发冷却系统的循环动力，即重力自循环系统。冷却介质是绝缘的，同时冷却介质汽化循环所需的压力小，不易泄漏，即便有少量泄漏也不危及发电机的绝缘，由于是自循环系统，冷却介质不需要另外的水处理设备，不占用厂房布置场地。因此在大容量水轮发电机上的应用引起了广泛的重视。第一台蒸发冷却水轮发电机为云南大寨水电站10MW发电机，于1983年投运，单机容量最大的蒸发冷却水轮发电机是李家峡水电站400MW水轮发电机，于1999年投运。

3.2.5 水轮发电机冷却方式分析

冷却方式关系到水轮发电机参数的选择、结构设计、重量、造价以及安全稳定运行，因此大型水轮发电机冷却方式的选择，成为发电机设计、制造及运行的重大技术之一。在大容量水轮发电机上，较多应用全空冷和半水冷冷却方式。龙滩水电站水轮发电机单机容量700MW、每极容量13.89MVA，与全空冷的二滩水电站发电机（每极容量14.55MVA）、古里Ⅱ发电机（每极容量15.09MVA）和半水冷的伊泰普发电机（每极容量12.47MVA）相近，国内外均有类似发电机的设计、制造和运行经验，因此，龙滩水电站发电机的冷却方式，可在全空冷和半水冷两种方式中选择。

3.2.5.1 发电机采用半水冷的优点及存在的问题

1. 采用半水冷的优点

（1）采用半水冷冷却方式，可以降低定子铁芯高度，提高材料的利用率。一般而言，可降低高度10%左右。龙滩水电站发电机定子铁芯高度可从全空冷的3.3m降至半水冷的2.9m以内，由于铁芯的高度降低，定子、转子和机座的高度均可相应降低，发电机重量减轻，对运输有利，安装中定子铁芯易于压紧。对于龙滩水电站，为了满足发电机突然甩负荷时，机组转速的升高率与蜗壳压力升高率，水力过渡过程调节保证计算要求发电机飞轮力矩 GD^2 不小于200000t·m²，因此发电机重量的降低有限，据有关制造厂咨询，发电机重量减轻仅为2.2%。在不受限制的情况下，发电机重量一般可降低10%左右。

（2）半水冷发电机定子绕组发热量由水直接带走，可有效降低定子线棒的温度，使整个定子线圈温度分布较均匀，可减慢线圈的老化速度，提高绝缘寿命。

（3）半水冷较空冷的发电机定子线圈温度低，定子机座与铁芯温差小，铁芯热应力减少，可减少铁芯与机座的变形量。由于半水冷发电机定子铁芯高度较全空冷低，定子轴向温度较易均匀，从而使铁芯应力减小，变形亦小。

（4）半水冷发电机定子线圈与铁芯温度较低且较均匀，使线棒与绝缘层因膨胀系数不同产生的热应力减小。采用半水冷可以改善定子综合机械热应力性能。

2. 采用半水冷存在的问题

（1）增加水处理设备，地下厂房布置较困难。采用半水冷方式，每台机需增加一套水处理设备，龙滩水电站为地下厂房，布置相当紧凑，而每套水处理设备占地较大，布置困难。若在水轮机层或母线层上下游进行局部开挖，则距岩锚吊车梁太近，影响岩石稳定。经过对厂房布置全面分析，只有在母线洞水轮机层勉强可布置水处理设备，但运行维护不便。

（2）增加发电机的设计与制造难度、延长安装工期。当时国内发电机采用半水冷方式的设计制造技术还不成熟，安装运行经验较少。龙滩水电站水轮发电机直径大，定子槽数多（单机 624 槽），线棒多（单机 1248 根），采用半水冷方式水管路接头多，水管路焊接要求高，制造及现场安装难度较大，安装工期将延长。

（3）运行中存在水管路接头漏水安全隐患，处理复杂。由于水管路接头多，部位隐蔽，对管路接头材质、制造安装工艺要求严格。尽管如此，接头漏水的故障仍时有发生，必须停机处理，对安全运行不利。同时对冷却水质要求高，必须是去离子水，否则管路易产生水垢，严重时会造成管路堵塞，对冷却效果产生重大影响。因此水处理设备质量好坏，水处理的效果也直接影响机组的安全稳定运行。

（4）机组飞轮力矩小，难以满足水力过渡过程调节保证计算要求。由于定子采用水冷，定子铁芯高度降低，转子高度也降低，经计算半水冷机组飞轮力矩不超过 $175000 \text{t} \cdot \text{m}^2$。因此，需加大转子直径，或增加转子的高度，即增加转子的重量来满足调节保证计算要求发电机飞轮力矩 GD^2 不小于 $200000 \text{t} \cdot \text{m}^2$ 的要求，使龙滩水电站发电机采用半水冷方式降低定子铁芯高度，减轻发电机重量的优点不能得到充分发挥。

（5）机组启动慢、运行不灵活。由于增加水冷却装置、水处理设备等，机组启动或停运，水冷却装置、水处理设备必须启动或停运。龙滩水电站是红水河龙头电站，具有多年调节特性，担负调峰调频和事故备用，要求机组启动频繁，因此若采用水冷方式必须解决机组迅速启动的问题。

（6）水内冷机组的可用率比全空冷低。根据国际大电网会议发表的水直接内冷水轮发电机的运行调查报告：水内冷机组的可用率约为 $90\% \sim 95\%$，全空冷机组的可用率约为 $95\% \sim 99\%$。

3.2.5.2　发电机采用全空冷的优点及存在的问题

1. 采用全空冷的优点

（1）有成熟的设计、制造、安装和运行经验。发电机每极容量与发电机的损耗、发热有着直接的关系，是发电机冷却方式选择的关键技术之一。国内外与龙滩水电站发电机每极容量 13.89MVA 相接近而又采用全空冷方式的机组较多，如丘吉尔瀑布水电站发电机每极容量 16.67MVA、古里 II 水电站发电机每极容量 15.09MVA、二滩水电站发电机每极容量 14.55MVA 等。国内全空冷水轮发电机有 50 多年的设计、制造、安装和运行经验，尤其是 20 世纪 90 年代末，由 CGE 和我国哈尔滨电机厂有限责任公司、东方电机股份有限公司制造的二滩水电站全空冷发电机，额定容量 611MVA（550MW），最大容量 642MVA，1998 年投入运行以来，运行中没有发现因采用全空冷方式而出现温度异常和热应力异常而引起的有害变形等情况，运行安全稳定。因此，从国内外投运的全空冷发电机组安全稳定运行来看，龙滩水电站采用全空冷发电机是可行的。同时全空冷发电机运行时间长，运行人员对发电机空冷系统熟悉，积累了丰富的运行经验，对保证发电机运行可靠性有利。

（2）全空冷方式设备简单，操作维护方便，运行可靠。全空冷发电机冷却系统设备简单，因无复杂的定子水冷空心线圈及其冷却水管路接头，机组本体结构较简单，制造、安装较容易，现场安装工作量较少，安装工期可以缩短，使机组早日投产而获得经济效益。少了水冷却设备，操作维护方便，同时可减少事故几率，提高机组运行可靠性。据国际大电网会议发表的调查报告：全空冷机组的可用率比水内冷机组要高。

（3）机组飞轮力矩大，有利于机组稳定运行。全空冷机组飞轮力矩 GD^2 可达 220000 t·m²，大于水力过渡过程调节保证计算 GD^2 值 200000t·m² 的要求，对发生机组突然甩负荷故障时限制机组转速升高率和蜗壳压力升高率有利，由于水轮发电机惯性时间常数 T_g 与 GD^2 成正比，GD^2 大，T_g 也大，可以提高电力系统的极限切除时间，提高电力系统暂态稳定水平。

（4）机组启动灵活。全空冷发电机由于其冷却系统结构简单、控制元件少，根据电力系统需要，机组可以迅速启动。这对担任调峰、调频、事故备用的龙滩水电站来说显得尤为重要。

（5）厂房布置简单，开挖量小。龙滩水电站为地下厂房，设备布置场地均需开挖。全空冷发电机不需要专门的水处理设备，布置简单，开挖量小。

（6）全空冷发电机的电磁方案选取更为合理。龙滩水电站发电机额定容量 778MVA，额定转速 107.1r/min，额定电压 18kV，定子绕组 8 支路，槽电流 6237A，选用全空冷的冷却方式，槽电流和槽满率均较合适，电磁方案选取更为合理。

2. 采用全空冷存在的问题

（1）定子铁芯长度较长，重量增加，材料消耗增多。龙滩水电站发电机采用全空冷方式时定子铁芯长度约 3.3m，比定子水冷约长 0.4m。由于定子铁芯长度较长，定子机座的高度、定子线棒的长度、定子铁芯叠片的数量、转子与转子磁极的高度均要增加。

（2）定子铁芯压紧难度加大。定子铁芯长度约 3.3m，为当时国内最长的定子铁芯，铁芯压紧问题较突出，为保证铁芯在长期运行过程中不发生松动，必须在设计与压紧工艺上采取措施，解决长铁芯的压紧问题。

（3）定子热应力增大。由于定子铁芯长度较长，定子线棒的长度增加，通风散热效果比定子水冷差，使得径向定子线圈与铁芯、铁芯与定子机座之间的温差增大，径向热应力增大，同时轴向也因定子线棒、铁芯的温差较大而使热应力增大，使发电机定子综合热应力增加，变形增大。

（4）定子绕组的温度分布难以均匀，线圈温度较高、温差较大。全空冷发电机由于定子线棒长度增加，通风散热的效果及均匀性都不及定子水冷，所以线圈温度较高、温差较大。

3.2.5.3 解决全空冷发电机存在问题的措施

全空冷和半水冷两种冷却方式的发电机各有优缺点，但半水冷发电机为了满足飞轮力矩 GD^2 不小于 200000t·m² 要求，需加大转子直径，或增加转子的高度，即增加转子的重量，因此对龙滩水电站而言，其减轻发电机重量和节约有效材料的优点不明显，而存在的问题却很难解决。全空冷发电机存在问题就当时的设计、制造、安装水平来说，均有不同程度的解决或优化措施。

（1）解决空冷机组铁芯压紧难度大的措施。铁芯长度增加引起铁芯压紧困难的问题，可从设计与压紧工艺两方面采取措施解决，在设计上，采用适当加宽铁芯轭部宽度，提高压指、压板的刚度，增大铁芯压紧力，将铁芯压紧力提高到 1.5～2.0MPa；铁芯采用穿心螺杆结构，在穿心螺杆上端增加蝶形弹簧，并设置弹簧的预压紧量来补偿铁芯的收缩。在压紧工艺方面对定子铁芯采取分段预压、整体热压、铁芯端部粘接等工艺。通过这些措施，铁芯压紧量稳定，可使铁芯长期安全稳定运行而不松动。

（2）解决定子热应力增大问题的措施。定子机座采用斜立筋结构，将定子机座的径向力转变为切向力，使径向变形减为最小，保证铁芯膨胀同心；定子铁芯与机座之间采取双鸽尾结构，在铁芯与机座之间保持一定间隙，适应铁芯热膨胀，防止铁芯翘曲变形。

（3）解决定子线圈温度分布不均，温差大的措施。主要通过加强通风冷却、提高通风冷却效果和降低定子杂散损耗来解决。在通风设计中采取端部回风方式以缩短风路，减少风路损耗；适当降低通风沟的高度，增加通风沟的数量，以增大冷却面积，使冷却更加均匀；加大冷却水量，提高空气冷却器冷却效果以降低通风温度；定子线圈采用不完全换位技术，减少因端部漏磁产生的股线间环流损耗，以降低线圈内的温差。

通过上述在发电机设计和工艺等方面采取的优化措施后，使全空冷发电机存在的问题在很大程度上得到了解决，并在已经投产的大型全空冷发电机运行实践中得到验证。

3.2.5.4 龙滩水电站在发电机冷却方式选择上采取的措施

（1）在发电机招标设计之前，对国内外 400MW 以上机组的生产、运行及其技术特性进行反复的分析、比较；与世界著名的大型生产制造商阿尔斯通、西门子、日立、东芝和 CGE 等公司进行技术交流；对国内的大型制造厂，东方电机股份有限公司、哈尔滨电机厂有限责任公司、上海希科水电设备有限公司和天津阿尔斯通水电设备有限公司进行实地考察和调研。在吸收国内外已有大型机组设计、制造及运行经验的基础上，根据龙滩水电站的特点，编写了《龙滩水电站发电机冷却方式专题报告》，对各种可能的冷却方式进行充分的分析比较。

（2）多次召开专题研讨会，邀请国内的知名专家进行咨询、论证。充分听取各种意见，并编辑了《龙滩水电站机电技术专题咨询会咨询意见文集》。为机组招标文件编写提供重要参考。

（3）在机组招标文件中明确要求国外著名公司承担龙滩水电站发电机的电磁设计，提供发电机通风报告，分析机组发热量、通风效果及其采取的措施，并要求空气冷却器从国外进口,以确保冷却效果。

(4)制造厂商中标后,要求制造商进行专门的发电机通风模型试验(模型比例为1:5),并提供试验报告供审查;在设计上采取措施确保冷却水量、水压满足机组冷却要求,采用双向供水方式确保冷却管路通畅,为确保冷却效果在计算冷却水量基础上加大了冷却水裕量。

(5)在机电设备安装招标文件中,要求安装承包商对龙滩水电站单机额定容量700MW全空冷机组提出确保定子铁芯压紧和保证风道严密、确保通风效果的措施。如在定子铁芯压紧过程中,保证叠片过程环境清洁,封闭施工,加强铁芯片外形质量控制,加强整形和确保压紧力度,在安装中保证风道各部严密等。

通过采取以上措施后认为,以当时大容量水轮发电机通风冷却系统有限元分析计算成果为基础,再进行相应的发电机通风冷却系统模型试验,龙滩水电站700MW水轮发电机采用全空冷方式是可以实现的。因此最终确定了龙滩水电站单机额定容量700MW水轮发电机采用全空冷冷却方式。

3.2.6 通风模型试验与运行情况

经过公开招标、评标,龙滩水电站前期7套发电机及其附属设备以哈尔滨电机厂有限责任公司为主中标。该公司于2004年1月完成了龙滩水电站发电机全模拟通风模型试验,根据通风模型试验数据复核通风计算结果。龙滩水电站发电机真机和通风模型主要数据对比见表3-16,通风模型试验结果与通风计算结果及真机实测值对比见表3-17。

表3-16　　　　　龙滩水电站发电机真机和通风模型主要数据对比表

项目	定子铁芯外径/mm	定子铁芯内径/mm	定子铁芯长度/mm	定子通风沟数/沟	定子通风沟高/mm	转速/(r/min)
真机	16090	15000	3300	70	6	107.1
模型	3218	3000	660	14	6	100~300

表3-17　　　　　　　　　风 量 对 比 表　　　　　　单位:m³/s

项　　目	设计需要风量	通风计算风量	通风模型试验折算至真机风量	真机实测风量
总风量	287	304	310	303
上风道风量		150		146
下风道风量		154		157

从表中可以看出,真机实测值与通风模型试验测得的总风量及计算结果接近。

龙滩水电站首台机组2007年5月21日投入商业运行,至2008年12月底前期7台机组全部投产发电。表3-18为龙滩水电站1号、2号发电机运行温度记录值。

700MW全空冷发电机绕组温度分布及温差是所有发电机专家关心的问题。从表3-18可以看出,龙滩水电站发电机定子绕组温度、定子铁芯温度分布较均匀,定子绕组最高与最低温差约4℃,定子铁芯最高与最低温差约5℃。

表 3-19 和表 3-20 是龙滩水电站 1 号发电机有功 700MW、无功 85MVar 情况下发电机运行温升/温度和空气冷却器运行数据，从表中可以看出定子绕组、定子铁芯、轴承瓦温、空气冷却器温度分布较均匀，证明了 700MW 水轮发电机采用全空冷技术是可行的。

表 3-18　　　　龙滩水电站 1 号、2 号发电机运行温度记录值　　　　单位：℃

项　目	1 号机（528.7MW，2007 年 8 月 16 日）			2 号机（541.4MW，2007 年 8 月 28 日）		
	最大	最小	平均	最大	最小	平均
定子绕组温度	64.5	60.8	62.23	65.7	61.1	62.03
定子铁芯温度	62	56.8	57.38	58.5	56.1	57.23
转子温度	无记录			62.8		
定子上齿压板压指温度	61.4	54.1	58.53	65.1	58.5	61.04
定子下齿压板压指温度	64.4	56.8	60.98	65.6	62	64.08
推力轴承温度	72.2	68.5	69.9	70.4	67	69.26
上导轴承温度	44.1	40.4	42.29	44.6	40	41.29
下导轴承温度	40.2	33.1	38.25	43.1	38	39.47

注　1. 实测 1 号发电机空冷器进水温度 24.5℃，出水温度 27.7℃；冷、热风平均温度分别为 39.26℃、52.33℃。
　　2. 实测 1 号发电机空冷器进水温度 25.8℃，出水温度 28.4℃；冷、热风平均温度分别为 34.02℃、52.98℃。

表 3-19　　　　龙滩水电站 1 号发电机运行温升/温度记录值

项　目		1 号机（700MW）			合同值
		最大	最小	平均	
定子绕组温升/K	上部	43.3	38	40.5	≤72
	中部	44.7	38.8	42	
	下部	43.2	37.9	41	
定子铁芯温升/K		31.2	29.7	30.4	≤65
转子温升/K		55.7（换算至额定励磁电流）			≤78
定子上齿压板压指温升/K		37.8	28	34.4	
定子下齿压板压指温升/K		41.7	32.7	37.3	
推力轴承瓦温/℃		71.3	67.6	69.6	≤75
上导轴承瓦温/℃		45.8	39	41.1	≤70
下导轴承瓦温/℃		46.1	41	43.4	≤70

表 3-20　　　　龙滩水电站 1 号发电机空气冷却器运行数据表

项　目	最大	最小	平均
进水温度/℃	21		
出水温度/℃	25.1	24.6	24.8
冷风温度/℃	36.5	32.4	33.9
热风温度/℃	59.1	56.5	58.6
冷热风温差/K	26.1	22.4	24.6

3.3 500kV 三相组合变压器

3.3.1 大型水电站超高压变压器应用现状

超高压变压器的选型不仅要考虑变压器的制造能力、技术进步和厂房布置，还要充分研究其运输问题，以确保变压器运输尺寸不超过隧洞和道路的运输限制尺寸，运输重量不超过铁路、公路、桥梁、涵洞、车辆和船舶的承载能力。近年来，随着西部大型水电站的不断开发，水电站单机容量不断增大，运输距离越来越远，交通条件越来越差，变压器运输尺寸和运输重量已成为制约电站施工运输的主要因素，同时随着变压器设计制造技术的发展，为超高压变压器型式提供了多种选择的可能。水电站超高压变压器的结构型式，国内外主要有以下几种：普通三相变压器、单相变压器组、三相组合变压器和现场组装三相变压器。

普通三相变压器为常规结构，国内外大容量三相变压器设计、制造、运行经验成熟，如三峡工程 500kV、840MVA 变压器采用普通三相变压器，但对于我国西部大型水电站，大容量三相变压器易受运输条件限制。

单相变压器组是由 3 台普通单相变压器组合成三相变压器，有成熟的设计、制造、运行经验，运输尺寸和运输重量比普通三相变压器小，当运输条件受到限制时，在 500kV 及以上电压等级中应用较广泛，如大古力Ⅲ、伊泰普、古里Ⅱ和二滩水电站主变压器均为单相变压器组，详见表 3－21。

表 3－21　　　　　　国内外投入运行的部分大型水电站超高压变压器

水电站	国别	装机容量 /MW	主 变 压 器			首台机发电年份
			型式	容量/MVA	电压/kV	
大古力Ⅲ	美国	3×700	单相变压器	276	$525/\sqrt{3}/15$	1978
		3×600	单相变压器	236	$525/\sqrt{3}/15$	1975
伊泰普	巴西	9×700	单相变压器	256	$525/\sqrt{3}/18$	1984
	巴拉圭	9×700	单相变压器	275	$525/\sqrt{3}/18$	1984
古里Ⅱ	委内瑞拉	10×630	单相变压器	285	$765/\sqrt{3}/18$	1984
萨扬-舒申斯克	俄罗斯	10×640	单相变压器	533	$500\sqrt{3}/15.75$	1978
二滩	中国	6×550	单相变压器	214	$550/\sqrt{3}/18$	1998
三峡左岸	中国	14×700	三相变压器	840	550/20	2003

三相组合变压器主要以特殊单相变压器为基础，每相变压器本体的结构与普通单相变压器基本相同，可减少运输尺寸和运输重量，3 台特殊单相变压器运至现场后组合成 1 台三相变压器，过去在 220kV 电压等级中有应用业绩，如大朝山水电站 220kV 主变压器。

现场组装三相变压器是在工厂制造并预装后重新解体，根据工程实际需要拆卸成若干部分运输，再在现场组装成三相变压器。但在进行龙滩水电站 500kV 变压器选型时，国内有设计制造经验的生产厂家极少。

3.3.2　各种型式大容量变压器的特点

一般地，超高压大容量变压器型式有四种，分别是普通三相变压器、单相变压器组、三相组合变压器和现场组装三相变压器。

3.3.2.1　普通三相变压器

普通三相变压器是应用最为广泛的变压器，国内外均有成熟的设计、制造、安装调试与运行经验，采用普通三相变压器可以简化现场布置与安装调试，如果条件允许，应优先选用普通三相变压器。但超高压大容量普通三相变压器往往尺寸较大、重量较重，难以满足公路与铁路的运输限制要求，对于具备水路运输条件的水电站，也易受季节与卸载码头的限制。西部地区的大型水电站，因水路与陆路交通运输条件较差，大容量普通三相变压器一般难以满足运输限制要求，因此在设计选型时，不得不放弃选用普通三相变压器。

3.3.2.2　单相变压器组

单相变压器组在运输尺寸和运输重量受到限制的超高压大容量变压器中应用广泛，国内外均有成熟的设计、制造、安装调试与运行经验，3个单相变压器在现场通过连接构成三相变压器运行。与普通三相变压器比较，单相变压器运输重量与运输尺寸相对较小，易于满足运输要求。但低压侧大电流离相封闭母线需在变压器外部进行三角形连接，离相封闭母线布置复杂，现场安装工作量大，离相封闭母线的长度增加，布置空间加大；按现行消防规程，3台单相变压器需分开布置，每台单相变压器之间需设置防火墙，因此变压器的布置占地面积大。

3.3.2.3　三相组合变压器

三相组合变压器由3台特殊单相变压器组合形成1台三相变压器，运输重量与运输尺寸由特殊单相变压器运输重量与运输尺寸控制。3台特殊单相变压器每相一个单独的油箱，低压侧三相共用一个低压通道（低压连接箱），低压侧的三角形连接在低压通道内完成，变压器被视为一台三相变压器，3台特殊的单相变压器组合后可以布置在一个变压器室内，布置占地面积比单相变压器组小。三相组合变压器具有共用油系统，3台特殊单相变压器油路通过旁通管路和低压连接箱连通。现场完成安装后，强迫油循环冷却系统设备三相公用，与普通三相变压器相同。

低压通道的设计、制造与安装是三相组合变压器的关键技术之一，由于低压侧的电流大，为防止低压通道过热，需对低压通道进行电磁屏蔽，对电磁场、电流密度的分布、温度场的分布等进行有限元计算分析，设计制造难度相对较大。

3.3.2.4　现场组装三相变压器

现场组装三相变压器是变压器工厂制造预装，完成出厂试验后分解成各个运输单元运输到现场，到达现场的变压器部件在具备一定防尘、防潮条件的组装厂房内进行器身装配、引线连接并抽真空注氮气，运输到安装位置进行套管安装、外部设备连接、真空注油及现场试验。最大运输件重量可减少，可节省部分运输费用及道路、桥涵加固改造费用。

现场组装三相变压器对现场组装环境条件的要求较高，工艺较复杂，在进行龙滩水电站主变压器选型时制造过500kV现场组装三相变压器的厂家较少，国内外业绩均较少。还需考虑现场安装场地以及组装后变压器在厂内运输和装卸的问题。

3.3.3 龙滩水电站 500kV 主变压器选型分析

龙滩水电站 500kV 主变压器额定容量 780MVA，布置在地下洞室内，可供龙滩水电站选择的主变压器结构型式有：普通三相变压器、单相变压器组、三相组合变压器和现场组装三相变压器。主变压器型式选择不仅要考虑生产厂家的技术水平，还与变压器的运输方式、运输重量、运输尺寸和地下厂房的布置等情况有关。

3.3.3.1 主变压器运输

龙滩水电站主变压器当采用普通三相变压器时充氮运输重量为 360～427t；当采用单相变压器组时，每台变压器本体运输单元为 3 台单相变压器，每台单相变压器的充氮运输重量为 145～180t；当采用三相组合变压器时，每台变压器本体运输单元为 3 台特殊单相变压器和低压连接箱四大件，其最大充氮运输重量与单相变压器组相同；当采用现场组装三相变压器时，由于是将变压器的内部结构拆卸成若干部分，分别运输，运输重量小，一般不超过 60t。

变压器的运输方式主要取决于运输重量、运输尺寸，可采用铁路、公路和水路运输三种运输方式。龙滩水电站施工交通运输设计重大件运输方案中，主变压器的运输方式推荐采用：铁路运至金城江后公路运至龙滩工地。

在铁路、公路和水路三种运输方式中，运输重量在 150～200t 的变压器，以铁路运输费用最低，国内几大变压器厂地处内地，均需铁路运输。运输重量在 200t 以下时一般采用凹型车运输；运输重量在 200t 以上时则采用钳夹车运输，目前我国铁路上使用的 D45 型钳夹车运输重量可达 320t，实际设计载重量可达 450t。龙滩水电站当采用三相变压器时充氮运输重量为 360～427t，因此就运输车辆而言是没有问题的。但由于众多的铁路桥梁不可能按多年通过一次的重达数百吨的大型设备的荷载为标准进行设计，因此铁路运输受到铁路桥梁通过能力的限制，故铁道部门一般要求变压器的运输重量不超过 200t。金城江至龙滩水电站公路及桥涵的允许载重量为 200t。

因此，龙滩水电站主变压器采用单相变压器组、三相组合变压器和现场组装三相变压器方案运输均不成问题，而采用普通三相变压器将受运输重量的限制。

3.3.3.2 主变压器型式分析

为了确定龙滩水电站 500kV 主变压器型式，对西安西电变压器有限责任公司、沈阳变压器有限责任公司和保定天威保变电气股份有限公司进行了调研。

普通三相变压器在设计制造及运行管理上有一定的优势，但由于运输重量的限制，故龙滩水电站不推荐采用普通三相变压器。

现场组装三相变压器外形与普通三相变压器相同，且可根据运输条件，将变压器的内部结构做成可拆卸的若干部分，运输时各部分分别运输，在现场再组装成整体。布置占地面积小，运输重量不成问题。但对安装场地、设备和环境条件、安装工艺要求严格，现场组装需在一定面积的防尘、防潮室内进行，且安装时间长。该方案理论上可行，但由于龙滩水电站主变压器招标时现场组装三相变压器尚缺乏设计、制造及现场安装的经验，生产厂家少，在龙滩水电站不推荐采用现场组装三相变压器。

单相变压器组方案由 3 台普通单相变压器连接成三相变压器，油路完全分开，运输重量及运输尺寸可满足要求，但三相需分开布置，每个单相变压器之间需设置防火防爆墙，主变压器室布置较拥挤，现场需将主变压器低压侧的离相封闭母线连接成三角形接线，离相封闭母线安装工作量较大，每个主变压器回路需增加约 70.0m 离相封闭母线。

三相组合变压器方案每相一个单独的油箱，低压侧三相共用一个连接箱，三相靠在一起布置，3 台特殊单相变压器油路通过旁通管路和低压通道（低压连接箱）连通。运输时拆下低压通道（低压连接箱），分相单独运输，运输重量及运输尺寸可满足要求。现场 3 台特殊单相变压器本体就位后，安装低压连接箱，低压侧母线的三角形连接在低压连接箱内完成，布置安装占地面积小，安装时间较短，对龙滩水电站地下厂房布置有利，变压器的现场组合由制造厂完成，能够保证质量，综合投资较单相变压器组少。因此在专题论证、专家咨询基础上，经反复研究后推荐龙滩水电站主变压器采用三相组合变压器。

3.3.3.3　龙滩水电站主变压器参数与中性点接地方式

龙滩水电站主变压器主要参数见表 3-22。

表 3-22　　　　　　　　　主变压器主要参数表

序号	名　　称		主要技术参数
1	型号		SSP-H-780000/500
2	型式		三相强迫油循环、水冷、无励磁调压组合式变压器
3	额定容量/MVA		780
4	额定电压/kV	高压绕组	537.5
		低压绕组	18
		中性点绕组	35
5	无励磁分接开关		$+1\times2.5\%$ $-2\times2.5\%$
6	额定电流（高压侧/低压侧）/A		837.8/25018.5
7	空载电流		$\leqslant0.1\%$
8	连接组标号		YN，d11
9	短路阻抗/%		16.9
10	在 75℃ 额定运行工况下的效率和损耗	效率/%	99.79
		空载损耗/kW	279
		负载损耗/kW	1350
11	噪声水平（离变压器 2m 处）/dB		75
12	温升极限/K	绕组	60
		顶层油温	55
		铁芯表面	80
		油箱及结构面	70
13	最大运输重量/t		153

3.3.3.4　主变压器主要结构特点

龙滩水电站主变压器为三相组合升压电力变压器，高压套管与 550kV GIS 管线连接，低压套管与18kV离相封闭母线连接，中性点采用直接接地方式。

高压绕组经油/SF₆套管引出，3个特殊单相变压器的低压引线由3个特殊单相变压器的低压升高座引出与低压通道连接，主变压器组合后油箱外仅有3个高压套管、3个低压套管、1个中性套管，铁芯接地套管和铁芯夹件套管。3个特殊单相变压器每相一个单独的油箱，三相油路经旁通管与低压通道连通，低压侧三相共用一个连接箱（低压通道）。3台特殊单相变压器低压共用一个低压通道，通过低压通道连接成为一个整体变压器，低压通道分为两个部分，两个部分之间以波纹管进行连接，其中一个通道与变压器之间通过波纹管连接。三相变压器共用的低压通道采用充油式的通道，三相之间的三角形连接在低压通道内部完成。高压侧每个单相的GIS套管与变压器之间通过波纹管连接，这样三相组合的变压器在高度方向及长度方向上尺寸都可以进行调整，可保证安装的精度。

铁芯采用单相四柱式结构。油箱为钟罩式全焊接结构。器身运输采用六向刚性定位，运至现场组合完成后，不需吊罩检查。油箱底部装有事故排油阀，事故排油管另串一个事故排油阀设于变压器旁雨淋阀室内。

为了防止主变低压侧局部过热，在油箱的低压侧壁和侧盖采用不导磁钢板，连接3个单相的低压通道（低压连接箱）采用不导磁钢板，在油箱及顶盖处放置磁屏蔽和铜屏蔽，在升高座内壁及内壁上端放置铜屏蔽。低压通道安装了冷却油管，直接与冷却器的进出油管路相连，起到很好的冷却效果。

3.3.3.5 主变压器布置

龙滩水电站为地下式厂房，水轮发电机组和主变压器均布置在左岸地下厂房和主变洞内，电站装机9台，机组间距32.50m。9台主变压器布置在与主厂房平行的主变洞内高程233.70m层，与发电机层同高程。为了简化离相封闭母线的布置和安装，使各机组母线尺寸一致，以利互换，每台主变压器按与其相应机组相对称布置，平面图中主变压器中心线与机组中心线布置在同一直线上。

主变压器的整体组装、现场检查及试验均在主变压器室进行，低压侧经油/空气套管与18kV离相封闭母线相连，高压侧通过油/SF6套管与主变洞内高程245.70m层500kV GIB相连。每台主变压器设有7台冷却器，布置在主变压器左、右两侧。主变压器的消防采用水喷雾灭火方式。主变压器就位以及安装试验完毕后，再砌主变压器与主变运输道之间的防火隔墙，防火隔墙上设有小防火门，运行时经小防火门进、出主变压器室。

3.3.3.6 主变压器安装及现场试验

三相组合变压器在现场安装组合前单相运输，最大运输重量153t，铁路运至金城江后公路运至龙滩工地，主变压器到货后在主安装间利用主厂房500t＋500t双小车桥机卸车，从安装间至各主变压器室，设有主变运输轨道和牵引用地锚。单相运输至主变室就位后在主变室对变压器及其附件进行组合。主变本体调整完毕，进行排氮内检和高、低压套管的安装及主体的连接工作。

三相组合变压器与普通三相变压器现场安装的主要差别在低压部分：安装低压升高座后，将低压连接箱与每个单相变压器进行连接，低压升高座与低压连接箱的连接采用带拉紧螺杆的波纹管，安装时可通过波纹管进行垂直方向尺寸的调整。低压连接箱之间的连接采用波纹管，以便在安装过程中对垂直和水平方向进行调整，整个低压连接箱用带有拉紧螺杆的支架支撑。每一个单相引出的引线在低压连接箱内部完成三角形接线，然后在低压连接箱上端安装低压套管和中性点套管。

主变压器安装完毕后进行了常规性试验（包括绝缘电阻、直流电阻、吸收比、极化指数、变比、泄露电流等）、感应耐压及局部放电试验、冲击合闸耐压试验、绕组变形试验等，试验结果满足规程规范要求。低压绕组耐压值为出厂值的 80%，试验电压 44kV，耐压时间 1min；中性点绕组耐压值为出厂值的 80%，试验电压 68kV，耐压时间 1min。局部放电试验结果见表 3-23。

表 3-23　　　　主变压器在 $\dfrac{1.5 \times 550}{\sqrt{3}}$ kV 电压下高压端局部放电试验结果表

相	测量值/PC		合同要求值
	1 号主变	7 号主变	
A 相	70	56	
B 相	50	50	≤80
C 相	67	53	

3.3.4　500kV 主变压器选型研究结论与建议

龙滩水电站主变压器属于超高压大容量变压器，通过选型研究，在国内首次采用了 500kV 三相组合变压器，满足了运输和地下厂布置的特殊要求，取得了如下研究结论：

（1）500kV 三相组合变压器在单机容量 700MW 的大型水电站第一次成功应用，龙滩水电站主变压器自 2007 年运行以来，局放、损耗、噪声、温升等各项运行指标均符合国家规范要求，多年的运行经验证明了其安全和可靠性，标志着我国已具备大型水电站三相组合变压器设计、制造、安装能力，有利于民族产业的发展，对我国的经济建设具有重要的意义，为类似工程变压器型式的选择提供了可借鉴的经验，继龙滩水电站后，瀑布沟和溪洛渡等水电站 500kV 主变压器采用了三相组合变压器，具有广阔的应用前景。

（2）三相组合变压器采用单相运输，最大运输重量 153t，满足了普通铁路运输重量控制在 200t 以内的要求。在现场将 3 台特殊单相变压器组合成 1 台三相变压器，布置空间与三相变压器相同，布置面积较单相变压器组方案小，克服了地下厂房布置困难问题。同时与单相变压器组方案比较，节省了投资，经济效益好。

（3）尽管采用三相组合变压器，可以解决主变压器运输和地下厂房设备布置紧张的问题，但国内很多将要建设的大型水电站位于交通运输条件更为艰难的西部，大容量单相变压器的运输将受到运输条件的限制，在此情况下三相组合变压器的运用也将受到限制，而现场组装三相变压器的运输重量更小，最大运输件重量通常不超过 60t，可以较好地解决运输问题，随着制造厂研究的深入和现场组装经验的积累，现场组装三相变压器将是一种可行的选择，但采用现场组装三相变压器必须解决现场装配厂房位置的选择以及组装后变压器在厂内运输和装卸问题，要求在电站前期设计阶段枢纽布置与机电总体布置方案中考虑现场组装三相变压器所需的装配厂房与二次转运方式等问题，这也是主变压器选型设计需要进一步研究的课题。

3.4 500kV XLPE 绝缘电缆

龙滩水电站 500kV 主变压器布置在地下洞室内，500kV GIS 开关站布置在洞外地面户内。主变压器与 GIS 的连接采用 500kV XLPE 绝缘电缆，电缆敷设落差约 100.0m，总长约 9800m。选择合适的 500kV XLPE 绝缘电缆制造商成为龙滩水电站电气设备设计的重要工作。

3.4.1 500kV XLPE 绝缘电缆供货现状及龙滩水电站的应用要求

3.4.1.1 500kV XLPE 绝缘电缆供货现状

超高压 XLPE 绝缘电缆作为大型水电站高压引出线，在我国的应用越来越多，但在龙滩水电站 500kV 电缆招标前国内还没有国产 500kV XLPE 绝缘电缆投入运行，大型水电站的 500kV XLPE 绝缘电缆主要依赖进口。

国外 500kV XLPE 绝缘电缆制造商主要有：法国 SAGEM SA、法国耐克森、瑞士布鲁克、德国南方电缆、日本 VISCAS、日本 JPS 等。国外 500kV XLPE 绝缘电缆的研制起步较早，具有丰富的设计制造和运行经验。近几年，国内电缆制造商开始对 500kV XLPE 绝缘电缆进行研究开发，具有 500kV XLPE 绝缘电缆设计制造能力的主要有：河北新宝丰电线电缆有限公司、青岛汉缆集团有限公司和特变电工山东鲁能泰山电缆有限公司等。500kV XLPE 绝缘电缆作为水电站电能送出的一种重要方式，在龙滩水电站招标设计时，国内工程中 500kV XLPE 绝缘电缆均采用欧洲及日本产品，尚无国产 500kV XLPE 绝缘电缆应用业绩。许多大中型工程，如二滩、大朝山、三板溪等水电站和天荒坪、惠州、白莲河、黑麋峰等抽水蓄能电站中 500kV XLPE 绝缘电缆均为进口产品。尽管进口 500kV XLPE 绝缘电缆价格昂贵，国产电缆价格有较大优势，但由于没有运行业绩，使得我国 500kV XLPE 绝缘电缆的研制停滞不前，特别是 500kV XLPE 绝缘电缆附件（中间接头和终端）的研制尚在起步阶段。

3.4.1.2 龙滩水电站对 500kV XLPE 绝缘电缆的要求

1. 电缆运行条件

（1）系统标称电压：500kV。

（2）系统最高工作电压：550kV。

（3）雷电冲击耐受电压：1675kV。

（4）操作冲击耐受电压：1240kV。

（5）系统频率：50Hz。

（6）系统接地方式：中性点直接接地。

（7）电缆金属护套接地方式：一端接地。

（8）额定输送容量：780MVA。

（9）额定电流：1000A。

（10）三相短路电流（有效值）/持续时间：63kA/3s。

（11）三相短路电流（峰值）：171kA。

（12）单相短路电流/持续时间：63kA/2s。

（13）GIS 终端在主变洞内为水平布置，在洞外 500kV GIS 楼内为垂直布置。

2. 电缆主要性能参数要求

（1）型式：单相、铜导体、交联聚乙烯挤包（XLPE）绝缘。

（2）额定电压（U_0/U_m）：300/550kV。

（3）额定频率：50Hz。

（4）导体截面：1000mm^2。

（5）额定持续电流：1000A。

（6）导体短时耐受电流：63kA（3s）。

（7）金属护套短时耐受电流：63kA（2s）。

（8）电缆及其附件绝缘水平：①雷电全波冲击耐压（峰值）（1.2/50μs）（热状态），1675kV；②操作冲击耐压（峰值）（250/2500μs）（热状态），1240kV。

（9）外护套绝缘水平：①1min 工频耐压（有效值），25kV；②雷电冲击耐压（峰值），72.5kV；③直流耐压（15min），30kV。

（10）绝缘介质损耗角正切值（tgδ）：<0.0005。

（11）金属护套正常运行时工频感应电压：<50V。

（12）局部放电量（1.5U_0）：检测不出有放电。

（13）使用寿命：不少于 30 年。

3. 电缆结构与材料要求

（1）导体：

1）材料：采用纯度大于 99.9% 的无氧铜，电阻率（20℃）不大于 $1.7241 \times 10^{-8} \Omega \cdot m$。

2）型式：采用分割导体结构。

3）导体表面应光滑、没有任何裂纹、油渍、毛刺、锐边以及凸起或断裂。

（2）导体屏蔽层：

1）导体屏蔽层应由半导电包带和挤包半导电层组成。

2）屏蔽层应是连续的、光滑的圆柱体，具有恒定厚度，无绞线凸纹、尖角、颗粒、烧焦或擦伤。屏蔽层应在整个圆周上和绝缘层很好黏合。

3）屏蔽层对其接触的电缆各部分的寿命应无有害影响。

4）屏蔽层的厚度应满足电气屏蔽、均匀电场和吸收线芯与绝缘层间热效应等的要求，在正常工作电压运行时导体屏蔽层上任一点的交流工作电场强度不大于 16kV/mm。

5）半导电体化合物电阻率老化前后应不大于 1000Ω·m。

（3）绝缘：

1）绝缘材料。应为单一均匀的超净化交联聚乙烯（XLPE）材料。XLPE 绝缘应由全干式交联工艺生产。

2）绝缘层的厚度设计应满足绝缘水平、绝缘层工作场强和耐受场强的要求，最小绝缘厚度不小于 30mm，绝缘层厚度不包括屏蔽层厚度。

3）型式。导体屏蔽层、绝缘层、绝缘屏蔽层必须三层一次同时挤压成型。

4）应保证厚度均匀，无粗糙面、空隙、凸起物和水分。

5）测得绝缘的最薄点的厚度应不小于标称厚度的90%。

6）绝缘材料缺陷质量控制限值：微孔最大允许值20μm；半透明杂质最大允许值80μm；不透明杂质最大允许值50μm；半导电层与绝缘层界面凸起最大允许值50μm。

（4）绝缘屏蔽层：

1）绝缘屏蔽层为挤包半导电层，在各种运行条件下，屏蔽层应在整个圆周上和绝缘层很好黏合。

2）绝缘屏蔽层对其接触的电缆各部分的寿命应无有害影响。

3）绝缘屏蔽层的厚度应满足电气屏蔽、均匀电场和吸收绝缘层与金属护套间热效应等的要求，其厚度应不小于0.2mm，屏蔽层最大厚度与最小厚度的比值应不超过2。绝缘屏蔽层在正常工作电压运行时，任一点的交流工作电场强度不得超过6.5kV/mm。

4）绝缘屏蔽层电阻率老化前后应不大于500Ω·m。

（5）缓冲层。电缆在绝缘屏蔽层外层应有缓冲层，该缓冲层由具有纵向阻水功能的半导电阻水膨胀带绕包而成。绕包要求平整、紧实、无皱褶。

（6）金属屏蔽层和金属套：

1）金属屏蔽层由疏绕铜（铝）丝或铜编织带构成。

2）金属屏蔽层的厚度应满足电气屏蔽、限制干扰和吸收绝缘层与金属护套间的热效应等要求。

3）金属套材质宜采用皱纹铝套或铜套。

4）金属套应根据通过的短路电流大小、径向防水与承受机械拉力和压力的要求来选择。

5）金属套应能保护电缆免受各种机械和化学伤害。

6）金属套应具有径向防水渗入的密封作用。

7）金属屏蔽层的截面应满足在单相接地故障或和不同地点两相同时发生接地故障时的短路容量的要求；金属套的截面应满足单相或三相短路故障时短路容量的要求。

8）在任何条件下，金属套工频过电压应低于外护套绝缘工频耐受电压，其安全系数应大于1.2。

9）若采用皱纹铝套，任一点的最小厚度应不小于标称厚度与0.1mm加10%标称厚度的差值，即：$t_{min} \geq t_n - (0.1mm + 0.1t_n)$（$t_n$为金属套标称厚度）。若采用其他材料，则应提供最小厚度的相应标准。

10）金属套外应使用防腐剂混合物，以免腐蚀。

11）金属套的结构应适合于落差为100m的竖井中安装，应采取专门措施，以防止电缆芯线和金属套间的滑动。

12）金属套流过故障电流时，其温度最高不超过150℃（采用PVC护套时）或140℃（采用PE外护套时）。

13）金属上不允许有裂纹、气孔、杂质等缺陷。

（7）外护套：

1）材料：挤压成型的PVC、PE或者性能更好的材料。

2）外护套应防鼠啮和霉菌的伤害，其预防添加剂不应是环境保护禁用的材料。

3）保证在正常和非正常（电容电流和短路电流）条件下安全运行。

4）保护电缆芯线免受安装和运行时最大机械应力的损害。

5）防水、防潮性能应满足本规范外护套腐蚀试验和耐压试验的要求。

6）外护套应采用防火性能好、低烟、低卤阻燃材料。

7）外护套表面应涂以均匀牢固的导电层，以有利于试验。

8）外护套最小厚度应不小于标称厚度与 0.1mm 加 15％标称厚度的差值，即：$t_{min} > t_n - (0.1mm + 0.15t_n)$（$t_n$ 为外护套标称厚度）。

9）外护套的机械特性，应满足表 3-24 的要求。

表 3-24　　　　　　　　　　　外 护 套 机 械 特 性 表

内　　容	阻燃 PVC	阻燃 PE
老化前机械特性		
最小抗拉强度/（N/mm²）	12.5	12.5
拉断时最小的延伸率/％	150	300
热风炉老化后机械特性		
加温值/℃	100	100
允差/℃	±2	±2
持续时间/h	168	240
最小抗拉强度/（N/mm²）	12.5	12.5
抗拉强度的最大变化率/％	±25	±25
拉断时最小的延伸率/％	150	300
抗拉延伸率的最大变化率/％	±25	±25

10）外护套阻燃性能，应满足表 3-25 的要求。

表 3-25　　　　　　　　　　　外 护 套 阻 燃 性 能 表

内　　容		试 验 标 准	指　　标
HCl 释放量/（mg/g）		IEC 60754—1	<65
最大烟密度	NBS 法	ASTMC 662	<150
	透光率	IEC 61034	≥70
氧指数			35
CO 最大含量			0.19～0.28
pH 值		IEC 60754—2	>4.3
电导率		IEC 60754—2	≤10
毒性指数		NES 713	<1
对金属腐蚀性		ASTMD 2761	观察铜镜腐蚀面积不超过 5％

3.4.1.3 国产 500kV XLPE 绝缘电缆用于龙滩水电站的可行性分析

2005 年后，我国将重大装备国产化提高到了前所未有的高度，发布了《国务院关于加快振兴装备制造业的若干意见》，一方面，要求厂商在引进消化、吸收国外先进技术的同时，逐步形成自己的知识产权、产品品牌，实现国产化；另一方面，要求工程领域，在不降低技术标准的条件下优先使用国货，以推动我国重大技术装备的发展。

在上述思想指导下，就龙滩水电站 500kV XLPE 绝缘电缆供货商选择问题，工程业主方、设计方，对国内青岛汉缆集团有限公司、河北新宝丰电线电缆有限公司等国内制造商就 500kV XLPE 绝缘电缆的设计、制造和供货进行了考察和技术交流。结果表明，国内制造商虽然没有 500kV XLPE 绝缘电缆供货和运行业绩，但均引进了世界上较先进的生产线，完成了产品的开发，有的制造商已通过了型式试验，电缆的主要技术参数、结构特点能满足龙滩水电站的运行要求，且大部分制造商有良好的 220kV XLPE 绝缘电缆供货及运行业绩。国内制造商已具备了 500kV XLPE 绝缘电缆的设计、开发和生产能力。在通过产品预鉴定试验的基础上，如能解决 500kV XLPE 绝缘电缆终端的配套问题，部分实现 500kV XLPE 绝缘电缆的国产化是可能的。

因此，在龙滩水电站 500kV XLPE 绝缘电缆招标时提出，投标人设计和生产的 500kV XLPE 绝缘电缆应在独立的、权威的、具有认证资格的试验场（室）完成并通过预鉴定试验或型式试验，并取得合格证。且投标人必须设计和提供过 220kV 及以上 XLPE 绝缘电缆经预鉴定合格，且至少有 1 回在工程中使用，安全运行 1 年以上。

3.4.2 国产 500kV XLPE 绝缘电缆在龙滩水电站的应用

龙滩水电站 500kV XLPE 绝缘电缆额定电流 1000A，电缆敷设路径为：从主变洞 245.70m 高程高压电缆层经电缆竖井、电缆平洞，至 500kV GIS 楼 340.00m 高程高压电缆层，并由高压电缆层引上与布置在 346.00m 高程的 500kV GIS 连接。敷设落差约 100.0m。前期共 7 回，每回长度 400～600m，总长约 9800m。经过公开招标、评标，龙滩水电站前期 7 回 500kV XLPE 绝缘电缆由法国 SAGEM SA 中标，其中两回（对应 6 号、7 号机组）由国内分包。

3.4.2.1 500kV XLPE 绝缘电缆主要结构特点

（1）电缆导体采用退火软铜，导体截面 1000mm²，进口电缆为分块铜导体，国产电缆为五分割铜导体。

（2）电缆绝缘材料为交联聚乙烯（XLPE），进口电缆绝缘厚度 31mm、国产电缆绝缘厚度 34mm，采用全干式交联工艺生产，由导体屏蔽层、绝缘层、绝缘屏蔽层三者一次同时挤压成型。

（3）金属套的作用主要是防止水分、潮气渗入以减少树枝放电，并保护电缆免受各种机械和化学伤害，同时能承受单相接地短路电流无损坏。进口电缆金属套为层压铝结构，国产电缆金属套为皱纹铝结构。

（4）外护套主要是对金属套起绝缘和机械保护作用，防止白蚁和霉菌的腐蚀和破坏，进口电缆外护套为低烟阻燃挤压成型的双层 PE 无卤素复合物带凹槽型，国产电缆外护套为低烟低卤挤压成型的阻燃 PVC 加碳膜光滑型。

（5）电缆结构图。进口电缆结构如图 3-11 所示，国产电缆结构如图 3-12 所示。

图 3-11　进口电缆结构图
①—导体：分块铜导体；②—导体屏蔽层：半导电
XLPE；③—绝缘：超净化 XLPE（交联聚乙烯）；
④—绝缘屏蔽层：半导电 XLPE；⑤—缓冲层：半
导电带；⑥—金属屏蔽层：铝；⑦—半导电带；
⑧—金属套：层压铝；⑨—外护套（带凹槽）：
低烟阻燃无卤素化合物和石墨半导电层

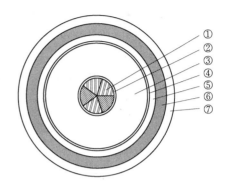

图 3-12　国产电缆结构图
①—导体：五分割铜导体；②—导体屏蔽：半导
电尼龙带，超光滑半导电屏蔽料；③—绝缘：超
净化 XLPE；④—绝缘屏蔽：超光滑半导电屏蔽料；
⑤—缓冲层：半导电缓冲阻水带＋金属纤维混
编带；⑥—金属套：皱纹铝；⑦—外护套
（光滑型）：低烟低卤阻燃 PVC 和
石墨半导电层

3.4.2.2　500kV XLPE 绝缘电缆主要性能参数

500kV XLPE 绝缘电缆主要性能参数见表 3-26。

表 3-26　　　　　　　　　500kV XLPE 绝缘电缆主要性能参数表

主要性能参数	进口电缆	国产电缆
额定电压 $U_0/U/kV$	300/500（550）	300/500（550）
导体截面积/mm^2	1000	1000
额定持续电流/A	1000	1000
额定短时耐受电流/时间（有效值）/(kA/s)	63/3	63/3
额定单相短时耐受电流/时间（有效值）/(kA/s)	63/2	63/3
额定峰值耐受电流（峰值）/kA	171	171
额定雷电冲击耐压（热状态）（峰值）/kV	1675	1675
额定操作冲击耐压（热状态）（峰值）/kV	1240	1240
工作温度下的 tgδ（测试电压 300kV）	0.0005	≤0.0005
局部放电量（在 1.5 倍 U_0 下）	≤5PC	无可检测出的放电
介电常数	2.3	2.3

续表

主要性能参数	进口电缆	国产电缆
绝缘层厚度/mm	31	34
最小击穿强度/(kV/mm)	>50	
工频击穿强度/(kV/mm)	>40	35
冲击击穿强度/(kV/mm)	>90	80
导体屏蔽层最大设计场强/(kV/mm)	15	13.6
绝缘屏蔽层最大设计场强/(kV/mm)	6.2	5.3
电缆总损耗（三相）/(W/m)	84	90.1
电缆最小弯曲半径（敷设时/安装后）/m	3.0/2.5	3.158/2.368
电缆单位重量/(kg/m)	22.9	27.0
电缆总外径/mm	135.5	158.6

3.4.2.3　500kV XLPE 绝缘电缆安装

高压电缆在电缆平洞内"品"字形排列，在电缆竖井中平行排列，采用蛇形敷设，以吸收电缆纵向热膨胀，避免电缆芯线在金属套中的相对滑动。电缆卡及电缆固定支架由法国 SAGEM SA 公司提供，其中电缆卡为特殊设计，采用非磁性材料。由于电缆终端制作工艺复杂，技术要求高，由法国 SAGEM SA 公司负责制作。

电缆敷设采用机械牵引法，利用绞车、输送机、滑轮、引导器和钢丝绳等设备，在输送机位置配置对讲机，以便控制电缆牵引过程，牵引速度约 6m/min，最大牵引力不大于60kN。电缆从洞外高程 340.00m 电缆层引出，经高压电缆竖井，最后到达主变洞内高程245.00m 电缆层。

3.4.2.4　500kV XLPE 绝缘电缆现场试验及运行情况

为检验电缆安装后的质量，消除可能引起的事故隐患，500kV XLPE 绝缘电缆安装后进行了外护套直流耐压试验和绝缘交流耐压试验。直流试验电压为 DC 20kV，持续15min。绝缘交流耐压试验装置采用变频串联谐振装置。交流电源由出线平台 500kV GIS 出线套管施加，先做 $1.7U_0$，即 493kV，1min，然后将电压下降至 320kV，60min，试验中无闪烁放电现象。由于要通过 500kV GIS 施加试验电压，为避免磁饱和损坏 500kV GIS 电压互感器，GIS 制造厂要求试验频率不小于 46Hz。所有试验均满足要求。

500kV XLPE 绝缘电缆自投运以来，处于良好状态，经过现场电缆表面运行温度、护套感应电压、接地电流、电缆磁场等运行参数的记录与分析，国产电缆的各项运行指标不逊色于进口电缆。

3.5　大入地电流高土壤电阻率接地技术研究

3.5.1　接地设计面临的问题

根据龙滩水电站设计水平年接入系统资料，按电站后期装机容量 6300MW 进行短路电流计算，接地网外最大单相入地短路电流为 26.4kA。根据 GB 50065—2011《交流电气装置的接地设计规范》，地网电位升高应小于 2kV，即龙滩水电站接地网的接地电阻应小于 0.076Ω，而龙滩水电站土壤电阻率为 600～4000Ω·m，属于高土壤电阻率地区，即使按等效电阻率为 800Ω·m 进行接地网设计，所需接地网面积达 27.2km²，这是难以实现的。龙滩水电站的接地网为三维立体地网，既有水中地网，又有岸上土壤中的地网，而电站所在大地土壤电阻率呈立体分布，河水和左右两岸土壤的电阻率相差大，深层及河床以下为板纳组。板纳组由厚层钙质砂岩、粉砂岩、泥板岩互层夹少量层凝灰岩、硅质泥质灰岩组成，均属坚硬或中硬岩石，电阻率较高，土壤结构复杂。常规接地计算方法只能计算电阻率按水平分层或垂直分层土壤中地网的接地参数，不能计算龙滩水电站这样复杂立体地网的接地参数。如果在龙滩水电站的接地计算中，假定大坝上下游不存在水位差，并且忽略河水和两岸土壤电阻率的差异将河道宽视为无穷大而按水平双层结构计算，或者忽略河水和河床以下土壤电阻率的差异将河床深视为无穷大而按垂直三层结构计算，则都不符合实际情况，会因计算模型过于粗略而带来极大的误差。因此，按常规的水电站接地设计不能解决龙滩水电站的接地问题，为此与武汉大学合作对龙滩水电站接地问题进行了研究。

3.5.2 接地计算方法与计算模型及其软件开发

3.5.2.1 接地计算方法

工程上提出的电磁场问题通常可归结为偏微分方程的定解问题。由于实际电磁场问题的复杂性，能采用解析法进行求解的仅限于极少数情况，一般只能寻求近似解法。随着计算技术的发展，许多工程计算问题，虽然边界条件复杂、介质特性多样且不均匀，但可用数值方法直接从数学模型获得数值解。尽管只在一些离散点上给出近似数值，但在工程实用上却能得到令人满意的效果。

电磁场的数值解法通常分为区域型和边界型两大类，区域型数值解法主要是有限差分法和有限元法，边界型数值解法主要是边界元法。由于边界元法对于无限域问题、三维问题或带奇异性问题具有明显的优越性，所以与武汉大学合作进行的龙滩水电站接地计算与软件开发的理论基础采用边界元法。

边界元法可分为直接法和间接法，直接法利用数学上各种积分等式，通过控制微分方程的基本解直接把边界上的待解边界函数与已知边界条件联系起来建立积分方程，方程的解即是未知边界值。间接法则是在无限大区域内沿着边界配置某种点源分布函数作为间接的待解未知量。因直接法基于严谨的格林函数法，通用性更强，因此计算与软件开发采用边界元直接法。

3.5.2.2 接地计算模型分析

1. 接地计算初步分析

按常规接地计算模式对龙滩水电站进行接地计算，如果忽略大坝上下游水位差，则按水平双层模型计算误差会较小，而按均匀或垂直三层土壤模型计算误差可能较大。这从图 3-13 很容易看出。

图 3-14 根据龙滩水电站基本地网（大坝挡水墙钢筋网）的实际尺寸按比例画出了它与红水河河床的位置关系。红水河水域的截面实际上是 T 形有限区域，宽度和深度比约为 3.5：1，基本地网也是 T 形地网或矩形地网。地网沿河流方向的散流作用强于地网宽

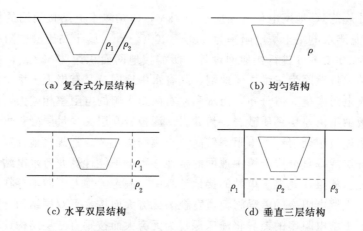

图 3-13　龙滩水电站接地的几种初步计算模型比较

度方向的散流作用，因而地网附近散流媒质深度方向的导电特性对计算参数的影响较大，而宽度方向的导电特性对接地参数的影响相对小一些。故在忽略大坝上下游水位差的情况下，采用水平双层结构比采用垂直三层结构计算更为合理。但对龙滩水电站地网来说，由于地网面积大、埋深大，受大坝地区深层地质结构和散流媒质导电特性的影响较大，因此建立有限深度和宽度、复合分层土壤简化模型进行接地计算是完全必要的，而且还有必要在此基础上进一步考虑大地深层结构和红水河河床形状的影响。

由于地网接地电阻受红水河水导电特性的影响大，因此有必要在考虑红水河水域有限宽度和深度的基础上，进一步考虑大坝上下游水位的影响。事实上，大坝下游水位较低，其散流作用明显不如上游。对此必须作有效的计算分析。

2. 接地计算模型

龙滩水电站大坝地区散流媒质的物理模型如图 3-14 所示。

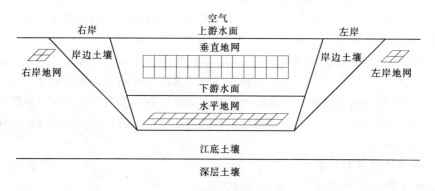

图 3-14　龙滩水电站大坝地区散流媒质的物理模型

图 3-14 中，考虑到土壤浅层为风化岩，并且靠近河床土壤电阻率较低，而土壤深层为花岗岩地质，故将除有限水域外的半无限大地视为上、中、下三层结构。另外模型考虑了龙滩水电站大坝上下游的水位差，并且考虑了红水河河床两岸的斜度。计算的龙滩水电站主要地网包括大坝上游的挡水墙接地网、大坝上游河床底部增设地网以及上游围堰、左右岸的增设地网。

龙滩水电站接地的计算域及边界如图 3-15 所示。

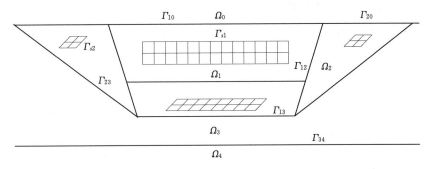

图 3-15 龙滩水电站接地的计算域及边界

图 3-15 中,龙滩水电站接地的分块均匀计算区域包括河水 (Ω_1)、岸边土壤 (Ω_2)、河底土壤 (Ω_3) 和深层土壤 (Ω_4)。同时为方便计,记空气介质构成的区域为 Ω_0,其电阻率为无穷大。独立边界包括水中地网 (Γ_{s1})、岸上地网 (Γ_{s2})、空气和河水的交界面 (Γ_{10})、空气和岸边土壤的交界面 (Γ_{20})、河水和岸边土壤的交界面 (Γ_{12})、河水和河底土壤交界面 (Γ_{13})、岸边土壤和河底土壤的交界面 (Γ_{23})、岸边土壤和河底土壤的交界面 (Γ_{34})。

设 u_1、u_2、u_3、u_4 分别表示 Ω_1、Ω_2、Ω_3、Ω_4 中任一点的电位,P 为计算域中任一点,则计算域满足控制方程组

$$\nabla^2 u_i = 0 \quad P \in \Omega_i \quad i = 1,2,3 \qquad (3-17)$$

计算域边界满足边界条件:

$$\begin{cases} u = u_s & P \in \Gamma_{s1} \bigcup \Gamma_{s2} \\ \dfrac{1}{\rho_i}\dfrac{\partial u_i}{\partial n} = \dfrac{1}{\rho_j}\dfrac{\partial u_j}{\partial n} & P \in \Gamma_{ij} \\ u_i = u_j & P \in \Gamma_{ij} \\ u_i = 0 & P \in \Gamma_{\infty} \\ i,j = 0,1,2,3,4 \end{cases} \qquad (3-18)$$

式中:ρ_i ($i=0$,1,2,3,4) 分别为散流媒质 Ω_i ($i=0$,1,2,3,4) 的电阻率,规定 Γ_{ij} 正方向由介质 Ω_i 指向 Ω_j,如图 3-15 所示;Γ_{∞} 为无穷远边界。

式 (3-17)、式 (3-18) 属于三维无限域问题,问题边界为二维曲面,并且边界形状复杂,难以进行解析求解和域内数值求解。因此采用边界元数值分析方法,从数值上求解龙滩水电站散流媒质中的电流场,对龙滩水电站枢纽的接地问题进行计算分析。

3.5.2.3 接地计算软件简述

由于龙滩水电站枢纽区域河水和土壤导电特性的差异大,大坝上下游存在水位差,土壤深度和宽度方向具有分层结构,河床形状不规则,因此只有超大规模的边界元计算方法才能有效地进行龙滩水电站接地数学模型的求解。通过与武汉大学合作研究,在大型水电

站超大规模的边界元接地计算软件开发方面取得了以下成果：

（1）计算软件采用64位编程技术开发，可以满足超大规模的边界元接地计算中需要大量内存和浮点运算的需求。可以支持8G内存以上的边界元接地计算，计算速度大大加快。接地计算边界元上限可达30000个，因而可以考虑复杂的接地网与水电站枢纽地质情况，适用于巨型水电站的接地计算。

（2）一般地，计算模型以矩阵算法的形式求解，由于边界元的个数众多，模型求解的速度缓慢。计算软件采用并行计算方法充分发挥个人计算机多核CPU的运算能力，显著提高了计算速度。

（3）大型水电站的接地导体数目众多且覆盖区域大，空间分布不规则，加上水电站地质情况复杂，造成了边界元剖分困难。计算软件提出的边界智能自适应剖分技术，整个剖分过程无需人为干预，程序实现了智能剖分，计算精度和数值稳定性大大提高，特别适用于复杂地质结构的巨型水电站接地网模型求解。

（4）开发的水电站接地仿真输出系统，能以报表、三维电位等位线图、立体视图、灰度图和彩图输出计算结果。

3.5.3　电阻率与接地电阻影响因素分析

3.5.3.1　电阻率

龙滩水电站坝前河谷为较宽阔的V形谷，宽高比为3.5左右，河流流向S30°E，至坝址处转向S80°E。枯水期河水面高程219.00m，水面宽90.0～100.0m，水深13.0～19.5m。河床沙、卵砾石层厚0.0～6.0m，局部17.0m，基岩面高程一般为200.00m左右，最低点191.00m，河床两侧均有基岩礁滩裸露，左岸宽10.0m，右岸宽40.0～70.0m。左岸地形整齐，山体宽厚，右岸受冲沟切割，地形完整程度稍逊左岸。两岸山顶高程600.00m左右，岸坡坡度32°～42°。通过对河水2个测点和区域地基8个剖面共51个测点电阻率测量得出：河水的电阻率为33.3～37.6Ω·m，岩石电阻率为100.0～4000.0Ω·m。

3.5.3.2　接地电阻影响因素分析

主要计算分析了大坝上下游水位、土壤深层导电特性、河床形状、地网形状及位置参数等对接地电阻的影响。

1．计算模型中的各项物理参数与接地电阻计算值

图3-16是龙滩水电站坝前与水库接地网接地布置示意图，这是按常规接地设计的接地网，未包括经研究提出要增设的上游水库接地网。计算中选取的典型参数如下：

（1）水电阻率：35Ω·m。

（2）河床岩石的电阻率：500Ω·m。

（3）上游水深：125.00m（对应死水位），165.00m（对应正常水位）。

（4）下游水深：15.00m。

（5）河底宽度：200.0m。

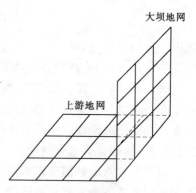

图3-16　龙滩水电站主地网接地布置示意图

（6）河岸坡度：45°。

（7）大坝挡水墙钢筋网：近似等效为 200.0m×120.0m，均压带根数 11×7。

（8）上游河床底部地网：200.0m×70.0m，均压带根数 11×4。

接地电阻计算结果为 0.37Ω。很显然，按常规模式设计的接地网接地电阻不能满足安全运行的要求。

2. 物理参数变化对接地电阻计算结果的影响

（1）下游水深变化对地网接地电阻的影响。不同季节龙滩水电站大坝下游的水位不一样，下游水深随之变化。在表 3-27 中给出了下游水深 H 从 10.00～25.00m 时地网的接地电阻。

表 3-27 不同下游水深时地网的接地电阻

H/m	10.00	15.00	20.00	25.00
R/Ω	0.38	0.37	0.37	0.36

从表 3-27 中可以看出，当下游水深从 10.00m 增加到 25.00m 时，地网的接地电阻约降低 6%，而当下游水深在 15.00m 位置±5.00m 变化时，接地电阻的变化不超过±3%，在地网的接地电阻的计算中可直接取下游水深为 15.00m。

（2）河水电阻率变化对地网接地电阻的影响。洪水期和非洪水期河水的电阻率会有差别，表 3-28 给出了在不同的河水电阻率 ρ_1 下地网的接地电阻值。计算结果表明，河水电阻率的变化对地网接地电阻的影响较大。

表 3-28 不同河水电阻率时地网的接地电阻

$\rho_1/(\Omega \cdot \text{m})$	30	35	40	45
R/Ω	0.35	0.37	0.39	0.42

（3）河岸倾角变化对地网接地电阻的影响。一般情况下，大坝接地网的电阻可按河岸倾角为 45°进行计算，但因地形地貌不同，河岸倾角也会不同。表 3-29 中给出了河岸倾角 α 变化对接地电阻计算的影响。

表 3-29 不同河岸倾角时地网的接地电阻

$\alpha/(°)$	40	45	50	60
R/Ω	0.36	0.37	0.38	0.40

由表 3-29 可见，当河岸倾角由 60°减小到 40°时（注意此时河底宽度保持 200.0m 不变，河面宽度增加一些），接地电阻下降约 7%。

（4）河底岩石电阻率变化对地网接地电阻的影响。表 3-30 给出了河底岩石电阻率 ρ_3 由 250Ω·m 到 700Ω·m 变化时地网的接地电阻值。

表 3-30   不同河底岩石电阻率时地网的接地电阻

$\rho_3 / (\Omega \cdot m)$	250	350	350	700
R/Ω	0.25	0.37	0.46	0.54

从表 3-30 可以看出,河底岩石电阻率的变化对地网接地电阻的影响较大,当河底岩石的电阻率由 250Ω·m 增加到 700Ω·m,地网的接地电阻也随之增加,但增长的幅度比电阻率增长的幅度平缓,主要由于水电阻率始终保持在 35Ω·m。

(5)水库水位变化对地网接地电阻的影响。龙滩水电站在运行中水库水位可能会有变化。当水库水位变化时,上游水深也同时变化。表 3-31 中给出了上游水深 H 变化对接地电阻计算的影响。

表 3-31   不同上游水深时地网的接地电阻

H/m	125.00	150.00	175.00
R/Ω	0.37	0.34	0.31

当上游水深由 125.00m 增加到 175.00m 时,地网的接地电阻下降 10%,故当上游水位在高水位时,地网的接地电阻要小一些。

(6)水中接地网与岸上地网对接地电阻的影响。当岩石的电阻率在 250Ω·m 到 700Ω·m 之间,如在两岸土壤中各布置一个 400m×400m 的大型岸上地网(面积160000m²),接地电阻约降低 20%,作用并不明显。

当岩石的电阻率在 1000Ω·m 以上时,即使在两岸土壤中布置两个 400m×400m 的大型岸上地网(面积 320000m²),接地电阻降低不超过 10%。

由于龙滩水电站两岸土壤或岩的电阻率较高,大多在 1000Ω·m 以上,因此从岸上增加或扩大地网来降低龙滩水电站枢纽的接地电阻不现实。

由于龙滩水电站水电阻率较低,为 35Ω·m,如在上游水库扩展布置一个长 1200.0m 宽 300.0m 的接地铜网,即增加约 360000m² 的接地网,如图 3-17 所示,接地电阻的计算结果为 0.18Ω,降低约 53%,效果相当明显。如果采用扁钢做接地网,则需增加约 500000m²。

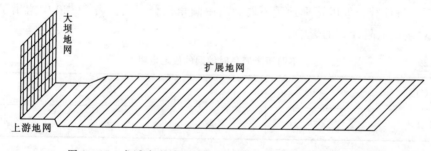

图 3-17 龙滩水电站坝前与扩展后水库接地网布置示意图

从上述分析比较可知,岸上接地网对降低龙滩水电站的接地电阻效果不明显,从技术经济角度考虑,在岸上除非电气设备安全需要,如均压网和等电位连接的需要,可不布置人工接地网,但应充分利用自然接地体。在龙滩水电站的接地设计中,为使接地电阻满足要求，应尽可能地扩大水中地网，并加强岸上地网与水中地网的有效连接。

（7）导体阻抗特性边界元模型对水电站接地计算的影响。接地导体材料因其阻抗特性不同对接地电阻会产生影响，以图 3-17 所示接地网（上游水库扩展地网为 360000m²）为例，对常用的接地材料如扁钢或扁铜对接地电阻的影响进行了计算比较，扁钢的相对磁导率为 636，电阻率为 $1.7 \times 10^{-7} \Omega \cdot m$；扁铜的相对磁导率为 1，电阻率为 $1.7 \times 10^{-8} \Omega \cdot m$。假定均匀土壤电阻率分别是 $240\Omega \cdot m$、$350\Omega \cdot m$、$500\Omega \cdot m$、$700\Omega \cdot m$ 时，计算得到的接地电阻见表 3-32。

表 3-32 不同土壤电阻率和不同导体材料时地网的接地电阻

土壤电阻率/(Ω·m)	240	350	500	700
接地阻抗（全钢）	0.367∠26.03°	0.443∠25.09°	0.533∠23.64°	0.641∠21.59°
接地阻抗（半钢）	0.301∠33.13°	0.354∠29.92°	0.419∠25.70°	0.513∠21.25°
接地阻抗（全铜）	0.183∠31.09°	0.230∠25.77°	0.299∠20.23°	0.395∠15.41°

注 半钢是指扁钢接地网和扁铜接地网分别占总接地网面积的一半。

从表 3-32 中可知，由于接地材料本身的传导特性和导体间的互感特性，且因接地导体分布范围广，接地网导体是不等电位的，接地电阻呈现出阻抗的特性，即其实质应为接地阻抗。

如果不考虑接地网导体的不等电位特性，计算得到的接地电阻误差较大，而过往的边界元模型基于等电位方法进行推导，对于大型水电站，导体分布范围广，当导体的对角线长度超过 2000m 时，由于接地导体自身的传导特性和导体间的互感特性，此时接地网的导体是不等电位的。若仍以等电位模型考虑，则计算得到的接地电阻偏小，可能导致水电站地电位升的估算偏差，影响水电站的安全运行。本次研究将导体阻抗特性与边界元模型相结合，实现了边界元和接地导体的阻抗特性的联立求解，更符合大型水电站接地的实际情况。

3.5.4 弱电设备工频耐压试验与地网电位允许值

由于龙滩水电站单相入地短路电流大、土壤电阻率高，地网电位升高要控制不大于 2kV 是非常难以做到或几乎是不可能的。因此应合理确定地网电位升高的允许值，使接地电阻在工程建设中易于实现，同时又保证人身与设备的安全运行，为此，与武汉大学合作对控制电缆、继电器等弱电设备的耐压水平进行了试验研究。

通过研究，得出如下结论：

（1）对于控制电缆，屏蔽层剥去长度在 2cm 以内时，其沿面放电电压的耐受强度可达 5kV/cm，如果地电位升高到 5kV，则只需将电缆的屏蔽层剥去 1cm，正常施工时为做电缆头或将屏蔽层接地，一般会将屏蔽层剥去一小段，长度一般会大于 1cm，所以，地电位升高到 5kV 对控制电缆是允许的。

（2）继电器的工频伏秒特性很平坦，在 0~30s 的范围内可以认为是一条水平直线，继电器可以承受的工频电压不小于 5kV，即地电位升高到 5kV 对继电器是允许的。

（3）一般而言，大型水电站和变电站地网的最大电位升高按不超过 5kV 控制是安全的。因此，龙滩水电站的地网的电位升高可按 5kV 控制。

3.5.5 接地处理措施与地网现场测量

3.5.5.1 接地处理措施

根据研究成果，结合电站枢纽范围内电阻率分布情况，并考虑适当留有裕度，龙滩水电站采取以下接地处理措施：

（1）在龙滩水电站大坝上游水库中敷设约 800000m² 库区接地网，以保证接地电阻小于 0.189Ω，地网的电位升高小于 5kV。

（2）由于有色金属铜材价格较贵，采用 185mm² 铜包钢铰线作库区接地网接地线，并将库区接地网与上游围堰接地网、坝基接地网和进水口接地网可靠连接。

（3）为加强库区接地网与 500kV 开关站接地网的连接并有效降低散流回路的阻抗，采用 4 根 185mm² 铜铰线将 500kV 开关站接地网与库区接地网可靠连接。

（4）为保证接地线能沉入库底并在库底得到固定，在每根铜包钢铰线上每隔约 10m 固定 1 个沉重块，用拖船在库区水中敷设。

3.5.5.2 地网现场测量

龙滩水电站首台机组发电前，于 2007 年 4 月对电站地网接地阻抗进行了测量，龙滩水电站地网接地阻抗测试值为 0.168Ω，满足设计要求。

在前期 7 台机组全部投产发电后，于 2010 年 9 月对电站地网接地阻抗、接触电压和跨步电压进行了测量，测试结果表明：龙滩水电站地网接地阻抗、接触电压和跨步电压均满足设计要求，详见表 3-33 和表 3-34。

表 3-33 接地阻抗测量数据

频率/Hz	电压/V	电流/A	实测阻抗/Ω	实测均值/Ω	接地阻抗最终值/Ω	避雷线分流系数	设计值/Ω
55	0.520	3.07	0.169	0.164	0.178	8%	0.189
52	0.520	3.08	0.168				
48	0.492	3.04	0.162				
46	0.420	2.72	0.154				

表 3-34 接触电压和跨步电压测量结果

引流点	测量电流/A	测量接触电压/mV	测量跨步电压/mV	备注
500kV 龙沙甲线出线 A 相套管底座接地引下线处	3.80	21	16	接触电压和跨步电压的安全限值分别为 415.9V、855.1V
500kV 龙沙甲线出线 A 相阻波器支柱绝缘子底座	3.80	17	10	
500kV 龙平甲线出线 C 相套管底座接地引下线处	3.85	17	8	
500kV 龙平甲线出线 C 相支柱绝缘子底座接地引下线处	3.85	22	17	
500kV 龙平甲线出线 C 相 CVT 底座接地引下线处	3.86	18	19	
500kV 龙平甲线出线龙门架爬梯接地引下线处	3.88	25	15	
500kV 龙平甲线出线 C 相靠龙沙甲线侧中性点接地电抗器（预留的）接地引下线处	3.87	18	—	

3.5.6 主要研究成果

通过与高校合作研究，开发了实用高效的接地计算软件，提出了大型水电站接地网电位升高的最佳允许值，对影响水电站接地电阻的各种因素进行了分析、计算与比较，提出了龙滩水电站综合技术经济指标最优的接地处理方案，主要成果如下：

（1）对于类似龙滩水电站的大型水电站，其接地网的布置范围广，地质结构复杂，在接地计算中建立有限深度和宽度、水平和垂直方向复合分层的土壤模型是完全必要并且有效的。如果采用均匀或简单分层土壤模型计算则会造成极大的误差。

（2）因水库河水电阻率一般较低，坝前水库接地网是电站接地的主要散流体，敷设坝前水库接地网是降低接地电阻的有效途径。

（3）在大坝左右两岸高电阻率土壤中增设大面积接地网对降低龙滩水电站地网接地电阻收效甚微。因此，除非设备所必需，一般不应采用在岸上增设或扩大地网的办法来降低电站的接地电阻。

（4）根据龙滩水电站枢纽布置的特点，按常规设计的接地网接地电阻为 0.37Ω，不能满足要求，需采取专项接地处理措施，在坝前上游红水河中布置约 $360000m^2$ 铜接地网或约 $500000m^2$ 扁钢接地网，接地电阻可降低到 0.189Ω。

（5）当地网的电位升高不超过 5kV 时，弱电设备均是安全的。龙滩水电站接地网的最大电位升高可控制在不超过 5kV。

（6）龙滩水电站接地网如经专项接地处理后的接地电阻在 0.189Ω 以内，则地网的电位升高不超过 5kV，可满足电站安全运行要求。

（7）对地下厂房、主变压器室、500kV GIS 室、尾水调压室与尾水洞等均敷设接地网并充分利用自然接地体，如锚杆、引水压力钢管、闸门槽以及大坝、地下厂房、尾水洞和交通洞等土建结构钢筋。

（8）由于龙滩水电站入地短路电流大，接地装置电位较高，使接触电压和跨步电压增高，会危及人身安全，因此必须对高压配电装置的接地装置进行均压设计。主厂房、主变压器室、500kV GIS 室及出线平台等接地网均与楼板结构钢筋焊接，以加强均压作用。

（9）通过测试，龙滩水电站接地阻抗为 0.168Ω，表明研究成果在龙滩水电站的应用是成功的。

（10）开发的接地计算软件具有普遍的适用性，可以作为电站接地设计研究的有力分析工具，提高工程设计的质量和效率。

第 4 章

控 制 保 护

4.1 水电站监控系统

随着电网规模的不断扩大，以及水轮发电机组单机容量不断增加、结构复杂程度的提升，对水电站运行监控系统的功能、可靠性提出了更高的要求。

4.1.1 水电站监控系统设计分析

4.1.1.1 监控系统设计原则

监控系统设计需遵循以下原则：

（1）满足"无人值班，少人值守"水电站的要求，对全厂各主要机电设备进行自动控制和运行监视，保证设备安全、运行可靠。

（2）按电力系统调度自动化的要求和电站水库、机组运行条件实现全厂发电机组自动经济运行。

（3）对有关信息进行采集和处理，形成事件记录、运行报表，提高电站设备运行管理水平。

（4）与外部系统进行通信，接受有关调度部门对电站设备的调度，并将电站运行参数和状态上送有关调度系统。

（5）预留必要的通信接口，满足将来可能出现的系统接入需要。

（6）监控系统采用全开放、分布式模块化冗余结构，整个系统由主控级和现地控制单元级组成，采用成熟的、可靠的、标准化的硬件、软件、网络结构和汉化系统。

（7）监控系统应为容错设计，不会因任何一台机器发生故障而引起系统误操作或降低系统性能。各 LCU 也不会因主控级发生故障而影响 LCU 各自承担的监控功能。

（8）监控系统必须响应速度快，可靠性和可利用率高，可维护性好，先进、经济、灵活和便于扩充。

（9）监控系统与外部各系统的通信安全防护应满足国家电力监管委员会发布的《电力二次系统安全防护总体方案》的要求，具有有效的阻挡各种网络病毒和黑客攻击侵入的防护预警措施，确保系统的安全可靠。安全防护设备采用经国家有关部门认证的专用、可靠的安全隔离防护装置。

4.1.1.2 系统结构

系统结构可按照四层设计：现地控制层、厂站控制层、生产管理层和电站信息层。设置相应的网络进行全厂计算机和智能设备的数据交换，网络结构可分为现场总线网、控制网、管理网和信息网。由此形成的全厂监控系统分层分布式冗余开放结构可充分满足超大型水电站的应用需求，不同的功能分布于各个层次，不同的数据流在各自的网络中交换。监控系统的局部故障只影响系统局部功能，上层故障不会影响下层运行，可分层设置安全保护，各类数据分流互不干扰，提高整个系统的实时性、安全性、可靠性和可维护性。各分层和网络的分工如下：

（1）现地控制层。完成现场数据采集、处理和现地监控，在上一层发生故障时可独立完成相关设备的监视和控制。

（2）电站控制层。完成电站数据采集处理、全厂设备的监控、电站高级应用（AGC、AVC 等）、智能报警等全厂运行控制功能。

（3）生产管理层。运行日志、统计报表等生产管理功能。

（4）电站信息层。Web 数据服务、信息发布等功能。

（5）现场总线网。连接 LCU、控制子系统和现地智能设备，完成现地数据和控制指令传输。

（6）控制网。连接电站控制层和现地控制层，完成全厂现地控制层所有实时数据的上行传输和全厂被控设备控制指令的下行传输。此网数据量大、传输要求高，是监控系统中的主要网络。

（7）管理网。连接生产管理层和电站控制层，主要完成与生产管理有关的设备数据、统计数据、打印数据等管理类数据的传输。

（8）信息网。通过可靠的安全隔离连接电站信息层和生产管理层，完成 Web 服务数据、与电站其他管理系统交换数据的传输。

4.1.1.3　系统配置

考虑到系统可靠性，重要设备采用冗余配置，如控制网络、重要数据的采集、服务器和历史数据存储等设备采用冗余配置，并通过多种软硬件措施保证在设备故障时可实现无扰动切换，保障全系统的可靠运行。

（1）控制网。国内外的计算机监控系统目前基本采用分层分布式结构；监控系统网络多采用以太网（Ethernet）来连接中控层上位机设备（高性能 PC 机或工作站、服务器）和现地层控制设备。对控制网可采用冗余星型网络或冗余环型网络方案进行组网。以太网的物理拓扑结构型式主要有总线型、星型和环型 3 种基本形式，其中环形结构又衍生出双环形结构。

1）总线型结构。总线型结构采用单根传输线缆作为传输介质，网络中的所有节点都通过硬件接口直接连到该总线上，具有结构简单、可靠（传输介质为无源元件）、在不增加总线长度的情况下易扩展节点等特点；但总线型结构具有非集中控制、故障检测较困难、通信传输距离有限、扩展总线的干线长度较麻烦、分布式协议不能保证及时传送信息等缺点。因此，现在水电站计算机监理控系统一般不再采用总线型结构。

2）星型结构。星型结构是由中央节点和通过点到点链路连接到中央节点的各个节点共同组成。现地层各 LCU、电站中控层设备（各服务器、工作站等）作为网络节点，均通过以太网接口设备与以太网网络交换机相连组成 100M/1000Mbps 以太网；网络连接介质采用光纤，通信协议采用 TCP/IP；网络交换机采用 100M/1000Mbps 以太网网络交换机，交换机之间采用 1000Mbps 通信接口连接，交换机与现地层设备（各 LCU）、与电站中控层设备（各服务器、工作站等）之间均采用 100Mbps 通信接口连接。为了增强可靠性，网络设备一般冗余配置，形成双星型以太网。双星型结构的优点：分层分布开放式冗余结构可靠性高；系统内部的通信和访问协议简单可靠、利用中央节点易于重新配置网络（增减节点方便、且不影响已有节点运行）；单个节点故障不会影响整个网络，便于故障检测和维护；同时通过增加网关可方便地与其他系统网络进行连接。双星型结构的缺点：现地层控制设备之间（如机组 LCU 与机组公用 LCU 之间）需要进行数据通信时，需增加现场总线来实现，如无现场总线，则通信数据需先从机组 LCU 传输至中央节点（电站中控层网络交换机）、再从中央节点传输至公用 LCU。

3）环型结构。环型结构是由连接成封闭回路的各网络节点组成，每一节点与它左右相邻的节点连接。电站中控层设备（各服务器、工作站等）通过以太网接口设备与洞外中控室以太网交换机相连，现地层各 LCU 通过以太网接口接入其现场以太网交换机，与洞外中控室以太网交换机共同组成环形网络；网络连接介质采用光纤，通信协议采用 TCP/IP；网络交换机采用 100M/1000Mbps 以太网网络交换机，交换机之间采用 1000Mbps 通信接口连接，交换机与现地层设备（各 LCU）、与电站中控层设备（各服务器、工作站等）之间均采用 100Mbps 通信接口连接。环型结构的优点：分层分布开放式结构，系统内各节点连接简单，系统内部通信采用节点与其左右相邻的节点进行通信；当某个网络节点出现故障退出运行或某个网络节点网络通道及链路故障时，网络结构将自动转换为总线网络而无扰动运行，具有自愈性，不影响其他网络节点的运行，可靠性高。环型结构的缺点：较星型网络需增加现地层网络设备；增减节点需断开已有某两个节点之间的连接。

4）双环型结构。双环型结构是在单环型基础上，采用双网冗余结构。电站中控层设备（各服务器、工作站等）通过双以太网接口设备与中控室 2 套以太网交换机相连，现地控制层各 LCU 通过双以太网接口接入各自的 2 套以太网交换机，共同组成双环冗余的以太网网络；网络连接介质采用光纤，通信协议采用 TCP/IP；网络交换机采用 100M/1000Mbps 以太网网络交换机，交换机之间采用 1000Mbps 通信接口连接，交换机与现地层设备（各 LCU）、与电站中控层设备（各服务器、工作站等）之间均采用 100Mbps 通信接口连接。双环型结构除具有单环型结构的所有优点外，由于各网络节点[现地层各 LCU、电站中控层设备（各服务器、工作站等）]均以双接口接入网络，当其中一个网络出现故障退出运行时，还可通过另一个网络运行，具有很高的可靠性。

综上所述，环型网络中的现地层网络设备同时可以用来与现地控制设备以及与其他系统网络连接提供接口，设计更灵活、方便、易于扩展。同时，环型设计中，现地层控制设备之间的通信，直接通过通信通道在两者之间进行。双环型结构的现地层各 LCU 接入冗余网络，组成 2 套独立环型链路，一旦主环发生故障，可无扰动切换至备用环链路，可靠性大大增强。

（2）现地控制单元。现地 LCU 的配置基本原则与一般大中型水电站相仿，可以采用部分冗余的方式，如 LCU 要求 CPU 模板、电源模板、网络模件、部分开出模板采用冗余配置。但超大型水电站计算机监控系统中测温系统与常规水电站计算机监控系统相比又具有其特殊性，主要表现在测量点量大大增加，比如温度量采集，单台机需采集的温度量点超过 600 点，而普通 300MW 装机容量的水电机组的单机温度量采集一般是 100 点左右。在温度量采集数目大大增加的同时必须保证温度采集精度、刷新速率、抗干扰性等指标良好，对整个系统的设计提出了更高的要求；同时安全性要求更高，对于重要的开出量需采用专门的措施。

4.1.1.4 监控系统功能

监控系统主要功能分电厂主控功能、现地控制单元（LCU）功能和系统通信功能三大块，各控制又存在权限分配的问题。

1. 电厂主控级功能

电厂主控级的功能主要由系统数据服务器和操作员工作站完成。具体功能包括：

（1）数据采集和处理。

1）从各个 LCU 采集电厂各主辅设备的实时数据，包括模拟量、开关量、数码量、电度量、综合量和事件顺序记录（SOE）、越复限事件记录等，自动采集来自调度的数据、自动采集外接系统的数据信息。按收到的数据进行数据库刷新、更新实时数据库、报警登录。根据各 LCU 上送的事件，按时间顺序记入相应的一览表，运行数据存盘，历史数据保存，保证数据的连续性。

2）综合处理。系统根据设定的周期、定时或以事件触发方式对实时采集和处理后的数据进行综合处理。综合处理包括关系运算，逻辑运算、算术及函数运算。对采集到的各 LCU 的各种数据进行分析和处理，数据处理能够满足实时性要求。

3）测点数值及状态的人工设定。对于监控系统暂时无法采集到的信号，或某些时候由于变送器或接点故障而需要将相应测点退出等情况，监控系统允许运行值班人员或系统维护人员对这些测点进行人工设定，并在处理时把它们与其他正常采集的信号等同对待。监控系统可以区分它们并给出相应标志。

（2）运行监视和事件报警。

1）状态变化监视。所有开关量的状态改变都能够显示、记录，并可根据需要选择打印。

2）越/复限检查。电厂主控级能接受各 LCU 的越限报警信号，如模拟量越/复限、梯度越限、开关量状变和监控系统自诊断故障等各种信息。对于轻度越限，只发报警信号；对于严重越限，除发报警信号外，还作用于事故停机。越限的实时值恢复正常时，进行提示记录，越限值可在线整定。越限处理至少需要形成下述特征：越限点名称、越限时间、越限定值及实时值（可在线整定）。

3）过程监视。监视机组开、停机过程。在显示器上显示过程的主要操作步骤，当发生过程阻滞时，在显示器上显示阻滞原因，并将机组自动转换到安全状态或停机。对所有执行后的流程能够支持回放，便于事后分析。

4）趋势分析和异常状态在线实时监视。能够提供趋势分析功能以用于显示一些变量的变化，趋势分析程序能在趋势显示画面上以曲线形式显示趋势数据，及时发现故障征兆，实现状态监测和故障诊断，提高机组运行的安全性。提供在起动过程中发电机和水轮机轴承的温度—时间趋势监视，以及发电机在运行过程中推力轴承瓦温间温差监视，机组振动、摆度增大发展趋势监视，压力脉动趋势监视等。

5）事故和报警报告。事件顺序记录：反映系统或设备状态的离散变化顺序记录。对于因设备停运检修，控制操作电源断电等其他原因出现的故障，计算机监控系统能做出判断，并给出标志。事件和报警按时间顺序列表的形式出现。记录各个重要事件的动作顺序、事件发生时间（年、月、日、时、分、秒、毫秒）、事件名称、事件性质，并根据规定产生报警和报告。事件的排列是最新数据冲掉最老数据。事件和报警储存在站控级计算机的数据库内，根据操作员的需要将依以下的形式显示在屏幕上：过程事件表、过程报警表、系统列表。操作员能在事件、报警、和系统列表发生时手动或自动打印。事件按顺序并以规定的分辨率打印出发生事件的时间。

6）事故追忆和相关量记录。系统始终存储事故发生前20个采样点和事故后20个采样点的主要参数及数据采样值，每个采样周期为1s。事故追忆值为出线线路有功和无功功率、三相线电压、三相电流及频率；主变零序电流和主变温度；发电机定子三相电压、三相电流、一个线电压、转子电压和电流、有功功率、无功功率、转速、导叶开度、流量等。当发生紧急事件时，如保护装置动作、机组事故停机等，自动推出相应画面和事故处理指导和恢复操作指导，画面闪光和变色，打印事故追忆记录。相关量记录：当出线线路、发电机、主变发生事故时，监控系统同时记录各参数的对应数值。当机组推力轴承上导、下导、水导、定子线圈温度、机组振、摆度越限报警时，同时记录该机组的上述参数值。

（3）人机接口功能。人机接口功能主要包括画面显示、操作运行、故障报警、打印记录等。

上位机的显示器对主要运行参数、事故和故障状态等以数字、文字、图形、表格的形式组织画面进行动态显示。主要画面包括各类菜单画面，电站电气主结线图（其中主要电气模拟量能以模拟表计方式显示），机组及风、水、气、油系统等主要设备状态模拟图，机组运行状态转换顺序流程图，机组运行工况图（P-Q图）、各类棒图、曲线图，各类记录报告，操作及事故处理指导，计算机系统设备运行状态图等。实时显示电站内主系统的运行状态、主要设备的动态操作过程、事故和故障、监控系统异常（包括LCU、通信通道、主站级设备故障等）有关参数和运行监视图、操作接线图等画面，以及趋势曲线，各种一览表、测点索引等，定时刷新画面上的设备状况和运行数据，在电站设备状态变化、运行参数异常或监视系统异常时，向运行人员指示出详细、准确的信息。且对事故报警的画面具有最高优先权，可覆盖正在显示的其他画面，事故时自动推出画面和处理指导。并可经运行人员的召唤，显示有关历史参数和表格等。

运行人员和系统管理人员按口令登录系统，不同职责的运行和管理人员有不同安全等级和操作权限。借助于键盘和鼠标，可查询电站的实时生产过程的状况或征询操作指导意见，将有关参数、条文用画面显示或打印出来，通过画面显示的图形、数据的实时变化、闪光和报警语句监视电站的实时运行状况，并可通过图形上的软功能键对电厂的运行过程发出控制命令。可发出机组启/停、有功功率增/减、无功功率增/减、断路器分/合闸命令，隔离开关的分/合等命令，调度和中控室工作方式选择切换（主站级与现地控制单元的控制方式切换在现地LCU屏上进行），顺控全自动工作方式和顺控分步自动工作方式选择切换，机组参与有功或无功成组调节投切，外围设备操作等，并可设置和修改各项给定值和限值。交互产生或修改用于实时显示的图形文件及相应图形库，符号库和汉字编辑。

当出现故障或事故时，系统立即发出报警和显示信息，报警音响将故障和事故区别开来。音响可手动或自动解除。报警显示信息可在当前画面上显示报警语句（包括报警发生时间、对象名称、性质等），显示颜色随报警信息类别而改变。若当前画面具有该报警对象，则该对象标志（或参数）将闪光并改变颜色。闪光信号在运行人员确认后解除。

当出现重要故障和事故时，监控系统除了产生上述规定的报警之外还将产生电话语音自动报警。电话语音自动报警可根据预先规定进行自动拨号，拨号顺序按从低级到高级方式进行，当某一级为忙音或在规定时间内无人接话时，自动向其高一级拨号，当对方摘机后，立即告诉对方报警内容。电话语音自动报警至少支持 8 路同时自动拨号。并能通过移动通信卡向预先规定手机用户发送短信，告诉对方报警内容，并支持群发功能。

（4）自动发电控制（AGC）。电站自动发电控制（AGC）是指按预定条件和要求，以迅速、经济的方式自动控制电厂有功功率来满足系统的需要。根据水库上游来水量或电力系统的要求，考虑电厂及机组的运行限制条件，在保证电厂安全运行的前提下，以经济运行为原则，确定电厂机组运行台数、运行机组的组合和机组间的负荷分配。AGC 主要功能包括：按负荷曲线方式控制全厂有功功率和系统频率；按给定负荷方式控制全厂总有功负荷；联络线的输送功率保持或接近规定值；调频功能；经济运行；机组启停指导。

AGC 需充分考虑电站运行方式，具备有功联合控制、电站给定频率控制和经济运行等功能。有功联合控制系指按一定的全厂有功总给定方式，在所有参加有功联合控制的机组间合理分配负荷；给定频率控制系指电站按给定的母线频率，对参加自动发电的机组进行有功功率的自动调整；经济运行系指根据全厂负荷和频率的要求，在遵循最少调节次数、最少自动开、停机次数前提下确定最佳机组运行台数、最佳运行机组组合，实现运行机组间的最佳负荷分配。在自动发电控制时，能够实现电站机组的自动开、停机功能。

自动发电控制能实现开环、半开环、闭环三种工作模式。其中开环模式只给出运行指导，所有的给定及开、停机命令不被机组接受和执行；半开环模式指除开、停机命令需要运行人员确认外，其他的命令直接为机组接受并执行；闭环模式系指所有的功能均自动完成。

AGC 自动发电控制能对电站各机组有功功率的控制分别设置"联控/单控"控制方式。某机组处于"联控"时，该机组参加 AGC 联合控制，处于"单控"时，该机组不参加 AGC 联合控制，但可接受操作员对该机组的其他方式控制。自动发电给定值有如下几种方式：给定总有功功率、给定日负荷曲线、给定频率、给定系统频率限值。

自动发电控制可采用如下三种算法：修正等功率法、等微增率法、动态规划法。实际运行时可根据实际情况在三种算法中切换，无论哪种算法，均考虑电站、机组等各个方面的约束条件。每种算法的运算周期小于1.0s。当电站处于调频模式时，可根据不同系统负荷的时段（峰段、谷段、平段）采用自适应式 ΔP 与 Δf 比例算法。

自动发电控制的约束条件包括以下内容（但不限于此）：电站上下游水位、下游水位单位时间内的变幅、电站当前接入系统的方式、机组气蚀区、机组振动区、机组最大负荷限制、机组开度限制、线路负荷限制、机组事故、机组的当前状态（健康状态、累计运行时间、连续停机时间、相应辅助设备状态）、带厂用电机组优先运行、全厂旋转备用容量、负荷调整频度最少、自动开停机频度最少、全厂耗水量最少、厂内机组事故情况下首先使用全厂旋转备用容量同时根据情况决定是否采用冷备用机组容量。其中机组气蚀区、机组振动区、机组最大负荷限制等是随水头变化的非线性函数。依据水头的变化（水头的变幅是可设定的），振动区范围、个数等可以重新自动/手动设定。

不具备自动发电控制的机组自动退出自动发电控制。自动发电控制允许运行人员通过人机接口投入或退出。

（5）自动电压控制（AVC）。电站自动电压控制（AVC）是指按预定条件和要求自动控制电站母线电压或全站无功功率。在保证机组安全运行的条件下，为系统提供可充分利用的无功功率，减少电站的功率损耗。AVC主要功能包括：按给定无功方式控制全厂无功负荷分配，满足系统对电厂的无功功率要求；按照中调/当地给定的母线电压值，对全厂无功进行分配，使母线电压维持在规定的范围内；保证机组无功功率及机端电压在稳定运行范围内。AVC按无功容量成比例原则分配运行机组无功功率。

自动电压控制能根据电站开关站母线电压，对全厂无功进行实时调节，使开关站母线电压维持在给定值运行，并使电站无功在运行机组间合理地分配。

AVC对电站各机组无功功率的控制，按机组分别设置"联控/单控"方式。当某机组处于"联控"时，该机组参与AVC联合控制，当某机组处于"单控"时，该机组不参与AVC联合控制，但可接受其他方式控制。AVC对机组的"联控/单控"控制方式可由电站操作员设定。自动电压给定值有如下几种方式：母线电压限值；运行人员（包括电站和调度）给定母线电压值；运行人员（包括电站和调度）给定无功设定值。

自动电压控制算法采用自适应式 ΔQ 与 ΔU 比例算法，当开关站母线电压高于给定值时，减少电站无功，当开关站母线电压低于给定值时，增加电站无功。无功分配可按等无功功率或按等功率因素分配，并可根据电站无功偏差的数值，选择部分或全部的运行机组参加调节，避免机组调节频繁。计算周期小于1.0s。

自动电压控制的约束条件包括（但不限于此）：机组机端电压限制；机组进相深度限制；定子绕组发热限制；转子绕组发热限制；机组最大无功功率限制。

（6）经济运行（EDC）。经济运行程序根据AGC给出的全厂总有功功率（或总日负荷曲线）设定值，以发电耗水量最小为优化准则，计及各种约束条件，确定本站的最佳负荷分配，开机台数、开停机顺序以及机组间负荷的优化分配，进行机组的自动开停机控制与负荷调节。

具体实施中，经济运行根据机组水头-出力、效率曲线，确定当前水头下全厂负荷的最佳开机台数，同时考虑下列约束条件进行机组最佳组合和最优负荷分配。优化方式可采用按等功率方式、等开度方式或等微增率方式。

约束条件包括：机组特性、水库水位、机组气蚀区和振动区、机组停机连续备用时间、机组运行时间、系统变压器中性点接地点数、带厂用电机组优先运行、设定的机组开停机顺序、设定的机组功率限值、设定的全厂有功备用容量等。

经济运行可根据全厂运行方式设置实现闭环控制，亦可开环指导。

（7）系统自诊断和自恢复功能。系统具备自诊断能力，在线运行时对系统内的硬件及软件进行自诊断，并指出故障部位。自诊断内容包括以下几类：

1）计算机内存自检。

2）硬件及其接口自检，包括外围设备、通信接口、各种功能模件等。当诊断出故障时，自动发出信号，对于冗余设备，能自动切换到备用设备，当以主/热备用方式运行的双机中的主用机故障退出运行时，备用机不中断任务且无扰动地成为主用机运行。

3）软件及硬件的自恢复功能。

4）掉电保护。

5）远程诊断和维护。计算机监控系统具有远程诊断和维护功能，可在异地通过网络对厂站级计算机和现地控制单元进行在线诊断和远程维护、组态。

（8）电站运行维护管理及指导功能。积累电站运行数据，为提高电站运行、维护水平提供依据。其内容包括：

1）定时计算各机组的效率，并根据实际的典型日负荷曲线，计算各机组的加权平均效率。

2）逐日累计各机组及全站发电量和全站用电量，并计算电站运行效率。

3）累计并记录机组主机和辅机启/停次数、检修次数及时间。

4）累计并记录机组功率因数、功率总加、水头等。

5）峰谷负荷时的发电量分时累计。

6）累计并记录主变压器、500kV GIS、断路器等主设备运行时间、动作次数、正常停运时间、检修次数及时间。

7）分类统计机组、变压器、500kV GIS、500kV 线路、电站厂用电 10kV 系统和电站 220V 直流系统等主要设备所发生的事故和故障记录。

8）油、气、水系统及进水口快速事故门等的启动间隔，每次运转时间等的记录。

9）电气、机械保护定值修改记录。

10）趋势分析记录。

11）其他运行管理需要的数据积累和记录。

12）事故处理指导。

13）操作票自动生成。

14）操作防误闭锁。

15）操作指导。

2. 现地控制单元（LCU）功能

为实现对各自生产对象的监控，各 LCU 的 CPU 完成各自 LCU 的管理，并实现全开放的分布式系统的数据库和实现 LCU 直接上网。

各现地控制单元具备较强的独立运行能力，在脱离主控级的状态下能够完成其监控范围内设备的实时数据采集处理、设定值修改、设备工况调节转换、事故处理等任务，要求处理速度快、有容错、纠错能力，并带有其监控范围内的完整的数据库。所有 LCU 均采用交流/直流两回电源供电，任一回路有电时，LCU 均能正常工作。LCU 所有的 I/O 模板均为智能 I/O 模板。

（1）现地控制单元一般功能要求。

1）数据采集及处理：

（a）采集被控设备各模拟量、温度量、开关量和脉冲量并存入机组 LCU 数据库中，记录机组的启停次数和运行时间。

（b）将采集到的模拟量数据进行滤波、数据合理性检查、工程单位变换、模拟数据变化（死区检查）及越限检查等，根据规定产生报警并上送主控级。

（c）将采集到的状态量、电气保护报警量即时上送主控级。

（d）进行自动事件顺序记录。

（e）对采集到的非电量（如温度量、压力等）进行越限检查，及时将越限情况和数据送往主控级。

（f）根据采集到的脉冲量，分时计算有功和无功电量，并上报主控级。

（g）根据主控级的要求上送数据。

2）监视显示：

（a）各 LCU 中配备彩色液晶触摸显示屏，显示设备的运行状态及运行参数。

（b）在显示屏上显示有关设备操作和监视画面、趋势图、各种事故及故障报警信息等。

3）控制与调节：按被控对象工艺流程进行自动控制和调节。

4）音响报警：LCU 上装设有反映被控对象的事故、故障、越限等状态的不同音响的报警装置。

5）通信功能：

（a）LCU 与主控级的通信，将 LCU 采集到的数据及时准确地传送到主控级计算机中，同时接收主控级发来的控制和调节命令，并将执行结果回送主控级。

（b）LCU 接收主控级的同步时钟信号，以保持与主控级同步。

（c）LCU 通过现场总线与被控对象的智能设备进行通信。

（d）LCU 设置与便携式工作站通信的接口，用于 LCU 的调试。

6）自诊断功能：

（a）LCU 能在线和离线诊断下列硬件故障：CPU 模件故障；输入/输出模件故障；接口模件故障；通信控制模件故障；存储器模块故障；电源故障。

（b）LCU 的软件自诊断能在线和离线诊断定位到软件功能模块并判明故障性质。

（c）当诊断出故障时，能自动闭锁控制输出，并在 LCU 上显示和报警，同时将故障信息及时准确地上送主控级。

（d）进行在线自诊断时不影响 LCU 的正常监控功能。

（2）机组 LCU 的功能。机组 LCU 除满足一般功能要求外，还应满足以下要求：

1）水轮发电机的控制与调节。机组 LCU 设置必要的现地监控设备完成现地监控功能，也能接收主控级的命令完成远方操作控制任务。

（a）机组开机顺序控制：包括单步开机至并网发电控制和一个命令连续开机至并网发电控制两种顺控方式。

（b）机组停机顺序控制：包括单步停机控制和一个命令连续停机控制两种顺控方式。

（c）机组 LCU 屏上装设有实现机组 LCU 单步和连续开机/停机操作和监视的设备。

（d）机组 LCU 应具有在开、停机过程中，中断顺控程序后能直接进行停机的功能。

（e）机组同期：每台机组设有一套双微机单对象自动/手动准同期装置，作为发电机断路器和主变高压侧断路器同期并网用，同时还有一套手动同期装置，手动准同期仅考虑在机旁进行，它借助于机组 LCU 屏，由人工实现机组同期并网，为了避免机组任何非同期并网的可能，每台机均设有同期检查继电器，作为机组并网时相角鉴定的外部闭锁。

（f）机组事故停机及紧急停机控制：机组 LCU 接到机组事故停机或紧急停机命令后，启动事故停机或紧急停机程序，进行事故停机或紧急停机控制。

（g）能按电力系统稳定装置的命令自动启动机组或切除机组负荷。

（h）机组辅助设备的控制。

（i）发电机、变压器断路器的分/合操作。

（j）机组有功功率/转速调节。

（k）机组无功功率/电压调节。

（l）各种整定值和限值的设定。

（m）机组的自动准同期和手动准同期并网操作。

（n）机组进水口闸门控制。

2）水力机械保护：

（a）机组 LCU 屏上还装设独立于计算机监控系统的机组水力机械事故停机和紧急停机的常规设备及电气回路。

（b）当机组发生水力机械事故或按下事故停机按钮时，一方面应将此事故信号输入计算机监控系统中，启动机组事故停机程序进行事故停机；另一方面应启动常规水机保护，直接作用于跳机组出口断路器、机组调速器关闭导水叶和励磁系统跳灭磁开关。

（c）当机组发生水力机械紧急事故或按下紧急停机按钮时，一方面应将此紧急事故信号输入计算机监控系统中，启动机组紧急事故停机程序进行紧急停机；另一方面应启动常规水机保护，直接作用于跳机组出口断路器、机组调速器关闭导水叶、励磁系统跳灭磁开关和关闭机组进水口快速闸门。

（d）对机组各种水力机械事故停机信号，包括事故停机按钮的信号，如果其中某个现场信号只有一个接点输出，则应在 LCU 屏上加装此信号的信号继电器，信号继电器的接点输入计算机监控系统。

（e）对机组各种水力机械紧急事故信号，包括紧急停机按钮的信号，如果其中某个现场信号只有一个接点输出，则应在 LCU 屏上加装此信号的信号继电器，信号继电器的接点输入计算机监控系统。

（f）对机组各种水力机械故障信号，可直接将故障信号输入计算机监控系统中。

(g) 水力机械保护回路的电源独立取自电厂直流系统 DC 220V。

3) 开关站 LCU 的功能。开关站 LCU 除满足一般功能要求外，还应满足以下要求：在开关站 LCU 设置必要的现地监控设备完成现地监视控制功能，也能接收主控级的命令完成远方操作控制任务。同时，应按开关设备的闭锁要求自动闭锁，防止误操作。操作内容如下：

(a) 开关站各断路器的分/合操作。

(b) 开关站各隔离开关的分/合操作。

(c) 开关站各接地开关的分/合操作。

(d) 主变压器中性点接地开关的分/合操作。

(e) 开关站各断路器的自动准同期和手动准同期合闸操作：自动准同期和手动准同期装置对于不同的同期点应能自动切换不同的同期电压及合闸对象。

4) 公用设备 LCU 的功能。公用 LCU 除满足一般功能要求外，还应满足以下要求：

(a) 高、低压气机的启动/停止操作。

(b) 各种水泵的启动/停止操作。

(c) 各种风机的启动/停止操作。

(d) 其他需要计算机监控系统操作的电机的启动/停止操作。

5) 交流厂用电系统 LCU 的功能。交流厂用电系统 LCU 除满足一般功能要求外，还应满足以下要求：

(a) 10.0kV 厂用电系统各断路器的分/合操作。

(b) 0.4kV 厂用电进线及母联断路器的分/合操作。

(c) 高、低压厂用电系统各种运行方式确定。

除此以外由于超大型水电站厂用电系统结构复杂，需实现多级备自投，专用的备自投装置并不适合，需在硬件和软件中采取措施厂用电多级备投功能。

3. 系统通信功能

(1) 监控系统与厂外系统通信包括与电网调度中心 EMS 的通信、与省中调 EMS 的通信、与远方控制中心计算监控系统的通信。

(2) 调度通信工作站与调度 EMS 的通信状态能在操作员工作站上显示；调度通信工作站与调度通信出现故障时能报警提示；调度通信工作站上能显示与调度通信的报文状态。

(3) 监控系统与厂内其他系统的通信包括：电站 MIS 系统；厂内通风空调控制系统；机组状态监测系统；大坝闸门控制系统；与保护信息管理系统的通信。

(4) 监控系统通信还包括：厂站级计算机节点间的通信、电站级与现地控制单元的通信、与时钟同步系统通信、机组 LCU 与机组调速器、励磁系统、继电保护的通信；开关站 LCU 与线路及母线设备继电保护管理系统的通信；公用设备 LCU 与电站直流系统、高压气机控制系统、低压气机控制系统、渗漏排水控制系统、检修排水控制等系统的通信。

(5) 监控系统通信满足下列基本要求：

1) 通信采用开放式网络协议，支持 TCP/IP。

2）在通信协议规定的数据块传送结构中，报文类型定义可按报警点数据、事件顺序记录点数据、状态点数据、模拟点数据、脉冲累加点数据、控制及校核数据等划分。

3）时钟信号能按卫星传送的同步时钟命令校准，并能周期性地传送和校正系统内各级时钟。

4）通信软件能监视通信通道故障，并进行故障切除（停止通信）和报警。

4．各级控制权限分配

控制调节方式设现地控制方式、主控级集中控制方式和上级调度部门控制方式。

控制调节方式的优先级依次为现地控制级、厂站控制级和远方控制/省调控制级/网调控制级。控制方式通过切换开关或软功能键切换，并设相应闭锁。原则上，上一级可以要求下一级切换到上一级，但只有下一级进行相应切换后，上一级才能容许进行操作和调节。

现地控制单元 LCU 既作为电站监控系统的现地控制层，向电站级、远方控制/省调控制级/网调控制级上行发送采集的各种数据和事件信息，接受电站级、远方控制/省调控制级/网调控制级的下行命令，对设备进行监控，又能脱离电站级、远方控制/省调控制级/网调控制级独立工作。因此在系统总体功能分配上，数据采集和控制操作的主要功能均由 LCU 完成。其他的功能如电站运行监视、事件报警、AGC、AVC、与外系统通信、统计记录等功能则由电站计算机监控系统完成。

正常运行时，由厂站控制级对全厂设备进行监视和操作，接受调度给定的电厂总有功功率和总无功功率，由电厂 AGC 和 AVC 进行机组间负荷分配和经济运行，必要时由上级调度级对机组进行调节，并参与调度 AGC。紧急情况或现场试验、调试阶段可采用现地控制方式。

4.1.1.5 监控系统软件开发

1．基本原则

为确保软件的可靠性、先进性、实用性和开放性，软件系统从规划设计到实现均应遵循下列基本原则：

（1）将国际上的新技术和先进理念与国内超大型电站的应用需求相结合，使系统既具有先进性又符合中国国情，满足超大型水电站的应用。

（2）遵循国际开放系统标准，使系统具备更好的兼容性。

（3）引入跨平台软件设计，使系统具备更广的软硬件平台选择空间和更好的功能延展性。

（4）将在其他大中型水电站应用的成功经验融入系统核心并与最新技术相结合，提供高可靠性的完善的实用系统。

（5）开发强有力的组态工具，提高系统开发和维护的便利性，大幅度减轻开发和维护工作量。

（6）采用符合国际和国家标准的接口规范，提供良好的系统扩充能力。

（7）充分考虑电力二次系统安全防护问题，在确保系统网络安全的同时完成与外系统的数据交换。

（8）系统具有较强的软硬件集成能力，方便用户以后添加新的硬件设备或软件功能。

（9）充分考虑系统与工程实施的结合，在系统构成和软件功能投运上与现场工程进度密切相融合。

2. 软件结构设计

软件架构设计的主要目标：最大化的重用；尽可能的简单明了；最好的实时性和可靠性；最灵活的拓展性；可维护性和易用性。在逻辑架构设计和物理架构设计时充分考虑超大型水电站计算机监控系统具体情况合理地划分软件层次、子系统和模块，设计进程调度、线程同步、进程或线程通信、标准接口以及数据的分布、共享、传输等。在分布式对象计算的总体架构下集成传统 Client/Server 和三层次的 Client/Server 两种模式，可依系统的具体软件/硬件配置灵活设置。在生产管理部分采用基于 J2EE 架构设计的多层 B/S 模型构建整个子系统，具有平台无关性和良好的可伸缩性、易维护性，增加 Web 服务器，构成四层结构，可大大提高了整个子系统的安全性。

由此形成的系统其功能和数据在系统内节点上可灵活配置，可根据需求配置各节点的任务和数据，并且可配置成功能分散模式、功能冗余模式、负载均衡模式，以提高具体运行环境下的系统实时响应性能和安全可靠性。

3. 支撑软件

（1）操作系统。超大型水电站监控系统中数据服务器一般选用高性能的 UNIX 服务器或 UNIX 工作站，采用 64 位 UNIX 操作系统；操作员站、工程师站、通信服务器、电话语音报警站等其它计算机可以根据具体需要选用 UNIX 工作站或 PC 机。

（2）开发系统。开发系统提供多种工具及管理程序，满足各种应用系统的开发需求。C、C++、Java 等高级语言编译系统及交互式可视化环境提供了较强的编程能力和各式各样的工具，开发用户接口可设计直观、灵巧、风格一致的应用程序。提供了实现多进程、多线程的开发手段，极大地满足了多种高效并发处理的客观需求。提供了具有国际标准的 C、C++、Java、TCP/IP、ODBC、SQL 等软件接口，使得应用程序具有跨平台的广泛应用环境。还提供了符合 IEEE 61131 标准的 PLC 编程软件，使控制编程更加规范、通用。

4. 监控系统应用软件

监控系统应用软件是实现监控系统各种应用功能的必备软件，它提供了对生产过程的监视、控制和管理的基本功能。监控系统应用软件组成如下：

（1）数据采集。

（2）实时数据库和数据处理。

（3）控制和调节。

（4）人机界面。

（5）历史数据和生产管理软件。

（6）网络通信及冗余软件。

（7）自动发电控制（AGC）。

（8）自动电压控制（AVC）。

（9）经济调度（EDC）。

（10）运行管理。

（11）智能铺设监视。

（12）操作票管理。

5. 面向对象的原则

（1）面向对象的软件。面向对象的监控系统软件设计是在面向过程的设计方法上演变和扩展而成的。既然监控的对象是水电站及其设备和生产过程，描述功能的方法是要能提供给电厂的工程技术人员使用，那么外部描述方法特性当然是用最适合于监控对象，并最方便于电厂技术人员使用的方法为佳。这里数学的方法，计算机概念均被封装到一个黑盒子中去了。设计控制功能时面对的是水电站、发电机、变压器、线路等设备和它们的运行状况、参数、条件、要求等等，是最直观、直接的语言、方法、图形。面向对象的监控系统软件是超大型水电站监控系统的必然选择，代表了最新的设计思想和技术。

在监控系统软件中，将水电站实际生产管理中运行、维护人员非常熟悉的设备抽象为监控系统中的对象，如水轮发电机组、变压器、输电线路、开关、辅助设备等。软件从系统设计、系统实现语言的选择、用户界面定义等一系列过程都依据面向对象的设计理念、原则和技术。具有以下优点：

1）运行人员面对的是平时所熟悉的设备对象（水轮发电机组、变压器、断路器、隔离开关等），进入相关对象后就可以得到所关心的有关对象的各项运行参数，如机组的有功功率、无功功率、机端电压、功率因素等。

2）执行控制操作时，直接在相关画面上选取欲操作的对象，系统中相应的对象处理软件能自动进行动态校核，给出允许操作或不允许操作的明确提示，减少了误操作的可能性。特别是在紧急情况下，由于思想紧张而造成的误操作。

3）现场信号与相关对象建立了映射关系，不再是作为独立事件出现。一旦有信号动作发生，系统会自动根据关联对象的状态来决定应该启用何种相应的处理对策，如一些信号在机组对象处于开停机工程中时可以不予理会；另一些信号在监视对象处于检修状态时，是要登入专门的记录表中的等。

4）维护人员在监控系统维护中进行的工作也都是围绕着对象进行的，从集控中心数据库组态、到显示画面组态等都提供了面向对象的组态工具。这些工具都具有易学易用、方便快捷的特点。如画面中的对象可以方便地复制、保存、抽取，对象组件放在容器中可自动调整等。

（2）面向对象的组态工具软件。通过组态工具软件，用户无需对操作系统命令深入了解，也不需要复杂的编程技巧，不论是在 UNIX 系统上还是在 Windows 系统上，都可通过组态界面十分方便地完成：数据库测点定义、对象定义、现地控制单元的各种 I/O 模件定义、处理算法定义、通信端口、通信协议的定义，顺序控制流程生成、检测、加载等各种功能的应用定义以及维护，很多功能只需点击鼠标进行选择，既快捷方便，又避免了使用编辑程序难免产生的输入错误，真正体现了系统服务的面向对象、可靠、开放、友好、可扩展和透明化。极大地提高了运行、维护人员对监控系统开发（或二次开发）、使用和维护的便利性，大大减轻了维护工作量；使系统不仅满足目前的应用需求，还可以根据将来的需求进行扩展；提高了系统的可用性、可维护性、可扩展性和可靠性。典型组态软件功能如图4-1所示。

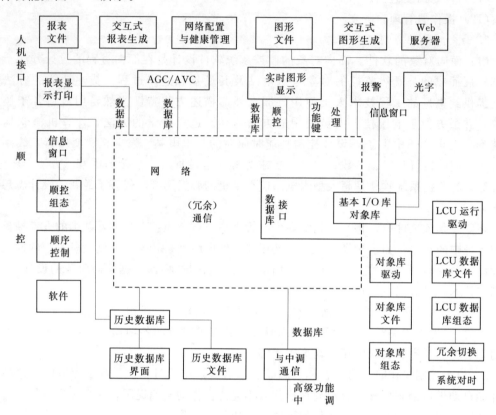

图4-1 典型组态软件功能框图

6. 系统实时数据库

系统实时数据库为网络型全分布式数据库，所有数据共享都通过网络通信来实现。系统数据库服务器保留完整的系统实时数据和历史数据库，其他各点一般只保留与本节点功能有关的实时数据库。数据库包括：实时数据库、暂存数据库、画面及报表格式数据库、计算数据库、预置数据库、汉字库、图形符号库等，这些数据库，构成了监控系统数据资源中心。

实时数据库主要存放LCU采集送上来的所有实时数据，它是监控系统数据库中最主要的数据库，其采用按LCU单元存储的结构。对实时数据库的操作有：按点名或逻辑名修改、存取一个记录，设置记录的某些特征值和状态，读记录状态等。

画面显示及报表格式数据库存放各种画面定义文件和表格格式定义文件。

报表格式数据库存放用户的各种打印报表格式。

计算数据库用于存放由各种计算功能得到的数据。

预置数据库用于存放预置的参数限值，参数约定及显示、打印定时等约定。

图形符号库用于存放系统及用户画面中常用的图形符号。

7. 系统历史数据库

超大型水电站计算机监控系统历史数据库宜采用大型商用关系型数据库。

（1）历史数据库软件组成。历史数据库软件系统分为如下几个部分：

数据库服务软件、监控系统客户端软件、Java 接口程序、一览表查询软件、事故追忆查询软件、报表生成查询软件、历史曲线查询及其他相关软件。历史数据库管理系统采用 ORACLE RDBMS，该数据库同时在两个系统工作站上运行，并满足监控系统内所有用户的访问需求。历史数据库软件系统组成如图 4-2 所示。

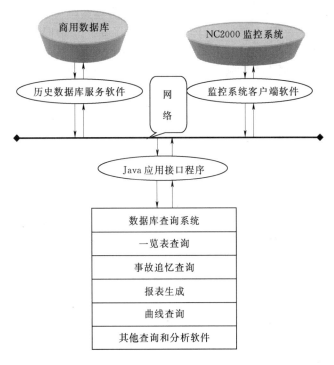

图 4-2　历史数据库软件系统组成

历史数据库服务软件与商用数据库实现无缝连接，并使用连接缓冲池技术，具有高速处理数据能力。另外，商用数据库提供了开放式数据库连接（Open Database Connection，ODBC）和 Java 数据库连接（Java Database Connectivity，JDBC）等通用的数据库访问接口，方便编程扩展应用。

监控系统客户端软件负责从监控系统中采集数据，监视监控系统中发生的事件并将收集到的数据送往历史数据库软件。它与监控系统软件实现了无缝的结合。

Java 应用接口程序为所有查询软件提供必要的和统一的数据访问接口。

以上软件均通过网络进行高速网络连接。

（2）历史数据库的生成与数据采集和存储。数据采集由监控系统客户端软件完成。该软件与监控系统实现无缝连接，定时采集监控系统中的模拟量、温度量等等非状变量的数据，并实时监视监控系统中发生的各种事件信息（如开关变位、油泵起动/停止、事故、故障、数据越限/复限等），并将这些信息送往历史数据库服务程序。数据存储由历史数据库服务程序完成，它收到监控系统客户端软件的信息后，对信息进行分类、记录、统计等各项运算，并存储其运算结果。

（3）历史数据库查询系统。

1）报表查询。可以使用报表生成软件来自主定义报表内容及格式，并指定要查询的数据。然后再进行查询，在查询时只需指定时间，就可以得到自己满意的报表，方便又直观。

2）曲线查询。使用曲线查询软件，可以任意指定曲线查询时间端和查询测点，查询测点可以任意组合，并可以指定各个曲线的颜色。曲线查询主要针对定时采集的模拟量、温度量等数据。通过该方法，可以得到机组负荷曲线、全厂负荷曲线、设定负荷曲线、水位变化曲线、温度变化曲线、电流/电压变化曲线等多种曲线。

3）一览表查询。一览表查询软件主要用来查询监控系统中发生的各种事件信息。可以按时段查询各项记录，也可以按时间内容中的字符来查询记录。

一览表包括：状变一览表、事故一览表、故障一览表、越复限一览表、铺设起停一览表、操作一览表、流程信息一览表等多种一览表信息。也可以将这些一览表合在一起进行查询。

在查询一览表时，可以按机组进行分别查询，也可以查询全厂/全站的一览表信息。

所查询的一览表在信息显示时，将自动按照事件发生的时间逆序排列。

4）事故追忆查询。

事故追忆是为电厂/电站发生事故时，由历史数据库记录下的在事故发生前和事故发生后的一系列相关参数。这些包括机组的状态、有功、无功、电流、电压、开关位置、温度、铺设状态等等电气量和非电气量信息，另外还包括事故记录启动原因、启动时间等。为事故后分析事故原因提供可靠的帮助。

事故追忆查询软件启动后，将自动与历史数据库服务系统进行连接，并读取历史数据库中的事故追忆记录的信息（包括事故追忆名称，各种事故追忆记录的总数及未读信息个数，各项事故追忆的发生时间）。查询信息都可以进行打印，并且是所见即所得。

5）历史回放。历史回放是监控系统中的图形显示软件与历史数据库服务系统相结合的一种查询方案。在图形显示软件中，将其设定为历史回放状态，并且指定回放时间段，即可以显示在该时间段内电厂/电站各个测点或铺设的状态变化，重现了历史的电厂/电站运行状态。

6）历史数据备份和恢复。随着电厂生产管理水平的不断提高，所需保存的信息数据日益增多，历史数据占有的存储空间将非常大。历史数据备份功能，可以将较远久的（如去年的）历史数据备份到其他存储介质，需要时再将备份介质上的历史数据在监控系统内或监控系统外的计算机上进行恢复，进行各种查询、显示和打印输出。

（4）冗余历史数据库服务。当历史数据库为冗余配置时，采用主从运行方式。历史数据库在此状态下，由历史数据库服务软件决定主从状态，监控系统客户端软件只与主历史服务程序连接，并传送数据。数据的主从备份由历史数据库服务软件自动完成。

4.1.2 设计难点及关键技术

4.1.2.1 开出量输出冗余保护技术（开出重漏选技术）

PLC输出回路的典型接线方式通常采用PLC生产厂家提供的接线图，如图4-3所示。在各现地控制单元中，PLC的开出模件通常选用晶体管输出型和继电器接点输出型模件。

晶体管输出型模件由于采用光电隔离器件，因此具有输出响应时间极小，反应灵敏，使用寿命长的特性，被广泛地使用。但晶体管输出回路在受到超出最大工作电压的冲击下容易被击穿。

继电器接点输出型模件由于可应用于不同回路、不同电源间的输出，且可省却中间继电器环节，也在许多应用当中得到使用。但模件内的继电器接点容量较小，且接点的接通与断开为机械动作，容易在过电流时将接点粘连，或在直流回路中拉弧将接点烧毁，或频繁动作导致寿命缩短。从以上 PLC 开出模件的分析中可以看出，无论使用何种模件，都存在由于晶体管击穿或继电器接点粘连等原因引起的非正常输出。

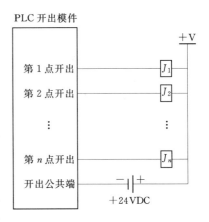

图 4-3 PLC 输出回路的
典型接线方式

监控系统输出操作过程是经逻辑判断 PLC 的开出模件动作激励开出继电器动作，通过开出继电器控制现场设备动作。如果 PLC 开出模件的故障就有可能引起误输出造成现场设备误动，因此采用这种输出回路接线方式的现地控制单元的可靠性则依赖于 PLC 开出模件的可靠性。

为了防止 PLC 开出模件的误输出和误动作，除在控制流程中考虑各项闭锁条件和逻辑判断，消除由于编制顺控流程产生的所有程序漏洞外，还应防止由于 PLC 开出模件的故障（如开出晶体管击穿或开出接点粘连、元器件老化等）造成的误输出和误动作，为了提高现地控制单元的可靠性，克服由于各种原因引起的 PLC 开出模件误输出这一缺陷，简便易行的方法就是采用控制使能型 PLC 输出回路的接线方式，如图 4-4 所示。

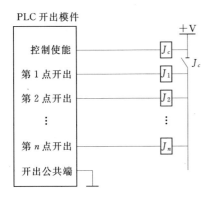

图 4-4 控制使能型 PLC 输
出回路的接线方式

在图 4-4 中，在开出测点中除了对外输出的测点外，设一内部控制使能输出点，控制使能继电器 J_c，由 J_c 接点将开出电源 +V 接入开出中间继电器的电源端。平时 PLC 在没有控制程序执行时，PLC 的所有开出测点包括控制使能点都置"OFF"状态，即无输出状态。只有在 PLC 开始执行控制程序时，先将控制使能点输出置为"ON"状态，使得控制使能继电器励磁，开出中间继电器才能响应开出测点的输出状态。

由于在大多数时间里 PLC 并不执行控制程序，如果此时 PLC 的开出模件由于某种原因造成开出晶体管击穿或接点粘连引起误输出，中间继电器则受 JC 接点的隔离无法励磁动作。而 PLC 当自检到开出模件故障时，在闭锁控制程序启动的同时也会向监控系统发出模件故障报警信号，提醒运行维护人员进行处理。控制使能型 PLC 输出回路接线方式简单明了易于实现，对于现地控制单元起到了有效的防误输出的作用，极大地提高了装置的可靠性，但这种接线方式也不是十分完美，当 PLC

在控制流程执行过程中,如若发生非开出点误输出,则该误输出点的中间继电器也将励磁动作。还有就是在某一开出点与控制使能点同时被击穿引起误输出时,也是无法避免的。

为了将 PLC 或其他各类控制器的开出模件无论在何种情况下的何种误输出都能够闭锁,超大型水电站监控的 LCU 控制输出中宜采用开关量输出保护技术。其核心是在任意时刻,所有参加开出保护的开出点只可以有一点动作,不参加保护的输出点可以有多点同时动作。当参加保护的开出点未经允许有两点或两点以上同时动作时,专用的 DOP-1 型开关量输出保护装置动作,参加开出保护的所有继电器均不能动作,从而起到了开出保护作用。

DOP-1 型输出保护装置是由信号检测部分、逻辑比较判断部分和继电器输出闭锁部分组成,这些部分是由硬件电路构成,不受 PLC 的程序和开出模件状态的影响。如果开出模件的信号输出状态不符合 DOP-1 型设置的条件,则其内置的闭锁继电器将起作用,从而切断开出中间继电器的电源。DOP-1 型输出保护回路原理如图 4-5 所示。

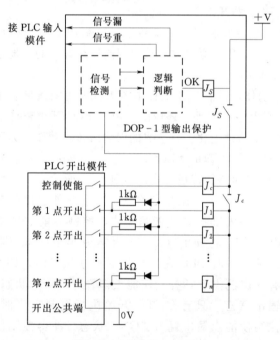

图 4-5 DOP-1 型输出保护回路原理示意图

当然单独采用硬件上的 DOP-1 型输出保护技术是不够的,必须与 PLC 的控制程序结合起来才具有效果。首先必须作一个约定:PLC 的开出信号必须是逐一输出的,即参与输出保护回路的所有开出测点中每次只能有一点输出,只有这样才符合 DOP-1 型设置的条件,否则一律作为非法输出将其闭锁。对于超大型水电站监控系统而言,开关站、厂用电等 LCU 控制过程恰是这样,即运行人员对开关站开关或刀闸进行控制时,一次只对一个对象进行操作,只有当这个对象操作完成后才会对下一个对象进行操作。而对于机组这样需要多个开出点同时动作的控制设备,则是增加一个开出旁路功能,在需要有多个开出同时动作的情况下,通过开出旁路功能绕过开出保护闭锁继电器 J_s。

如图 4-5,由于在所有参与输出保护回路的开出点上接了一只 1kΩ 的电阻,将这些电阻并联后引入 DOP-1 的信号检测端。当 PLC 在平时没有开出信号输出时,DOP-1 的信号检测端与电源 0V 端之间的电阻为无穷大即开环,DOP-1 判断无开出信号输出,因此复归"OK"信号,切断闭锁继电器 J_s,同时发出"信号漏",该信号引入 PLC 的开入回路中。而 PLC 收到该信号后,通过程序也复归"控制使能"开出点。因此从图中可以看出,此时包括控制使能在内的所有开出点的中间继电器都失去了电源,只要中间继电器不动作,就能防止 PLC 开出模件的误动作。

当 DOP-1 的信号检测端与电源 0V 端之间的电阻检测到 500Ω 或以下时，DOP-1 判断开出模件至少有 2 个或以上的开出信号输出（这是因为接在这些开出点上的电阻并联后阻值下降的缘故），因此复归 "OK" 信号，切断闭锁继电器 J_s，同时发出 "信号重"，该信号引入 PLC 的开入回路中。而 PLC 收到该信号后，通过程序也复归 "控制使能" 开出点。如果此时 PLC 确实有控制流程在执行中，也必须报警后退出。

只有当 PLC 启动控制程序输出一个开出点时，DOP-1 信号检测回路只检测到一只电阻的阻值 $1k\Omega$，DOP-1 认为只有一个开出点输出符合输出条件，逻辑判断回路输出 "OK" 信号使得内部闭锁继电器 J_s 励磁动作，同时复归 "信号漏" 和 "信号重"。而 PLC 只有确认无 "信号漏" 和 "信号重"，才能输出 "控制使能" 开出点，使得 JC 接点接通，控制输出的中间继电器才能得电动作。

因此，在经过 DOP-1 型输出保护的硬闭锁和 PLC 控制程序中的控制使能软闭锁的双重保护闭锁下，一切非正常的输出都无法启动中间继电器，使得现地控制单元的可靠性得到了真正的提高。

4.1.2.2 机组独立冗余 PLC 测温技术

在水电站计算机监控系统中温度量测量及机组的温度保护是非常重要的环节。超大型电站计算机监控系统中测温系统与常规的水电站计算机监控系统相比又具有其特殊性，主要表现在温度量测量的数目非常大，单台机需测量的温度量点超过 600 点，而普通 300MW 装机容量的水电站机组的单机温度量测量一般 100 多点。温度量测量数目的大大增加而同时必须保证温度测量精度、刷新速率、抗干扰性指标良好，这对测温系统的设计提出了更高的要求。

机组测温采用独立系统模式设计，由 1 套独立于机组 LCU 的 PLC 来完成，不但配有独立的机柜和电源系统，还配有独立的 CPU、网卡、触摸屏等设备。机组测温系统 PLC 通过网线和机组主控制 PLC 的现地交换机相连，将数据直接送至上位机系统。测温系统有自身的继电器，温度保护输出通过 I/O 硬接线和机组主控 PLC 和水机保护 PLC 相连。

根据一般大中型水电站的设计思路，设计独立测温机柜，与主 PLC 机柜放置在不同的高层，为机组主 PLC 一个远程 IO 站，与主 PLC 间通过远程 IO 电缆相连。因为没有独立的 CPU，所以温度量处理程序和温度保护判断的程序作为主 PLC 程序的子程序运行，温度量数据和主 PLC 采集的其余 IO 数据及各类信息一起送至上位机。这种模式用于超大容量机组存在一定弊端，主要体现在：

（1）增大了主 PLC 系统复杂程度，测温远程 IO 站是主 PLC 的一个 IO 站，与主 PLC 采用同轴电缆相连且距离较远，在电厂较复杂的电气环境下易受干扰，一旦前级 IO 网络出问题会影响测温系统正常工作。

（2）因程序在主 PLC 中运行，所以造成主 PLC 的 CPU 负载提高，需程序上特殊处理，虽能满足温度量采集刷新速率小于 5s 的要求，但整体所花费时间依然较长，需 3~4s 才能刷新全部数据。

（3）温度量数据与其余 IO 数据及各类信息一起送至上位机，而主 PLC 采集 IO 总点数很多，大量数据上送所需时间较长。一旦机组发生事故停机等异常情况，信息量非常大，温度巡检值的上送将占据系统宝贵资源，会导致事故停机等重要动作发生延迟，对机组安全性产生致命影响。

（4）作为主 PLC 的附属系统一旦主 PLC 出现问题则不能运行，水机保护 PLC 在此情况下无法进行温度保护停机，造成安全隐患。

（5）只有主 PLC 机柜有现地显示设备，测温系统机柜与主 PLC 机柜不在相同高层，所以在现地无法查看温度测值。

鉴于上述原因，根据超大型水电站巨型机组的独特性，测温系统进行了优化完善由原有的远程 IO 模式改进为一套完全独立的 LCU 系统模式，拥有独立的 CPU、网络设备及触摸屏，与上位机系统通过网络直接通信，温度保护出口通过输出节点送至主、备 PLC。改进后的测温系统不但解决了原有远程 IO 模式的弊端，还具有下述优点：

1）1 与上位机系统直接通过光纤网络通信，抗干扰性强。

2）与上位机系统交换数据量较少，数据上送较快。

3）将温度处理程序从主 PLC 中分离出来可降低主 PLC CPU 的负荷率。可编制更复杂、完善的温度处理程序，也可使温度保护的逻辑判断更复杂，合理，独立运算的速度也高，可在 1s 内完成所有数据刷新。从而提高整体系统的指标和可靠性。

4）独立的测温系统和主 PLC 没有关联，在主 PLC 出问题的情况下仍可正常工作，将温度保护信号送至备用停机 PLC，提高机组运行的安全性。

5）现地配置有触摸屏，可在现地随时查看温度量测值。

4.1.2.3　冗余光纤总线技术和分布式远程 I/O 技术

超大型水电站水工建筑的复杂性带来了计算机监控系统设计上的许多特殊性，其中最突出的问题是被控对象分散，而可靠性又要求高。比如机组进水口闸门距机组 LCU 最远的可达几公里，而在机组发生紧急事故时由机组 LCU 发出的落事故闸门的指令必须被可靠的执行，否则将危及电站安全，如果采用传统的控制方式，要实现这一控制几乎是不可能的。

同时超大型水电站的出线回路较多，主接线形式复杂，断路器，隔离开关、接地开关的数量加起来上百台，信息传输量非常大，开关站距继保室上百米，虽然采用传统技术传送信号没有困难，但将耗费大量的电缆。为了解决这些难题，采用了冗余光纤总线技术和分布式远程 I/O 技术，这是一种高速局域网络技术，实际上就是以总线的方式将输入/输出设备和中央控制器连接起来，从而实现对输入/输出设备的远程控制的一种解决方案。通过冗余光纤总线技术和分布式远程 I/O 来连接现场设备，同时通过在该远程 I/O 上配置两个网关来实现总线线路的冗余，对于距离较远的设备加装光纤中继，一方面解决了远距离信号传输的衰减问题，另一方面通过总线冗余保证了信号的可靠性和安全性，同时由光缆代替了控制电缆，减少了对有色金属的消耗。

4.1.2.4　多级厂用电备投

在一般大中型水电站设计中厂用电备自投多采用专用的备自投装置，这类装置以单片机为核心，控制程序固化在可读写存储器中，技术较先进、动作可靠、定值整定及设备调试灵活方便、运行维护量小，但在厂用电系统接线复杂的情况下，该装置存在接线复杂，编程不太方便的缺点。

超大型水电站由于机组容量巨大，安全性和可靠性要求非常高，厂用电的安全可靠是电厂安全稳定运行的必备条件，一般超大型水电站厂用电分为 10kV 高压厂用电系统和 400V 低压厂用电系统，有的可能更多。电厂 10kV 高压厂用电系统由若干段母线组成，母线进线电源除分别引自机组出口断路器离相封闭母线外；还设有备用母线段，其进线电源引自柴油发电机组及外来电源。为电站机组自用变、开关站用电变、坝顶供电变、检修供电变、机组技术供水泵、机组、检修深井泵和升船机等提供电源。400V 低压厂用电系统由机组 400V 自用电系统、厂用公用 400V 自用电系统、厂房照明用电 400V 系统、检修供电 400V 系统和主厂房消防动力 400V 系统等组成，为电站机组辅助设备和全厂公用设备等提供动力电源。图 4-6 为一典型超大型水电站 10kV 厂用电系统一次接线图。

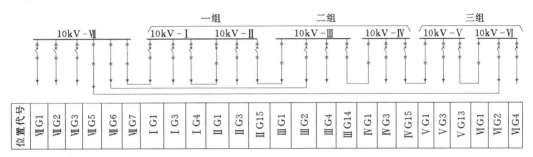

图中回路名称：

Ⅶ G1：柴油发电机电源	Ⅶ G2：外来电源	Ⅶ G3：小机电厂电源
Ⅶ G5：Ⅵ～Ⅶ 段母联刀闸	Ⅶ G6：Ⅲ～Ⅶ 段母联刀闸	Ⅶ G7：Ⅰ～Ⅶ 段母联刀闸
Ⅰ G1：Ⅰ～Ⅶ 段母联开关	Ⅰ G3：Ⅰ 段母线进线开关	Ⅰ G14：Ⅰ～Ⅱ 段母联开关
Ⅱ G2：Ⅰ～Ⅱ 段母联刀闸	Ⅱ G3：Ⅱ 段母线进线开关	Ⅱ G15：Ⅱ～Ⅲ 母联开关
Ⅲ G1：Ⅱ～Ⅲ 段母联刀闸	Ⅲ G2：Ⅲ～Ⅶ 段母联刀闸	Ⅲ G4：Ⅲ 段母线进线开关
Ⅲ G14：Ⅲ～Ⅳ 段母联开关	Ⅳ G1：Ⅲ～Ⅳ 段母联刀闸	Ⅳ G3：Ⅳ 段母线进线开关
Ⅳ G15：Ⅳ～Ⅴ 段母联开关		
Ⅴ G1：Ⅳ～Ⅴ 段母联刀闸	Ⅴ G3：Ⅴ 段母线进线开关	Ⅴ G13：Ⅴ～Ⅵ 段母联开关
Ⅵ G1：Ⅴ～Ⅵ 段母联刀闸	Ⅵ G2：Ⅵ～Ⅶ 段母联刀闸	Ⅵ G4：Ⅵ 段母线进线开关

图 4-6 典型超大型水电站 10kV 厂用电系统接线图

10kV 厂用电每两段为一组，共分为 3 组，Ⅶ 母线接外来电源，为 3 组厂用电的公共备用段。备自投分为三级：一级备自投为组内备自投；二级备自投为各组与第Ⅶ段母线之间备自投；三级备自投为组与组之间备自投。备自投动作顺序为：先进行一级备自投，一级备自投不成功进行二级备自投，二级备自投不成功进行三级备自投。对于这种运行工况多，系统复杂的厂用电备自投，如果采用专用装置最少需设九台，而且闭锁逻辑也会异常复杂，甚至根本无法实现，在以往大中型水电站的设计中常常以牺牲厂用电的可靠性对备投逻辑进行简化，基本只进行一级备投，顶多作两级。为满足巨型水电站对厂用电可靠性的要求，专门设置厂用电 LCU，利用厂用电 LCU 中的 PLC 逻辑运算能力，可以灵活编写备自投流程，而且接线简单，备自投功能扩展方便，同时由于厂用电 LCU 的 PLC 为冗余配置，可靠性高。

（1）以Ⅰ、Ⅱ段母线为例，一级备自投的操作流程如图 4-7 所示。

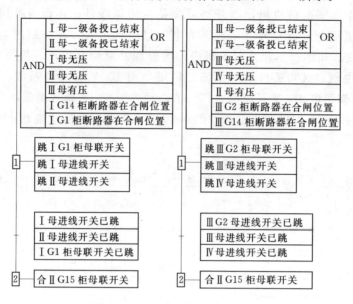

图 4-7　一级备自投操作流程图

（2）以第 1 组母线与第Ⅶ段母线为例，二级备自投操作流程如图 4-8 所示。

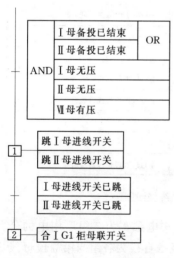

图 4-8　二级备自投操作流程图

（3）以第 1 组与第 2 组母线为例，三级备自投操作流程如图 4-9 所示。

4.1.2.5　水机保护冗余采样及处理

对于单机容量达 700MW 的特大型机组，如何实现机组的水力机械保护，在现有的规程规范中并无明确要求，其中温度测量是水电站机组数据监测中的重要环节之一，如定子绕组、定子铁芯、定子端部压指的温度过高在以往大中型电站设计中并无停机要求，但考虑到对于特大型机组若不采取可靠的保护措施，一旦发生事故后果不堪设想，必须采取有效的保护措施。但另一方面巨型机组在系统中的地位举足轻重，一旦由于某个原件不可靠而误动，对系统而言其后果也是灾难性的。如何既保证机组安全，又保证系统的可靠，是必须重视的一个问题。

为了保证温度值采集的准确性，首先设定随动采集时间，水轮发电机组在机组启动过程中各部分温升较大，而且有较大的惯性，但机组运行稳定后，各部分温度基本趋于稳定，不会有突变，除非发生冷却系统故障或机组轴线异常时，各部分温度才有很大变化。设置随动时间后，当在该时间范围内温度变幅较大时，进行梯度报警，如果温度变幅过大，超过置信值，则认为该点不可信，闭锁该通道通；置信值是根据机组本体设计规定的各部分温度的高限、高高限和测温电阻的测量范围确定。另

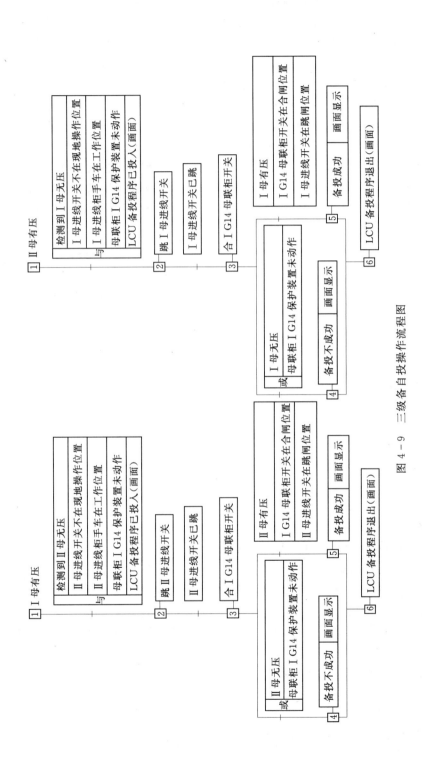

图 4 - 9 三级备自投操作流程图

外 RTD 温度采集模块本身也具有通道品质判断功能，当测温回路断线或短路时，自动判断品质坏，闭锁该采集通道。同时确定了如下原则：定子线圈任意 3 点温度超高，定子铁芯任意 3 点温度超高，定子端部压指任意 3 点温度超高，各类轴瓦相邻 2 点温度超高启动事故停机流程，将其与梯度报警、模块品质、最高置信值等因素综合，大大增强了逻辑判断的可信度，杜绝了因元器件、回路问题而引起的机组误停机。

超大型水电站采用 PLC 系统代替常规水机保护回路，称为水机保护 PLC。常规大中型水机保护回路作为独立运行的设备，其开入量一般单独采集，信号取得不易，也无法判别其是否正确，另外其状态一般不接入机组主 PLC，这样一旦水机保护回路发生动作或者发生故障，在监控系统没有记录，运行人员无从知晓，不利于设备的安全稳定运行。

而超大型水电站水机保护 PLC 若选择与机组 LCU 同档次的 CPU，这样它们都具有相同现场总线通信接口，可以在监控系统内部将两个不同的 CPU 模块通过现场总线网连接在一起。这样重要的现地实时信号可以通过专门处理分别送机组主 PLC 和水机保护 PLC，另一方面机组主 PLC 采集的信息可以通过现地总线网送给水机保护 PLC。从而达到水机保护冗余采样，确保水机保护采集信息准确，另外通过现地总线网通信，机组主 PLC 可以采集水机保护 PLC 的信息，包括水机保护 PLC 的模件状态，输入/输出测值等。这样水机保护 PLC 内的所有信息均可以在监控系统内显示和记录，方便了运行人员及时了解水机保护 PLC 的运行状况，一旦发生事故，也可以及时了解水机保护 PLC 在事故过程中的动作记录。

4.1.3 龙滩水电站监控系统及其配置

4.1.3.1 监控对象

（1）机组部分主要包括：

1）9 套进水口快速闸门设备（前期 7 套）。

2）9 套水轮机及其辅助设备（前期 7 套）。

3）9 套水轮发电机及其辅助设备（前期 7 套）。

4）9 套 18kV 发电机配电装置（前期 7 套）。

5）9 台机组中性点接地装置柜（前期 7 套）。

6）9 套主变压器及辅助设备（前期 7 套）。

7）发电机及变压器组的双重化保护设备。

8）9 套 10kV 技术供水泵及高压软起动器（前期 7 套）。

（2）开关站部分主要包括：

1）500kV GIS 设备含 500kV 母线两段、断路器 16 台、隔离开关 51 组、接地开关 51 组、快速接地开关 14 组。

2）16 套断路器保护装置及 22 套短引线保护。

3）4 回 500kV 出线及其双重化保护设备。

4）9 台单相电抗器，3 台中性点电抗器及其双重化保护设备。

5）7 回高压电缆设备及其双重化保护设备。

（3）厂用电设备主要包括：

1）10kV 厂用电设备含 7 段母线、23 台高压开关柜。

2）400V厂用电设备。

3）18台高压厂用变压器（单相）。

4）其他用途厂用变（三相）含18台机组自用变、6台公用变、2台开关站与中控楼用电变、2台坝顶变、2台照明变、2台检修变。

（4）公用设备主要包括：

1）220V直流电源系统含3套机组直流电源、1套公用直流电源、1套开关站直流电源。

2）全厂排水系统含3台渗漏排水泵，6台检修排水泵、3台大坝排水泵、1台清污泵。

3）高、低压气机系统包括两台检修低压气机、两台制动低压气机。

4.1.3.2 网络结构

计算机监控系统采用全开放、分层分布式系统结构，分为主控级和现地单元控制级两层。主控级设备主要包括：1套系统工作站集群、4套操作员工作站、1套工程师工作站、1套培训工作站、2套调度通信工作站、2套厂内通信工作站、1套报表及电话语音报警工作站、1套Web服务器及网络隔离设备、6台打印机、1套GPS时钟装置、1套模拟屏驱动装置及模拟屏、2套UPS电源系统、网络设备、1套大屏幕控制系统及大屏幕投影显示器。

现地单元控制级设备主要包括：9套机组LCU（LCU1-9）、1套500kV开关站LCU（LCU10）、1套洞内公用设备LCU（LCU11）、1套洞内交流厂用电系统LCU（LCU12）、1套模拟屏驱动器LCU（LCU13）。主控级和现地单元控制级设备经100M双光纤以太环网相连。

4.1.3.3 系统配置

1. 主控级配置

龙滩水电站是一个具有重要地位的超大型水电站，对监控系统的可靠性和实时性要求高，需选择性能高、运行速度快的计算机。系统服务器要求采用双冗余服务器以及光纤磁盘阵列，操作员工作站、工程师工作站、培训工作站等要求采用高性能、多任务型的计算机。为了便于系统管理和维护及备件的通用性，所有服务器、磁盘阵列、主要工作站选择同厂家同型号的产品。

电站最终选用Sun Fire V440服务器，配置Sun SPARCstorage™ 3510光纤磁盘阵列作为集群系统。共配置4台Sun FireV440服务器，其中两台作为实时数据服务器，另两台作为历史数据服务器。另配置1台Sun SPARCstorage™ 3510光纤磁盘阵列，作为控制中心服务器集群的共享。集群系统的软件由Sun Solaris 9.0、Sun CLUSTER for V440、64位ORACLE商用数据库（4个CPU×25用户）组成。

采用Sun Blade 2500工作站作为操作员工作站、工程师工作站、培训工作站。采用HP XW6200型工作站作为厂内通信工作站、报表及电话语音报警工作站、Web服务器。

调度通信工作站采用非计算机设备，最终采用NCS200远动通信控制装置，该远动通信装置具有6个RJ-45接口，两个分别与龙滩监控系统中的交换机相连，另外4个分别与调度中心连接。2套远动控制装置可以作为主从冗余使用，并可自动实现冗余切换功能，从而保证与调度通信的安全可靠性。

配置 1 套 SysKeeper 2000 安全隔离装置（正向）用于安全区Ⅰ/Ⅱ到安全区Ⅲ的单向数据传递。

采用冗余配置的 SZ-4u 型 GPS 全球定位时钟系统，时间精度±1μs，作为监控系统的时钟标准，对全系统设备进行时钟同步。

2. 网络配置

网络采用自愈环技术的双光纤以太环网，使系统既可靠实用、又便于扩充。每套现地 LCU 配置 2 台 RS2-FX/FX 交换机，此交换机中的光口以级联方式与主干网交换机的光口相连共同组成双光纤冗余以太环网。主干网交换机共两套，每套包含 Power MICE 工业级三层千兆主干工业交换机 MS4128-5 两台，作为上位机的接入设备，上位机设备与 4 台千兆级中心交换机中的 RJ-45 口相连。主干网交换机采用千兆级交换机，现地采用 100M 交换机，既保证了厂级服务器和现地 PLC 较大数据流的传送，又保证了系统的通信速度（单台设备时延小于 10ms）。

在现地各 LCU 中均配有两台 RS2 小型交换机，采用这种方式不仅实现了功能分配，而且无论哪一台机组检修，无论同时检修几台机组，都不会影响到整个网络的通信。在网络管理方面，支持 SNMP 网管、SNMP TRAP、TGMP Snooping，并支持故障自诊断功能，可将交换机状态信息和硬件故障直接传送到中央控制室，并且交换机热插拔技术的应用，可在不影响机组安全运行中解决硬件故障，大大减少了因网络系统故障而引起的系统非计划停用。

3. 现地控制单元的配置

现地 LCU 共 13 套：机组 LCU 9 套（前期上 7 套）500kV 开关站 LCU 1 套、洞内公用 LCU 1 套、洞内交流厂用电系统 LCU 1 套、模拟屏驱动器 LCU 1 套。

LCU 以可编程序控制器（PLC）为核心构成，采用双 CPU，所有控制流程都放在 PLC 中，保证了上位机或网络故障时 LCU 仍能正常工作。各 LCU 采用两套交直流双供电装置，每套电源装置均采用两路电源同时供电方式，两路电源分别为交流厂用电和直流厂用电，任何一路电源故障不影响 LCU 的正常运行。

机组 LCU 共由 13 面柜组成，其中本体柜 6 面，测温柜 5 面，水力机械保护屏 1 面，进水口闸门远程柜 1 面。本体柜中除配置有 PLC 外，还配有交流量采集表（Bitronics 表）及单对象双微机自动准同期装置和手动准同期装置。测温柜配置有 RTD 采集模块，并配有独立于机组 LCU 的双 CPU。水力机械保护柜配置有与机组 LCU 同档次的 Quantum 系列 PLC，在机组 LCU 故障情况下，能自动完成机组停机的全过程。

公用 LCU 共由 3 面柜组成，主要用于厂内公用设备及直流系统的监控。

厂用电 LCU 共由 9 面柜组成，其中本体柜 3 面，远程柜 6 面。远程柜分为 3 组，随一次设备布置在 3 个不同的母线洞内，通过 MB+总线与本地柜通信。

500kV 开关站 LCU 共由 10 面柜组成，其中本体柜 4 面，布置在继保室，远程柜共 6 面布置在 GIS 室，通过 MB+光纤总线与本地柜通信。每个 GIS 串的远程柜配置了一套 SJ-12C 多对象双微机自动准同期装置和一套手动准同期装置并配置交流量采集表（Bitronics 表）。

4.2 700MW 水轮发电机继电保护系统

4.2.1 发电机主保护配置研究

4.2.1.1 主要研究内容

（1）定量化计算龙滩发电机定子绕组各种内部故障的类型和数量。

（2）研究并选定龙滩发电机发生各种内部故障时，适合龙滩发电机定子绕组多分支结构（每相 8 分支）的高灵敏度保护方案。

（3）研究并选定龙滩发电机定子绕组中性点侧引出线的引出方式以及中性点侧各分支上电流互感器的配置方式。

（4）选定主保护用电流互感器的型式及参数。

4.2.1.2 主保护配置研究

龙滩水电站发电机单机额定功率 700MW，56 极，定子槽数为 624，每相 8 分支，每分支 26 槽。

发电机额定参数为：$U_N = 18\text{kV}$，$I_N = 24948\text{A}$，$\cos\phi_N = 0.9$，$I_{f0} = 1979.6\text{A}$，$I_{fN} = 3439.8\text{A}$。电站装设发电机断路器。升压变及系统等值电抗（折合到发电机电压级）约为 0.2p.u.。

1. 发电机内部故障类型

根据对龙滩水电站发电机绕组展开图的分析，该发电机定子绕组实际可能发生的内部短路情况见表 4-1 和表 4-2。

表 4-1 **624 种同槽故障**

同相不同分支短路312种				相间短路
短路匝数	18匝	19匝	33匝	34匝	
故障数/起	72	84	84	72	312 （7~45匝，都是分支编号不同的）

表 4-2 **12480 种端部故障**

同相同分支短路600种						同相不同分支短路	相间短路
短路匝数	1匝	2匝	3匝	4匝	…	25匝		
故障数/起	24	24	24	24	…	24	3000	8880

2. 发电机内部故障主保护的配置

在对龙滩发电机所有可能发生的同槽和端部交叉故障进行仿真计算的基础上，计算了常用的主保护方案对所有故障的灵敏度。在此基础上对各种主保护方案的灵敏动作数（$K_{sen} \geq 1.5$）、可能动作数（$1.0 \leq K_{sen} < 1.5$）和不能动作数（$K_{sen} < 1.0$）进行了统计。

龙滩水电站发电机的分支数较多，每相达 8 分支，不可能把所有中性点都引出来。重点研究了引出两个或 3 个中性点的情况下各种主保护的配置方案。

（1）引出两个中性点的主保护配置。引出两个中性点，一般将定子绕组按分支平均分成两部分，即每相的 4 个分支构成 1 组，把三相的对应组的中性点联在一起引出。这样的分组情况有 35 种，实际上很难列举所有分组情况的保护方案。选择研究了下面两种中性点引出方式：

1）每相的 1～4 分支并接，形成中性点 O_1；每相的 5～8 分支并接，形成中性点 O_2，如图 4-10（a）所示。

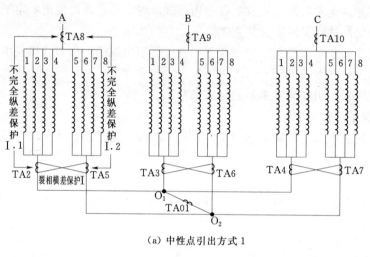

（a）中性点引出方式 1

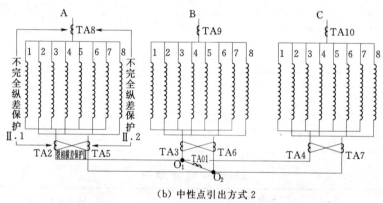

（b）中性点引出方式 2

图 4-10　引出两个中性点时的主保护配置

2）每相的 1 分支、3 分支、5 分支、7 分支接在一起，形成中性点 O_1；每相的 2 分支、4 分支、6 分支、8 分支接在一起，形成中性点 O_2，如图 4-10（b）所示。

通过软件计算分析和统计在这两种中性点引出方式下，仅装设 1 套中性点不平衡保护的灵敏度达不到要求，还必须装设其他保护。

（2）纵差保护的配置方案。为兼顾定子绕组短路和机端引线短路，主保护配置方案中既要包括横差保护，又要包括纵差保护，因为横差保护中无论中性点不平衡保护或裂相横差保护，均不反应机端引线短路。从表 4-3 可以看出，中性点不平衡保护的死区中，存在为数不少的同相的匝间短路，这是完全纵差保护无法动作的，所以应先考虑装设不完全纵差保护。

表 4-3 　　龙滩水电站发电机不能灵敏动作的故障数（$K_{sen}<1.5$）及其性质

零序电流型横差保护		单机空载运行					联网空载运行				
		匝间短路		相间短路		总计	匝间短路		相间短路		总计
		相同分支	不同分支	分支编号相同	分支编号不同		相同分支	不同分支	分支编号相同	分支编号不同	
I (4, 4)	同槽故障数/起	0	6	0	18	24	0	2	0	12	14
	端部故障数/起	82	694	960	868	2604	78	668	660	602	2008
	总计/起	82	700	960	886	2628	78	670	660	614	2022
II (4', 4')	同槽故障数/起	0	8	0	20	28	0	8	0	4	12
	端部故障数/起	72	16	1056	12	1156	72	8	800	0	880
	总计/起	72	24	1056	32	1184	72	16	800	4	892

在引出两个中性点的情况下，每相分成了两个分支组。如果每相只有 1 个分支组安装电流互感器，就只能配置 1 套不完全纵差保护；如果每相在两个分支组上都安装电流互感器，则可以配置两套不完全纵差保护。

如果采用中性点引出方式 II，只用 1 套中性点不平衡保护和 1 套不完全纵差保护，这种配置作为方案一，如图 4-11 所示。

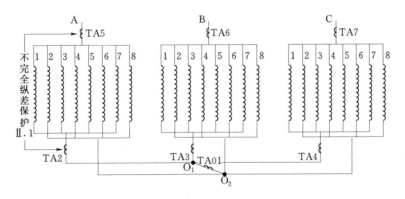

图 4-11　龙滩水电站发电机主保护配置的方案一

在方案一的基础上再安装 1 套不完全纵差保护，这种配置作为方案二，如图 4-12 所示。

经软件统计，方案二可保护的内部故障数比方案一多 40 余种。

（3）裂相横差保护的配置方案。虽然上面的配置已经基本满足了技术要求，但还存在动作死区，应尽可能提供最大的保护范围。如果在每相的两个分支组都安装了电流互感器、构成了两套不完全纵差保护，由于采用微机保护装置，输入电流资源共享，因此不需增加任何电流互感器即可再安装 1 套裂相横差保护，即一共安装 4 套保护（1 套中性点不平衡保护＋2 套不完全纵差保护＋1 套裂相横差保护）。这种配置作为方案三，如图 4-13 所示。

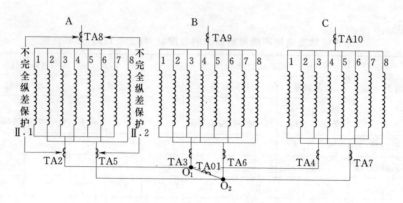

图4-12 龙滩水电站发电机主保护配置的方案二

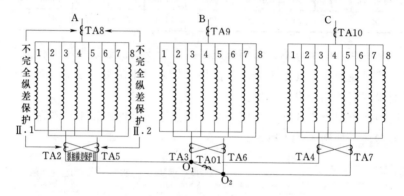

图4-13 龙滩水电站发电机主保护配置的方案三

而对中性点引出方式Ⅰ，如果装设以上4种保护，也可以达到基本技术要求。为便于后面的说明，将这种配置作为方案四，如图4-14所示。

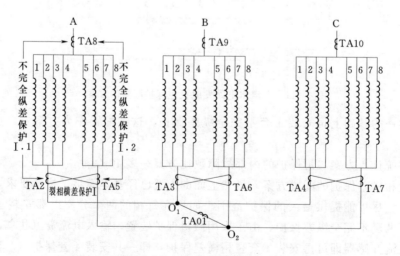

图4-14 龙滩水电站发电机主保护配置的方案四

（4）各种主保护配置方案的保护范围。

上面提出的 4 套保护方案，都基本能满足技术要求。其中，方案一只需 7 台电流互感器，配置最简单，保护死区已控制在 1% 以内；方案三的保护范围最大，只剩下 24 种同相同分支的小匝数（1 匝）匝间短路不能动作，需要 10 台电流互感器。

研究还统计了龙滩水电站发电机所有可能发生的内部短路故障对各种主保护配置方案能够同时动作的保护数。结果表明，安装了 1 套中性点不平衡保护、两套不完全纵差保护、1 套裂相横差保护后，引出两个中性点的保护方案的死区中，全部是同相的匝间短路。因此，可不需再考虑配置完全纵差保护。

（5）发电机内部故障及保护方案配置的特殊规律。

研究发现，方案三和方案四比较，引出中性点的个数相同，安装的主保护也类似（都装了 1 套中性点不平衡、两套不完全纵差和 1 套裂相横差保护），但是中性点的引出方式不同，达到的保护效果却相差很大。方案三的不能动作故障数仅为 24，有效保护范围达到 99.82%，在单机空载工况下比方案四可多保护 514 种（3.92%）、在联网空载工况下比方案四可多保护 506 种（3.86%）。这种情况是与龙滩发电机的结构密切相关的。

3. 引出 3 个中性点的主保护配置

引出 3 个中性点，一般考虑将 8 分支定子绕组分成 2 个、4 个、2 个分支的 3 部分，或是 3 个、2 个和 3 个分支的 3 部分。

若按第一种分法（2，4，2），共有 210 种分组情况；按第 2 种分法（3，2，3），也有 280 种分组情况。

在下面的 4 种中性点引出方式下研究了龙滩水电站发电机的保护方案配置。

Ⅲ：每相的 1、2 分支并接，形成中性点 O_1；3、4、5、6 分支并接，形成中性点 O_2；7、8 分支并接，形成中性点 O_3，如图 4-15（a）所示。

Ⅳ：每相的 1、3 分支并接，形成中性点 O_1；2、4、6、8 分支并接，形成中性点 O_2；5、7 分支并接，形成中性点 O_3，如图 4-15（b）所示。

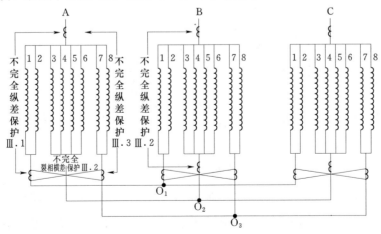

（a）中性点引出方式Ⅲ（2，4，2）

图 4-15（一） 引出 3 个中性点时，龙滩水电站发电机可以考虑安装的主保护配置

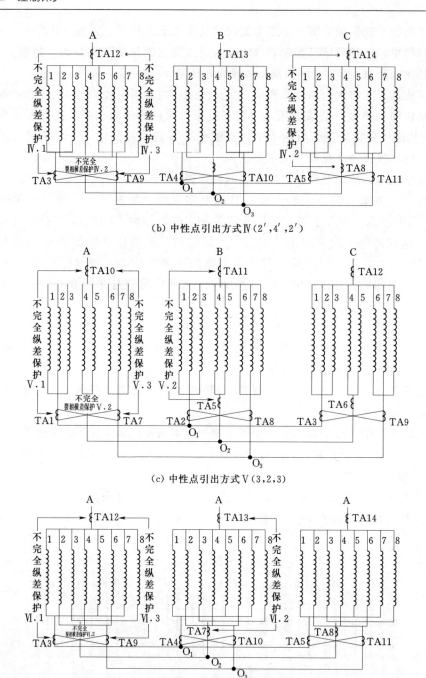

图 4-15（二） 引出 3 个中性点时，龙滩水电站发电机可以考虑安装的主保护配置

V：每相的 1、2、3 分支并接，形成中性点 O_1；4、5 分支并接，形成中性点 O_2；6、7、8 分支并接，形成中性点 O_3，如图 4-15（c）所示。

VI：每相的 1、5、7 分支并接，形成中性点 O_1；3、8 分支并接，形成中性点 O_2；2、4、6 分支并接，形成中性点 O_3，如图 4-15（d）所示。

（1）中性点不平衡保护的配置方案。引出 3 个中性点，可以构成两套中性点不平衡保护。能够灵敏动作的故障数都不到总故障数的 95%，达不到技术要求，还必须装设其他保护。

（2）纵差保护和裂相横差保护的配置方案。先考虑加装一套不完全纵差保护。为了保护尽可能多的内部短路故障，如果采用两套中性点不平衡和 1 套不完全纵差保护，那么最好采用第 Ⅵ 种中性点引出方式下的中性点不平衡保护Ⅵ.1＋中性点不平衡保护Ⅵ.3＋不完全纵差保护Ⅵ.2，即方案五，如图 4－16 所示。

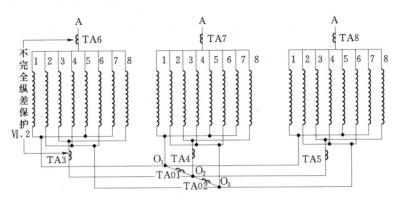

图 4－16　龙滩水电站发电机主保护配置的方案五

另外，在第 Ⅳ 种中性点引出方式下，中性点不平衡保护Ⅳ.1＋中性点不平衡保护Ⅳ.3＋不完全纵差保护Ⅳ.2 的保护性能也不错，就作为方案六，如图 4－17 所示。

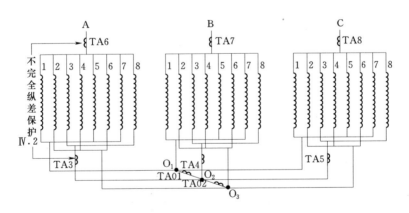

图 4－17　龙滩水电站发电机主保护配置的方案六

在每相再多装一个分支电流互感器、并再安装一套不完全纵差保护，还可以在不增加互感器的情况下再构成 1 套不完全裂相横差保护，即方案七，如图 4－18 所示。

实际上，在第 Ⅵ 种中性点引出方式下，中性点不平衡保护Ⅵ.1＋中性点不平衡保护Ⅵ.2＋不完全纵差保护Ⅵ.1＋不完全纵差保护Ⅵ.3 的组合也不错，可作为方案八，如图 4－19所示。

在已安装了两套中性点不平衡保护和两套不完全纵差保护的情况下，不需增加电流互感器即可再安装 1 套不完全裂相横差保护，构成案九，如图 4－20 所示。

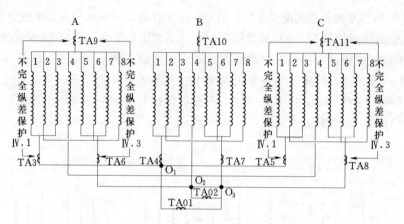

图 4-18　龙滩水电站发电机主保护配置的方案七

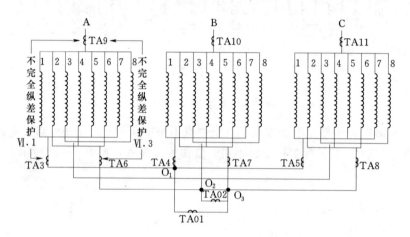

图 4-19　龙滩水电站发电机主保护配置的方案八

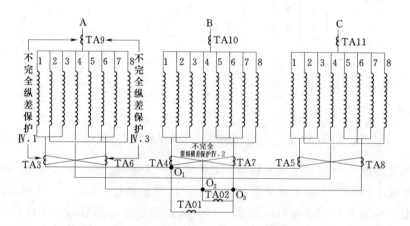

图 4-20　龙滩水电站发电机主保护配置的方案九

　　还可以在方案八的基础上再加装不完全裂相横差保护Ⅵ.2，构成方案十，如图 4-21 所示。

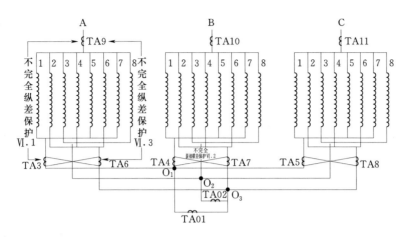

图 4-21 龙滩发电机主保护配置的方案十

至此，已将保护死区缩小到了 40 种左右、占 0.5% 以下，完全达到了高标准技术要求。

（3）各种主保护配置方案的保护范围。在引出 3 个中性点的前提下，方案五至方案十不能动作故障数都在 100 种（约 0.8%）以下，能够满足技术要求。其中，方案五、方案六只需 8 台电流互感器，配置最简单，二者相比，方案五的保护范围比方案六大一点（约 10 种左右）；方案九、方案十的保护范围最大，只有约 40 种内部短路不能动作，占 0.32% 左右，它们各需要 11 台电流互感器。

4. 主保护配置方案比选

前面提出了龙滩水电站在发电机在引出两个或 3 个中性点情况下的共 10 种内部故障主保护方案，都满足保护范围在 95% 以上的技术要求。主保护方案的选择应基于以下设计原则：

（1）内部短路死区最小。

（2）定子绕组任一点短路，至少有两种主保护灵敏动作。

（3）电流互感器数量最少。

（4）完成短路保护功能所用的保护方案最简单。

将这 10 种方案所需的电流互感器数量、单机空载和联网空载状态下保护不能动作的故障数及不超过 1 种主保护能够灵敏动作的故障数，见表 4-4。

表 4-4　　　　　　　　龙滩水电站发电机各种主保护配置方案的比较

保护方案	主保护的数目/套	引出中性点的个数/个	需要电流互感器的数目		不能动作的故障数		不超过1种主保护能够灵敏动作的故障数	
			用于比率制动式差动保护	用于中性点不平衡保护	单机空载	联网空载	单机空载	联网空载
一	2	2	6	1	108	104	1192	900
二	3	2	9	1	64	64	160	156
三	4	2	9	1	24	24	64	64

续表

保护方案	主保护的数目/套	引出中性点的个数/个	需要电流互感器的数目		不能动作的故障数		不超过1种主保护能够灵敏动作的故障数	
			用于比率制动式差动保护	用于中性点不平衡保护	单机空载	联网空载	单机空载	联网空载
四	4	2	9	1	538	530	736	710
五	3	3	6	2	87	75	916	545
六	3	3	6	2	96	96	1456	982
七	4	3	9	2	46	40	241	226
八	4	3	9	2	53	51	165	154
九	5	3	9	2	42	36	54	52
十	5	3	9	2	40	39	69	67

应选取表4-4中各项指标较小的方案。比较这10种方案，初步选择以下6种方案：

（1）方案三（1套中性点不平衡保护＋2套不完全纵差保护＋1套裂相横差保护）：保护死区最小，定子绕组任一点故障时至少两种保护灵敏动作的故障数也达到了99.51%；发电机只引出两个中性点，制造及安装接线不复杂。

（2）方案九（2套中性点不平衡保护＋2套不完全纵差保护＋1套不完全裂相横差保护）：定子绕组任一点故障时至少两种保护能够灵敏动作的内部故障数最多（达99.59%）；发电机引出3个中性点，用5套主保护，但每相只装两个分支电流互感器，也不是很复杂。

（3）方案十（2套中性点不平衡保护＋2套不完全纵差保护＋1套不完全裂相横差保护）：配置与方案九类似，保护死区的故障数也差不多；发电机引出3个中性点。

（4）如果不用裂相横差保护，可以依次考虑方案八、方案二和方案七：保护范围比方案三、方案九、方案十小，但定子绕组任一点故障时至少两种主保护能够灵敏动作的故障数还可达到98.1%以上，而且保护配置也简单一点。

综合比较以上6种方案，最终确定方案三作为龙滩水电站发电机主保护配置方案，即：引出2个中性点，定子绕组每相的1、3、5、7分支2、4、6、8分支并接组成分支组；发电机配置双套保护（双柜），每柜主保护配置为1套中性点不平衡保护＋2套不完全纵差保护＋1套裂相横差保护。

4.2.1.3　研究成果及应用

（1）确定了龙滩发电机中性点引出方式和最优主保护配置。中性点侧引出两个中性点：每相的1、3、5、7分支并接（引出线简称Ⅰ线），每相的2、4、6、8分支并接（引出线简称Ⅱ线），每相的Ⅰ线并接形成中性点O_1，每相的Ⅱ线并接形成中性点O_2。每台发电机设置双套保护，每套主保护包括：每相Ⅰ线上的电流互感器与发电机出口电流互感器接线构成三相式不完全差动保护Ⅰ；每相Ⅱ线上的电流互感器与发电机出口电流互感器接线构成三相式不完全差动保护Ⅱ；中性点O_1与O_2连线上的电流互感器接线构成中性点不平衡保护；每相Ⅰ线上的电流互感器与每相Ⅱ线上的电流互感器接线构成三相式裂相横差保护。

该方案的保护范围大（达 99.82%），保护死区最小，定子绕组任一点故障时至少两种保护灵敏动作的故障数达到 99.51%，而且只引出两个中性点，接线不复杂，发电机中性点引出部分的制造和安装（包括电流互感器安装）都容易实施。

（2）确定了发电机主保护用电流互感器（包括发电机中性点侧和发电机出口侧电流互感器）的型式和变比：型式确定为 5P40 型；中性点侧不完全差动保护和裂相横差保护用电流互感器变比为 15000/1A，中性点不平衡保护用电流互感器变比为 1000/5A，出口侧差动保护用电流互感器变比为 30000/1A（额定电流 24948A）。

（3）研究成果已成功应用于龙滩水电站继电保护系统。

4.2.2 发电机定子接地及转子接地保护研究
4.2.2.1 研究目标及主要内容

龙滩水电站发电机中性点接地方式为经变压器接地，针对这种中性点接地方式，研究目标是：探寻适合龙滩发电机的高灵敏度的有选择性动作的定子单相接地保护，要求保护能兼顾发电设备和电力系统的安全运行，即当故障量在安全值以下时保护只发信号，超过安全值时保护动作跳机。

主要研究内容：

（1）结合龙滩水电站发电机定子绕组中性点接地型式（经接地变压器高阻接地）、定子绕组对地电容大等特点以及发电机中性点单相接地时根据故障电量判据的大小定值设置来区分报警或跳闸的要求，研究适合龙滩发电机的高灵敏度的 100% 定子单相接地保护方案。

（2）结合龙滩水电站发电机容量规模以及励磁方式（静止自并激）以及转子一点接地时能测定故障位置的要求，研究适合龙滩发电机的转子一点接地保护方案。

（3）在充分调研、技术交流的基础上综合比较各种原理的定子接地和转子接地保护，结合目前国内主要保护制造厂家的研发和生产情况，确定龙滩发电机定、转子接地保护的原理和实施方案，并通过模拟测试和实际运行后追踪观察研究保护运行状况、故障检测能力及保护动作正确性。

4.2.2.2 定子 100% 单相接地保护

（1）基波零序电压＋三次谐波电压型定子单相接地保护。考虑到龙滩水电站发电机中性点经变压器接地，单相接地电流不大，零序电压较易检测，双套定子接地保护中的其中一套采用零序电压型保护方案，包括基波零序电压和三次谐波电压。发电机定子回路中各点的基波零序电压相同，因此，以基波零序电压为动作参量的定子接地保护不能区分故障点在发电机机内或机外，且有 5%～15% 的保护死区。为此设置高灵敏度的三次谐波电压定子接地保护消除这 5%～15% 的保护死区。三次谐波电压定子接地保护同时采用机端和中性点三次谐波电压，以准确检测定子绕组中性点附近的单相接地故障。

（2）注入低频电源型定子单相接地保护。上文研究了龙滩水电站发电机注入低频电源型定子单相接地保护原理。该原理的保护灵敏度很高，受定子对地电容的影响小，不受发电机运行工况的影响，在发电机静止、起停过程、空载运行、并网运行、甩负荷等各种工况下均能可靠工作,在发电机停机状态和启、停机过程中仍可监视定子单相接地故障,还可监视定子绕组绝缘的缓慢老化。

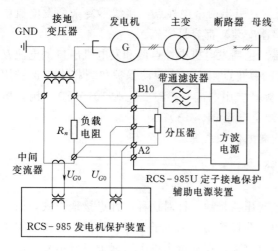

图4-22 龙滩水电站发电机注入低频电源型定子接地保护原理示意图

注入低频电源装置在国内外工程应用较多的主要有西门子公司和ABB公司的产品,国内的南瑞继保公司近年也自主开发研制了注入低频电源装置并通过鉴定,在多个大中型水、火电站投入使用。西门子公司采用外加20Hz的低频电源;ABB公司采用外加12.5Hz的低频电源;南瑞继保公司采用外加20Hz的低频电源,其定子接地保护采用了安全电流限制判据以区分报警和跳机不同的动作结果。龙滩发电机保护系统经招标后由南瑞继保公司中标,注入低频电源装置也由南瑞继保公司提供。

龙滩水电站发电机注入低频电源型定子接地保护原理示意图如图4-22所示。

通过辅助电源装置将20Hz低频电压加在中性点接地变压器二次负载电阻上,并通过接地变压器将低频电压信号注入发电机定子绕组对地的零序回路中。发电机定子绕组绝缘正常的情况下,注入的电流主要表现为电容电流;当发生接地故障后,注入电流出现电阻性电流。检测注入的电压、电流信号,经过滤波和测量环节的补偿,通过导纳方法计算出接地故障的过渡电阻,从而判定接地故障。电阻判据设两段,高定值段报警,低定值段跳闸;低定值段跳闸受安全电流判据的限制,只有当零序电流超过安全电流定值才允许接地电阻跳闸判据动作,避免了故障电流很小情况下的不必要的跳闸。发电机定子绕组在中性点附近出现接地故障、故障电流并不大的情况下,该保护只发报警信号。此外,零序电流过流判据为辅助判据,当零序电流超过定值,判定出现定子接地故障。

龙滩水电站1号发电机保护调试投运过程中,进行了短路、空载、并网同期、甩负荷、电气事故停机、进相运行、注入式定子、转子接地保护等试验。表4-5为注入式定子接地保护现场试验数据。

表4-5 发电机静止状态下在中性点处模拟接地故障实测数据

序号	接地电阻实测/kΩ	保护装置实测值/kΩ	误差/%
1	0	0.002	—
2	0.65	0.618	−4.86
3	1.30	1.254	−4.21
4	1.90	1.842	−3.06
5	3.20	3.138	−1.92

续表

序号	接地电阻实测/kΩ	保护装置实测值/kΩ	误差/%
6	4.00	3.949	−1.27
7	4.50	4.544	0.98
8	5.00	5.098	1.95
9	6.00	6.183	3.06
10	7.00	7.294	4.20

龙滩水电站发电机及其中性点接地变压器等设备的参数如下：

1）发电机额定电压：18kV。

2）发电机额定功率：700MW。

3）发电机定子侧对地电容（相）：3.7μF。

4）中性点接地变压器电压变比：18kV/866V。

5）额定容量：150kVA。

6）负载电阻：0.683Ω。

接地变压器二次侧负载电阻上有抽头，按照1/5的分压比提供零序电压给保护使用。

发电机30%UN空载运行工况下，在发电机中性点处模拟1.90kΩ电阻接地故障。注入式定子接地保护准确发出报警信号。

至2008年12月底，龙滩水电站前期7台700MW机组全部投入运行，注入式定子接地保护运行情况良好，故障检测准确。

4.2.2.3　转子一点接地保护

转子一点接地保护的原理主要有：电桥式转子一点接地保护、外加直流电压式转子一点接地保护、外加交流电压式转子一点接地保护、切换采样式转子一点接地保护、注入式（外加低频方波式）转子一点接地保护。

经分析，龙滩水电站发电机转子一点接地保护采用选择注入式原理的保护较适当。保护装置由南京南瑞继保公司提供，注入方式如图4-23所示。

采用双端注入，在转子绕组的正负两端与大轴之间注入低频方波电压，注入低频方波电压的频率可根据转子绕组对地电容的大

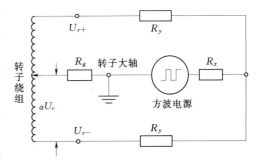

图4-23　发电机转子一点接地保护注入方式

小进行调整，实时求解转子对地绝缘电阻值，注入低频方波电压由保护装置自产，保护反映发电机转子对大轴绝缘电阻的下降。图中 R_x 为测量回路电阻，R_y 为注入大功率电阻，方波电源为注入电源，R_g 为转子绕组对大轴的绝缘电阻。对于双端注入方式，可测量接地故障位置。

与传统转子接地保护相比，龙滩发电机所采用的注入式转子接地保护具有以下独特优点：灵敏度高（达100kΩ，误差小于±5%），不同点接地时保护的灵敏度一致，保护无死

区；可在无励磁状态下正常工作；注入低频方波电源的频率可调范围为 0.1～3.0Hz，可靠消除转子绕组对地电容的影响；可测量转子一点接地位置，为故障排查提供参考。

龙滩水电站 1 号 700MW 机组 2007 年 5 月投运，2007 年 6 月 23 日开始，转子一点接地保护装置频繁报"转子一点接地故障"，累计达 100 多次，并检测故障位置在转子绕组负端的负极引线。

4.2.3 发电机保护总体配置

4.2.3.1 发电机保护配置设计原则

（1）保护的整体设计以采用数字式保护装置为前提。

（2）根据电力系统相关要求，发电机保护按双重化配置，并采用双柜制，两柜内的保护装置完全冗余，除主保护外个别保护采用不同原理。每柜内的保护应做到：

1）发电机内部短路的保护死区最小。

2）定子绕组任一点短路，至少有两种不同原理的主保护能灵敏动作。

3）主保护方案应技术先进、运行经验成熟、方案简单，并能结合发电机的制造和安装，合理安排发电机中性点侧的分支引出方式和电流互感器配置。

4）发电机中性点侧和发电机出口侧的电流互感器应满足暂态特性要求，并在满足保护双重化的基础上电流互感器配置数量最少。

4.2.3.2 发电机保护配置

发电机保护配置如图 4-24 所示。

（1）发电机主保护。装设中性点不平衡保护、不完全纵差保护 I、不完全纵差保护 II、裂相横差保护。

（2）发电机短路后备保护。龙滩发电机励磁采用自并激方式，发电机短路电流的衰减特性对后备保护有直接影响，装设带（电流）记忆的低压启动过流保护作为龙滩发电机短路后备保护。

（3）其他保护。

1）定子单相接地保护（100%）。装设注入低频电源和基波＋三次谐波两种不同原理的保护。

2）转子一点接地保护。装设注入低频电源式的保护。

3）发电机失磁保护。采用机端失磁阻抗作为主判据，系统电压作为辅助判据。失磁阻抗的特性可由异步边界、静稳边界或异步边界加扩大的静稳边界构成。

4）定子过负荷保护。装设由定时限和反时限两部分组成的定子过负荷保护。定时限部分带时限动作于信号，反时限部分动作于跳闸。保护应能反应电流变化时定子绕组的热积累过程。

5）定子过电压保护。发电机负荷后易出现不允许的过电压，按规程规定装设过电压保护。

6）发电机过激磁保护。发电机与主变压器之间设置了断路器，因此发电机单独装设过激磁保护。采用 U/f 反应发电机过激磁大小。

7）转子表层负序过负荷保护。为防止负序电流烧伤转子表层，装设转子表层负序过负荷保护。由发电机制造厂给定的发电机长期允许热负荷值和发电机短路时承受热负荷能

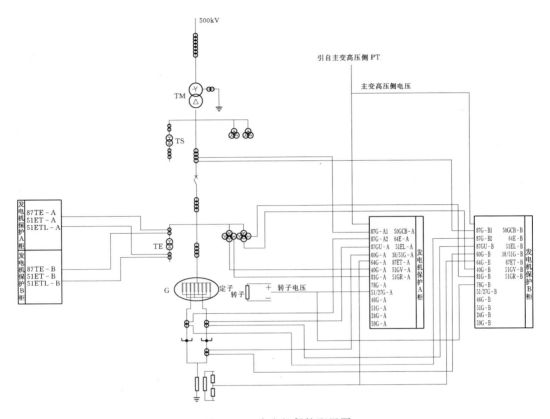

图 4-24 发电机保护配置图

力决定该保护的动作特性。

8）失步保护。龙滩发电机单机容量 700MW，为避免失步造成电气主设备严重损害和系统稳定遭破坏而导致严重事故，装设失步保护。失步保护应能区分短路和失步振荡及系统稳定振荡。

9）发电机断路器失灵保护。为防止故障时发电机断路器跳闸失灵造成设备重大损失，装设发电机断路器失灵保护。采用发电机出口电流、保护跳闸出口继电器接点返回信号为判据，以机端复合电压为闭锁条件，保护延时动作切除主变高压侧断路器及与发电机相连接的其他断路器。

10）轴电流保护。当发电机由于气隙不均引起磁路不对称、励磁绕组发生两点接地等情况时，发电机轴两端之间会产生感应交变电动势，若轴承油膜被击穿而形成电流通路，镜板、轴瓦和滑转子都将流过轴电流，严重时引起烧瓦。为此，装设轴电流保护。

11）励磁绕组过负荷保护。装设带定时限和反时限两部分的励磁绕组过负荷保护，定时限部分动作于信号和降低励磁电流，反时限部分动作于解列灭磁。因励磁系统调节器具有过励限制环节，因此，就保护功能来看，励磁绕组过负荷保护可看作过励限制环节的后备。

12）误上电保护。无励磁的静止或盘车状态下的发电机在某些无法预料或误操作的情况下若突然被加上系统三相电源，出现异步自启动的电动机工况，将严重损害发电机。为防止这种情况，装设发电机误上电保护。

13）启停机保护。作为发电机在启动或停止过程中的保护，应能反应定子接地故障和相间短路故障。保护在发电机正常工频运行后退出。

14）励磁变保护。励磁变高压侧接于发电机与发电机断路器之间，因此将励磁变的保护置于发电机保护系统中一并考虑。设置励磁变差动保护、励磁变过流保护和励磁变过负荷保护。

4.2.4 研究小结

通过研究确定了发电机主保护的最优配置方案，并在国内外首次实现700MW水轮发电机主保护定量化设计。同时认识到，大型发电机多分支定子绕组的内部故障主保护配置不能仅凭经验和传统习惯或参考相近容量等级的工程进行设计，不能简单地根据分支数确定分支组合型式，同一台发电机不同的分支组合型式下主保护的灵敏度、保护范围和死区可能相差很大。应该根据发电机具体的电气和结构参数，在定量计算和定性分析的基础上科学地设计发电机定子的分支组合型式和主保护配置方案。

龙滩水电站发电机定子单相接地保护和转子一点接地保护在做到高灵敏度、无死区的同时，定子接地保护设置安全限值判据以区分报警和跳闸停机的动作结果，兼顾了发电机设备和电力系统的安全运行；转子接地保护具备接地故障位置检测功能，有利于故障的高效排查。工程采用国内自主生产的注入式定子接地保护和转子接地保护，节约了以往需进口的低频方波电源注入设备的投资，且满足技术要求。

研究成果已成功应用于龙滩水电站，可为其他同类机组保护的设计提供经验。

4.3 智能门禁系统

龙滩水电站智能门禁系统是一个全新、现代、稳定、高速的综合保安管理系统，提供了一个高效的信息平台实现水电站内部资源共享，满足内部综合业务需求，为管理、保卫等各部门服务，实现内部管理的安全化、信息化。

4.3.1 设计原则

龙滩水电站智能门禁系统设计和实施过程中，遵循如下原则：

（1）按一级风险防范标准进行设计。

（2）按有关标准和建筑管理系统要求进行设计。

（3）系统采用计算机网络化、高集成原则进行设计。

（4）按统一发卡，统一管理的理念进行设计。

4.3.2 系统设计目标

智能门禁管理系统总的目标是为出入控制提供有效、安全、方便的管理。具体目标如下：

（1）三种身份识别方式，满足不同区域、不同安全等级的要求。

1）普通区域，如普通办公区域、一般办公室和一般通道门等，要求进门使用读卡器，出门使用按钮，方便使用。

（2）重点区域，如档案库房、地下厂房、开关站、重要通道等，要求进、出门均使用读卡器，提高该区域的安全管理等级。

（3）特殊区域，是指重要部门、特殊部门和信息保密部门等场所，如主变洞 10kV 开关柜室等，要求进门使用读卡器加密码的双重身份认证方式，出门使用读卡器，加强该区域的安全管理等级。

（2）采用非接触式感应卡。

（3）持有效卡的人能方便地进出门，没有卡或持无效卡的人不能进出门。

（4）管理员能进行发卡、出入授权，随时控制每张卡的进出权限。

（5）实时监控，方便地记录、查询所有出入的详细信息，打印报表。

（6）与现有工业电视监控系统通信，实现联动，任何一个门出现连续刷卡两次及以上而不能开门或者强行闯入的情况能联动工业电视监控系统，自动推出关联部位的图像、图像监控工作站自动发出语音报警，同时自动实时录像。

（7）与 MIS 系统通信，实现联动，自动关联工作票、操作票中的人员、地点、时间，从而在指定的时段内自动开放对应人员出入相关区域的权限。

4.3.3　系统性能

龙滩水电站智能门禁系统具有如下性能：

（1）实用性和完整性。从电厂的实际需要出发，配置了一个功能完善、设备齐全、管理方便的智能卡管理系统。

（2）实时性。属于不停机系统，以保证系统的正常运行。

（3）可靠性和稳定性。选用了技术成熟、运行稳定的产品，系统软件和网络的设计采用容错技术和开发计算结构，在设备选型、网络设计、软件设计等各个方面充分考虑软件、硬件的可靠性和稳定性，并可在非理想环境下有效工作。

（4）安全性。联网型智能门禁系统具有高度的安全性，无论是系统数据还是出入控制都关系到电站的安全。门禁系统芯片采用拥有自主知识产权的国产芯片，符合中国和国际有关的安全标准，并满足中国大唐集团公司《关于对集团公司 IC 卡系统进行调查及安全应对工作的通知》中的有关要求，避免因芯片的安全漏洞导致电厂安全受到严重威胁。同时，保证系统内的信息在使用和传输过程中不易被劫获和窃取。

（5）易管理性。管理员能对系统进行在线式的控制和管理，具备在不中断系统运行的情况下对系统进行调整的能力。

（6）易维护性。故障易于排除，日常管理易于操作。真正做到开电即可工作，插上就能运行，维护无需过多专用工具。

（7）先进性。本系统在保证相对成熟的前提下采用先进的技术和设备，使其具有强大的发展潜力，可在尽可能长的时间内满足业务需求增长，适应社会和企业的发展。

（8）规范性。本系统是一个集多种功能于一体的综合性管理系统，遵循各个相关行业的标准与规范，使系统满足标准化设计与管理的要求。

（9）开放性。本系统是开放系统，满足相关通行的国际标准或工业标准，确保能与其他系统的设备协同运行。

（10）可扩充性。本系统的设计与实施考虑今后发展的需要，可灵活增减或更新各个子系统。本系统在产品系列、容量与处理能力等方面有扩充与换代的可能，满足不同时期的需要。

（11）经济性。本系统结合国内目前实际应用水平，其建成后能立即得到充分利用。本系统采用经济合理的运营成本得到最佳的效果，在满足功能性和可靠性的前提下初期投资少，系统投运后管理维护费用少，系统未来进行更改、搬迁、改造升级时所需资金少。

4.3.4 系统结构

龙滩水电站的门禁控制系统采用分层分布式集中控制结构，所有门禁控制器均分别连接至相应的接入以太网交换机，经光纤连接至各分区以太网交换机，所有分区以太网交换机均接至主以太网交换机，再与管理中心的门禁管理服务器连接，联网组成一个分布式网络型智能门禁管理系统。网络拓扑结构为环网加星形的混合型网络结构，这种系统结构的优点是：每个门禁控制器能够独立运行，单点故障对系统影响小，任何一个门禁控制器故障只影响对应的两个门禁点，不会影响其他门禁点的正常工作。

门禁控制系统由硬件、软件两部分组成，硬件包括门禁管理服务器、门禁管理工作站、门禁电源装置、网络传输设备、门禁识别卡、前端设备（门禁控制器、读卡器、磁力锁、开门按钮、各种报警探头等）。

门禁识别卡选用非接触式感应卡。所有的读卡器（包括门禁读卡器、巡更读卡器）、电动锁具、开门按钮、各种报警探头等前端设备均通过屏蔽线连接至相应的门禁控制器，门禁控制器能够接收并存储相关控制信息。软件安装在管理中心的门禁管理服务器和工作站上，管理人员可对系统进行软件设置、设定控制目标、发卡授权、实时控制等操作，还可查看各通道口通行人员及通行时间、巡更计划完成情况、防区报警情况等。

龙滩水电站的门禁控制系统共设置154个门禁点及5个通道翼闸。154个门禁点分布在地下厂房、中控楼、开关站和坝顶四个区域。其中，具有两个门的区域，若不兼有通道功能，则只设置一个门禁点，如主变室；若兼有通道功能，则设置两个门禁点，如GCB室。5个通道翼闸分别设置在地下厂房交通洞入口、中控楼入口、开关站入口、坝顶左右坝头。

门禁控制系统配有独立的供电电源装置，在管理中心的机柜内和每个分区设备现地安装箱内均设置有UPS装置，系统分区供电、配电。在每个门禁控制器内另配有蓄电池作备用电源。

4.3.5 设备配置

门禁控制系统的主要设备包括门禁管理服务器、门禁管理工作站及发卡器、打印机、门禁控制管理软件、电源装置、网络传输设备、门禁识别卡、前端设备（门禁控制器、读卡器、电动锁具、开门按钮、各种报警探头等）。

（1）门禁管理服务器。门禁管理服务器设置在机柜内，采用1台多媒体服务器。

（2）门禁管理工作站。门禁管理工作站设置在中控楼的办票室和保安部，各采用1台商用级微机。

（3）发卡器（制卡机）。发卡器为IC发卡器类型，设置在中控楼的办票室和保安部，分别连接至相应门禁管理工作站。

（4）打印机。门禁控制管理系统配置1台彩色网络激光打印机。

（5）证章专用打印机。证章专用打印机用于为识别卡外部赋予个性色彩，可以添加员工姓名和照片，添加公司徽标、文本、图形或条形码。识别卡的个性化可提供视觉标识，协助安保部门员工和其他员工即时识别持卡人的身份。专用软件用于识别卡的设计和打印，可与门禁数据库相连接。

（6）门禁控制器。门禁控制器采用网络型控制器，具有脱网运行功能及密码管理功能，设置有密码输入面板。当门禁卡失磁时可通过输入预先设置的密码打开门。门禁控制器工作电源消失或与管理服务器的通信网络异常时有报警。

每个门禁控制器除了可为两个门禁点提供必要的接口（包括读卡器接口、开门按钮接口、门磁接口）外，还提供多个额外的报警输入接口和多个继电器输出接口，用于其他报警和联动功能（如报警探头、巡更、控制灯光等）。

（7）读卡器。读卡器选择IC卡感应式读卡器。读卡器能快速识别卡上信息，并传送给门禁控制器，以确认持卡人的身份是否具有进门权限，并由控制器做出相应响应。龙滩水电站的每个门禁点目前仅配置进门读卡器。

（8）考勤读卡器。考勤读卡器除具有一般读卡器的性能外，还有LCD大屏显示器能显示实时日期、时间、刷卡人的姓名、卡号等信息，具有网络接口与以太网交换机连接，可与门禁管理服务器互传数据。在龙滩水电站的地下厂房入口、中控楼入口、拉重厂部共设置有5个考勤读卡器。

（9）便携式读卡器。便携式读卡器是无线手持在线式IC卡读写设备，用于下述情形：当大量人员乘车出入道闸时，车上人员无需一一下车，门卫可手持便携式读卡器上车，对车上人员逐一进行读卡登记，其数据信息通过无线传输方式上传至门禁管理服务器。在龙滩水电站的地下厂房交通洞入口及坝顶左、右坝头共3个地方分别设置有便携式读卡器。

（10）长距离读卡器。在地下厂房交通洞入口、开关站入口、坝顶左右坝头共4个地方分别设置有长距离读卡器，用于车辆出入时的门禁管理，以确认车辆的身份是否具有进门权限，记录车辆的进出门信息。

长距离读卡器采用半有源电子标签定向远距离读卡器，采用远距离定向模块和RFID技术实现远距离开启道闸。将有源电子标签放在车辆前挡风玻璃内，在距道闸3～15m（根据现场调节读卡距离）时，读卡器接收有源电子标签的信号，道闸自动开启。

在上述每个地方均设置有进门、出门两个长距离读卡器，根据现场情况调整合适的读卡器识别距离，以避免两个长距离读卡器之间的误读。

（11）识别卡。集成电路识别卡（IC卡）是非接触式智能卡，将具有存储、加密及数据处理能力的一个或多个集成电路芯片和感应线圈封闭于标准PVC卡片中，读卡器通过无线电波完成对卡片中信息的读写和修改。龙滩水电站门禁系统的识别卡选用非接触式IC卡。该IC卡采用我国自主研发的IC卡技术，具有自主知识产权，IC卡系统的密码方案经过国家密码主管部门审批同意。

（12）RFID车辆电子标签。RFID车辆电子标签是机动车电子自动识别卡，采用半有源类型，平时处于休眠状态，当卡片进入读卡器工作区域（有查询信号的区域）时被激活才开始工作向外发送数据，为半主动工作方式。车辆电子标签放置在车辆驾驶室中，门禁系统可自动识别和存储车辆出入的相关信息，对车辆进出进行自动管理。该卡具有很高的定向性、穿透性、稳定性、抗干扰性、易用性以及安全性。

（13）电源装置。门禁控制系统有独立的供电电源装置，所有门禁控制设备采用区域集中供电的方式提供电源。在中控楼继电保护室的门禁系统设备机柜内和每个分区设备现地安装箱内均配置有 1 套 UPS 电源装置和 1 套电源配电装置。电源配电装置提供各分区范围内的门禁系统设备的工作电源，根据龙滩水电站的厂房布局进行分区配电，每个配电回路上均设置合适容量的空气开关。

在各个接入设备现地安装箱内，均设置第二级配电设备，给每个门禁控制器和通道翼闸提供 220V（AC）电源。每个配电回路上均设置空气开关。

UPS 电源装置的容量为 3kW，供电时间 30min，其 220V（AC）输入电源就近从电厂各处的动力柜的备用回路引出。

（14）网络传输设备。龙滩水电站的门禁控制系统采用工业级以太网将门禁控制器与中心管理服务器之间建立连接。

在中控楼继电保护室的门禁系统设备机柜内安装一台主以太网交换机，用于与各个分区以太网交换机连接。在地下厂房和大坝分区，分别配置分区以太网交换机和接入以太网交换机，用以接入相应区域内门禁控制器；在中控楼和开关站分区，分别配置接入以太网交换机，用以接入相应区域内门禁控制器。

主以太网交换机采用光口（单模）与各分区以太网交换机连接形成环网，各分区以太网交换机采用光口与相应区域内的接入以太网交换机连接形成星形网或环网（坝区采用环网、其他区域视布置情况确定网络结构）。接入以太网交换机采用电口与本区域内的各个门禁控制器用网线电缆连接，保证电缆长度不超过 100m。若电缆长度超过 100m，增加用光口连接的接入以太网交换机，以缩短电缆长度，确保不超过 100m。

（15）设备现地安装箱。在每个门禁控制系统的分区现地，设置有分区以太网交换机、接入以太网交换机、第一级配电设备和第二级配电设备的地方均配置 1 个现地设备箱，用于安装该区域内的网络交换机、配电设备及相应的光纤配线架、光缆终端盒、尾纤、光纤收发器，以及设备安装轨道、端子排等。

（16）出门按钮。在采用进门读卡器加出门按钮的应用场所，提供不锈钢安装外壳、双刀双掷开关的出门按钮。在采用"进门读卡器＋出门读卡器＋出门按钮"、"进门读卡器＋进门密码＋出门读卡器＋出门按钮"的应用场所，采用一次性紧急出门按钮，破坏性地敲碎玻璃的方式，确保正常出门用刷卡方式，便于出门时进行身份登记。

（17）电动锁具。每个受控门都设置电动锁具，电动锁具有磁力锁、电插锁、应急锁等，这些锁具均能通电闭锁、断电开锁（即通电后自动锁上，断电后自动打开）。根据龙滩水电站每个受控门的实际情况，选用不同型式的电动锁具，使系统能控制各种不同类型的门（如木门、铁门、玻璃门、防火门、防盗门、单开门、双开门等）。对于电动门（如电动折叠门、钢化自动玻璃门，三辊闸门等），门禁系统与各电动门的执行机构之间通过开关量接口，控制各种不同的电动门电控锁。对于单开门，配置 1 个锁具；对于双开门，采用插销固定一侧门，另一侧门按单开门配置 1 个锁具。

（18）受控门。龙滩水电站对各个门禁点的门进行了更换，门禁控制设备与更换以后的门相配套。

（19）通道翼闸。该设备将机械、电子、微处理器控制及各种身份识别技术有机地融为一体，兼容 IC 卡、ID 卡、条码卡、指纹等读卡识别设备的使用，通过选配各种身份识别设备和采用性能可靠的安全保护装置、报警装置、方向指示等，协调实现通道智能化控制与管理。

在地下厂房交通洞入口、中控楼入口、开关站入口、坝顶左右坝头共 5 个地方分别设置有智能通道翼闸，采用双机芯机箱翼闸和单机芯机箱翼闸，在中控楼入口、开关站入口形成双通道，在地下厂房交通洞入口、坝顶左右坝头形成 3 通道。

设备配套提供控制软件，龙滩智能门禁系统的控制管理软件能对通道翼闸进行控制。

4.3.6 系统基本工作流程

管理中心的门禁管理服务器上安装有门禁管理软件，可实现系统的集中管理功能。门禁控制器采用 TCP/IP 协议通过以太网与门禁管理服务器通信，从服务器上将所有"本地"控制参数下载，也能独立运行，确保快速门禁处理。

在电厂的每个门禁点安装一套门禁前端设备，按不同区域安全等级要求，设有 3 种身份识别开门方式：进门读卡器加出门按钮、进门读卡器加出门读卡器加出门按钮、进门读卡器加进门密码加出门读卡器加出门按钮。

龙滩水电站采用进门读卡器加出门按钮的方式。持卡人进入时刷卡，读卡器读取卡片信息，传送给门禁控制器，控制器判断卡片是否有效。若卡片有效，控制器输出开门信号，触发控制电锁的继电器，门自动开启，让持卡人通过，经过一定延时后门自动关闭，如果门没有正常关闭，控制器输出报警信息通过以太网传送给管理中心的门禁管理服务器，服务器产生声音报警，并显示相应的门状态；若卡片无效，控制器输出报警信息传送给管理服务器，服务器也将产生声音报警，并显示相应的报警信息。

如果门不是正常开启，管理服务器将产生声音报警，并显示相应的报警信息。同时管理服务器发送报警信号联动工业电视监控系统，自动切换监视器显示相关画面，并自动录像。

控制器将这些刷卡进出事件存储起来，并将事件记录传送至管理服务器长期保存，供查询、统计用。各控制器在参数设置完成后，可脱网独立运行，完成对各种前端设备的控制。

管理人员在监控中心的电脑上，可实时查看各通道口的通行情况，前端设备的运行情况，可以控制相应管制区域内通道口的开关及改变通行方式。

警卫人员在巡更时，巡更读卡器的刷卡记录实时回传到监控电脑上，监控中心可对巡更路线和时间跟踪监控，若与事先编制的巡更计划有出入，系统会在巡更出错时及时发出警告，提醒值班人员注意，同时也能保障巡更人员的人身安全。

4.3.7 系统功能

智能门禁管理系统是门禁控制系统、考勤系统、电子巡更系统的无缝结合，具有门禁、考勤及巡更、防盗报警、应急处理等功能。

4.3.7.1 门禁功能

1. 基本功能

(1) 电厂员工实现凭卡出入：持卡人进门和出门时，将卡片靠近门禁读卡器，合法卡信号通过门禁控制器传给电锁，电锁自动打开；出门时也可按出门按钮，电锁自动打开。

(2) 电厂员工可持有独立的密码信息，员工进出入不同的区域，可分别或同时使用门禁卡和密码。

(3) 当大量人员乘车出入时，门卫可手持便携式读卡器上车，对车上人员逐一进行读卡登记。

(4) 无效卡或非法卡访问门禁读卡器或通过非正常及暴力手段强行开门时，门禁系统应以声音报警，同时将报警信息传送到管理中心，并联动工业电视监控系统以视频报警。

(5) 关门到位检测，开锁后自动检查关门状况。开门延时（可调），超过开门延时未关门或门禁系统故障时蜂鸣器自动报警。

(6) 特殊情况紧急按钮开门。

(7) 门未锁和锁定：未锁是将门打开，不需使用卡便可进出；锁定是出入门闭锁，卡无效。

(8) 电厂车辆出入时，通过长距离读卡器读取车辆上配备的特种门禁卡，可实现读卡自动开门。

(9) 与 MIS 系统进行数据通信，门禁系统根据自动关联工作票、操作票中的人员、地点、计划开始及结束时间，在指定的时段内自动开放相应运行当值人员出入指定区域的权限。

2. 联动功能

(1) 安防联动：与电厂工业电视监控系统通信，可对设置门禁的相关区域手动录像或在自定义时段内自动录像，实现门禁警视联动。

当非正常开门（包括强行闯入、破坏门锁），非法闯入者强行进入门禁系统控制的区域时，门禁系统能将报警信号传给工业电视监控系统，联动相关区域内的摄像机，自动将相关摄像机画面切换到监视器显示，并自动录像。

(2) 消防联动：火灾报警控制系统按各安防区域分别输出各区的火灾报警 I/O 信号，接入相应区域的门禁控制器。当某区域出现火警时，该区域的门禁控制器自动打开相应区域的通道门，保证该区域内人员能及时顺利撤离。

3. 集中管理功能

(1) 发卡功能：发放门禁卡，门禁卡和员工卡合二为一，上面含有电厂员工的照片和相关信息。定制巡更卡、访客临时卡。

(2) 权限设置：根据持卡人能够自由出入的范围和时段，对其门禁卡（包括员工卡、临时卡）设置或更改通行权限。根据工作任务需要制定巡更人员的巡更计划。

(3) 操作员级别设定：通过设置多级密码，对管理人员操作管理中心服务器、工作站和门禁控制器的级别和权限进行设定。

(4) 参数设定：进行门禁控制器的配置、网络的配置、门禁控制器的参数设定、级别设定，设置门开关时间表、持卡人进出时间表及通行权限。

（5）设备注册：增、减前端设备或门禁卡时，在管理中心服务器上进行重新注册，使其有效或失效。

（6）事件记录：能够实时监控每个门的状况，对所有出入事件、异常事件及其处理方式等多种信息（报警位置、原因等）进行记录，保存在数据库中，记录不可更改。可记录的事件类型有正常进门、正常出门、非正常时段读卡、无效卡读卡、门开超时、非正常开门、控制器离线等。可显示的信息包括持卡人姓名、照片、卡号、所属部门、出入时间、门点地址等。对于车辆的出入信息，包括汽车牌照号码、出入时间、门点地址等。

（7）数据管理：在管理中心能对系统所记录的资料进行存储、读取、转存、备份、打印等处理，能够存储持卡人的档案资料，能通过持卡人姓名、卡号、时间、地点、特定事件进行检索查询，在管理中心和门禁控制器现场均可查询历史记录。并有防篡改和防销毁等措施。

（8）报表生成及查询：对人员的出入情况进行统计，能够对所有的事件记录及系统信息定时或随机生成按用户要求设计的各种报表。

（9）设备控制：在管理中心可进行远程开门。

4. 脱网运行功能

门禁控制器既可以联网工作，实时在线管理，也可以脱网工作，离线管理。

管理中心服务器通过联网的方式可随时发送指令给各个门禁控制器，更改门禁卡权限或读取出入记录。门禁控制器相当于一台小型电脑，自身也具备控制和存储功能，管理中心服务器通过联网的方式把各个门的权限信息下载到相应的门禁控制器内，门禁控制器保存这些信息，在局域网发生故障时，即可脱网工作，不影响门禁的使用，可不依赖管理中心服务器能自动识别、判断门禁卡，记录出入信息。记录存储在门禁控制器内。

4.3.7.2　考勤及巡更功能

（1）所有的读卡器均可以作为考勤和巡更信息的数据采集点，也可以通过软件设置指定的读卡器作为采集点。

（2）自动考勤功能：员工上下班时，只需将个人的员工卡靠近指定的专用考勤读卡器，系统将自动记录员工的卡号、刷卡时间等出勤信息，能自动生成各种类型的统计汇总考勤报表，实现考勤信息采集和统计过程自动化，完成简单的考勤管理功能。

（3）门禁系统可以方便地集成巡更管理功能，巡更卡刷卡后只留记录但不开门。

（4）考勤及巡更记录查询功能：员工可通过 MIS 网联机查询自己的考勤记录，电厂人力资源管理人员可通过 MIS 网联机查询所有员工的考勤及巡更记录，按需要随时增减员工名录及更改档案资料。

4.3.7.3　防盗报警功能

门禁控制器提供报警输入接口和继电器控制输出接口，可以接入各种防盗报警探测器和其他报警设备，输出继电器控制信号联动相关设备（如工业电视监控系统），以便于组成不同类型的防区，满足不同的安防要求。

4.3.7.4　应急处理功能

为便于事故处理，管理中心可以根据实际应急处理工作的需要或其他检修工作的需要，对相关的门禁控制器进行解锁，开放门禁，并具有自保持功能，直至再次人为恢复门禁功能。

4.3.8　龙滩水电站门禁控制系统的特点

龙滩门禁控制系统具有如下特点：

完整的综合安保管理集成系统：该套系统采用开放式结构设计思路，可以通过通信接口与其他子系统进行集成，与闭路监控、防盗报警系统进行双向通信，从而实现与视频监控系统或其他系统的联动。系统中各子系统之间的集成联动，是以门禁控制主机为中心，通过与防盗报警系统和视频监控系统的联动，从而可以在原有系统的基础上，无需增加任何硬件设备，即可形成一个完整的防区安全技术防范体系，实现安防系统内各应用子系统的联动。

采用当今主流的网络技术：采用 TCP/IP 协议传输数据，传输速度快，误码率低，可以通过远程客户端达到远程实时监控门锁状态功能。

分散安装方式：对于龙滩水电站这样分布范围较大的情况，采用设备分散安装、网络连接方式，大量降低传输造价，提高系统信号传输的质量。

4.4　泄洪告警及指令广播通信系统

龙滩水电站设置了 1 套泄洪告警系统，用于在泄洪或机组启动发电之前发出警报和语音提示，提醒停留在电站枢纽附近的上游水库区域、下游河道区域内人员、船只，以及驻留在电站枢纽周边相关区域内的人员注意安全及时撤离。

4.4.1　总体设计要求及原则
4.4.1.1　总体设计要求

采用的系统必须满足龙滩水电站对泄洪告警、广播寻呼、消防广播等多方面的需求。

由于龙滩水电站地处山区河谷，地形复杂，上游水库面积宽广，下游河道蜿蜒曲折，两侧山峰陡峭。其安全运行管理区的范围大，半径有近 3.0km，不仅包括下游河道及两岸区域，而且包括水库内的水域及小岛。采用的泄洪告警系统应适应电站所在区域的地形地貌，在泄洪告警覆盖范围内应具有足够的声音响度，并且应该是全天候的，具有一定的抗灾能力。

应能灵活设置广播系统的播音区域，能在电站枢纽范围内按照不同的功能分区进行分区广播，也能在所有区域内同时进行广播。

在广播寻呼的覆盖范围内有电站已经存在的电缆通道可供线缆敷设，但在泄洪告警的覆盖范围内却没有现成的电缆通道，若要敷设线缆需要做电缆沟或埋设，而且电缆距离还较长。在水库内四面环水的区域，无法敷设普通电缆，需要采用水下电缆，或者采用无线方式。电站枢纽之外的区域不能提供现场电源，需要采用集中供电方式或太阳能供电方式。

4.4.1.2　设计原则

根据总体设计要求，确定系统设计如下原则：

（1）泄洪警报点仅设置在电站安全运行管理区范围内。

（2）泄洪告警采用无线方式实现。

（3）泄洪警报点设备供电采用太阳能分散供电方式。

（4）电站指令广播通信系统与调度电话功能结合。

（5）系统具有可扩充性，能灵活增减设备。

4.4.2 告警及广播的覆盖范围设计

4.4.2.1 泄洪告警的覆盖范围

由于电站枢纽周边的范围广，首先需要了解泄洪告警的覆盖范围，然后根据范围选择实现泄洪告警的方案。泄洪告警的警报范围应覆盖整个电站安全运行管理区。龙滩水电站安全运行管理区为：坝轴线主河道上游 1100m 之内水域、大坝坝轴线上 1250m 之内水域；大坝坝轴线下游 2700m 以上主河道及两岸内区域。

4.4.2.2 广播寻呼的覆盖范围

龙滩水电站枢纽由大坝、地下厂房、地面中控楼及开关站组成，另外还有电厂办公楼及生活区。为了尽可能多的电站相关人员能听到广播，及时知晓电厂发布的通知、寻呼信息和紧急消防信息，广播寻呼的范围应能覆盖上述所有区域。

4.4.3 系统型式选择

基于系统的总体要求，经调研比选，采用了泄洪告警及指令广播通信系统，实现龙滩水电站的各种需求。

泄洪告警及指令广播通信系统由无线泄洪告警设备和有线指令广播设备组成，综合了无线广播、指令广播和公共广播的功能特点，并能与电站行政交换机、调度交换机相连，共享电话程控交换机的所有功能。实际就是在程控交换机的基础上，采用指令广播设备，在电话分机上增加广播功能，与已有的通信设备合并组成一个综合的广播通信系统，在敷设电缆方便的部位采用有线方式传送信号，在敷设电缆不便的部位采用无线方式传送信号。

4.4.4 警报点和广播点的设置

4.4.4.1 泄洪警报点的设置

根据电站安全运行管理区内人员可能的驻留地点，以及电站运行需要，在电站枢纽区域和水库里河道上经常有人驻留的区域共设置有 9 个泄洪警报点：

（1）坝顶闸门控制楼警报点。

（2）左岸尾水处警报点。

（3）左岸水厂警报点。

（4）龙滩大桥左岸警报点。

（5）龙滩大桥右岸警报点。

（6）驳运码头警报点。

（7）纳付堡警报点。

（8）布柳河口警报点。

（9）拉重龙滩水电站办公楼警报点。

4.4.4.2 广播点的设置

广播点设置在龙滩水电站的地下厂房各层、主变洞各层、中控楼、开关站及出线平台，共计32个广播点。

4.4.5 系统配置

4.4.5.1 无线泄洪告警系统的配置

无线泄洪告警系统采用无线广播设备，由发射主机、驱动器和接收扩音终端组成，以分布方式发送泄洪警报音。在电站坝顶闸门控制室内设置1台全自动无线发射主机，发射天线置于室外适当的位置，在坝顶闸门控制室内设置可以控制无线泄洪告警系统启动和停止的操作按钮。每个泄洪警报点设置1套全自动无线接收扩音终端。另外，在坝顶闸门控制楼的楼顶安装1台电动强音响警报器，以中心发声方式发送泄洪警报音。

（1）无线发射主机：无线发射主机由发射模块、天线等相关附件组成。

（2）无线驱动器：无线驱动器与无线发射主机连接，控制无线发射主机并向其提供音源。无线驱动器还提供各种接口（PABX接口，火灾报警接口、以太网接口等），可与各种预警设备、电话程控交换机、其他通信设备连接。

无线驱动器的采用使无线泄洪告警与有线指令广播形成一个协调统一的整体。

（3）无线接收扩音终端：无线接收扩音终端由无线接收模块、音频功率放大器、太阳能电源组成。

在不能提供现地电源的泄洪警报点，采用太阳能电源给无线接收扩音终端供电，输出功率为（30×2）W。电源系统采用（13×4）PW太阳能电池板和（20×4）Ah蓄电池，具有充电控制电路和过载、欠电压等保护功能，配置有避雷组件，太阳能光电功率板和扬声器安装在专用电杆或路灯电杆上。需要防水保护的设备安装在设备箱内，设备箱固定在立杆上方便检测又不易被损的高度。

为了使每个泄洪警报点周围尽可能远的地方能听到警报声，在每个警报点均设置两只25W的户外防水号筒式扬声器，背靠背朝向上游和下游两个不同的方向安装。

4.4.5.2 有线指令广播系统的配置

指令广播系统采用指令电话广播设备，由指令扩音设备、驱动控制器和计算机工作站等部分组成。泄洪告警及指令广播通信系统配置示意图如图4-25所示。在地面中控楼的

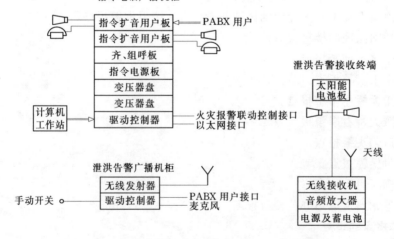

图4-25 泄洪告警及指令广播通信系统配置示意图

通信机房设置 1 套数字程控指令电话广播设备,该设备配置有指令电话广播所需的插件板组件,提供每个广播电话分机独立的 30W 功率放大器,与厂内生产调度交换机的用户端口连接,引出连接广播电话分机的用户线。

在电站地面中控楼的 MIS 系统室配置 1 台计算机工作站,与指令电话广播设备连接,用于背景音乐的播放。

从设备机柜引接至各个广播电话分机的用户线可单独配线,也可纳入电站已有的通信网络进行综合布线。

(1)指令扩音设备:由组呼齐呼板、指令广播用户板、话站(端局)等组成,实现组呼齐呼功能的控制、广播扩音控制、个呼电路单元 30W 功率放大等。

(2)驱动控制器:提供火灾报警和以太网接口,与电话程控交换机用户板、计算机工作站和其他通信设备连接,实现消防广播、指令广播和公共广播功能。

(3)计算机工作站:采用工控机,向驱动控制器提供音源,控制定时广播、分区广播等公共广播功能,采用中文界面便于人机交流。

4.4.6 系统主要功能及性能

4.4.6.1 无线泄洪告警系统主要功能及性能

(1)启动。在电站坝顶闸门控制室内设置有启动操作按钮,可以手动同时启动无线泄洪告警系统内所有告警点的扬声器,也可通过 PABX 接口和以太网接口实现远程控制,音源可选择远程麦克风或计算机工作站内置 MP3 音源。

(2)关闭。有自动和手动两种方式。该泄洪告警系统在开启闸门泄洪前 30min(此时间由电站自定)由工作人员在电站坝顶闸门控制室按键启动警报,在泄洪开始后 10min(时间可调)自动停止警报,即在系统启动 40min 后能自动停止警报;并且,在坝顶闸门控制室内设置有停止操作按钮,可随时手动中止警报。

(3)系统在正常情况下采用固定频率的警报声和预录语音循环交替作为警报音源。

(4)系统与电站现有的调度通信系统连接,在坝顶闸门控制室可以通过已有的调度电话分机随时进行喊话。遇突发事件时,电站调度通信系统内任何一部调度分机拨打一特殊号码,即可利用本系统通过电话机随时喊话。

(5)警报声及语音的无线传输距离以大坝为中心半径不小于 3.0km,并且无线信号能在山谷中非直线无中继传输。

(6)在每个泄洪警报点不小于 250.0m 半径范围内有足够的音量和清晰的声音。

(7)泄洪警报点的无线接收终端设备是户外型的,防护等级 IP65,具有良好的防水、散热特性。

(8)泄洪警报点设置在河边空旷地带,泄洪警报系统充分考虑了避雷的要求,配置了合适的避雷设备,以便该系统在恶劣气候条件下能正常运行。

(9)泄洪警报点设备的安装坚固牢靠,设备箱的材料强度及安装方式、支架的型式和高度,均保证安装在上面的设备不易被盗窃,满足防盗的要求。

(10)系统具有方便扩充性,能灵活增减设备,今后若需要增加泄洪警报点,只需要增加无线接收扩音终端。

4.4.6.2　有线指令广播系统主要功能及性能

（1）指令广播系统可通过驱动控制器与各种 PABX 交换机用户板、计算机工作站以太网接口、火灾报警控制系统接口相连，实现消防广播、指令广播和公共广播功能。

（2）电站内所有调度分机均可增加广播功能成为广播分机端局。

（3）每个广播分机端局由话机和扬声器组成，话机可以是普通话机或特种话机，扬声器可以是音箱式或号筒式。

（4）任一个调度分机均可通过拨号方式对具有广播功能的分机进行个呼（点对点）、组呼（点对片）、齐呼（点对所有广播分机），进行扩音振铃、扩音广播或常规通话。

（5）个呼。任意调度用户摘机可拨打任意广播用户。拨通后自动启动被叫的扬声器发出"叮叮咚咚"的呼叫音，被叫自动接通以后，主叫可以发出指令，通过扬声器将指令传递给被叫。如被叫没有摘机，主叫挂机，则自动关闭扬声器，电路恢复到待机状态，等待下次呼叫。如被叫摘机，则扬声器自动关闭，被叫可通过话机与主叫通话。通话完毕双方挂机，电路恢复到待机状态，等待下次呼叫。

（6）组呼。系统可以将工作联系紧密的多个广播用户编为一组。外组或本组用户摘机拨打组呼号码，将接通该组所有广播用户，拨通后自动启动被叫组的所有扬声器发出"叮叮咚咚"的呼叫音，自动接通以后，主叫可以发出指令，通过扬声器将指令传递给被叫组所有用户。如被叫组中没有人摘机，主叫挂机，则自动关闭被叫组的所有扬声器，电路恢复到待机状态，等待下次呼叫。如被叫组有任意用户摘机则自动关闭摘机用户的扬声器，其他扬声器继续发声，被叫可通过话机与主叫通话。通话完毕双方挂机，电路恢复到待机状态，自动关闭组内用户的所有扬声器，等待下次呼叫。

（7）齐呼。系统内任意用户摘机可以通过拨打齐呼号码，接通所有广播用户。拨通后自动启动所有用户扬声器发出"叮叮咚咚"的呼叫音，自动接通以后，主叫可以发出指令，通过扬声器将指令传递给所有用户。如没有用户摘机，主叫挂机，则自动关闭所有用户扬声器，电路恢复到待机状态，等待下次呼叫。如有任意用户摘机则自动关闭摘机用户的扬声器，其他扬声器继续发声，被叫可以通过话机与主叫通话。通话完毕双方挂机，电路恢复到待机状态，自动关闭所有用户扬声器，等待下次呼叫。

（8）若电站调度通信系统具有与外线通信的功能，也可通过外线电话或手机对广播分机进行呼叫。

（9）每个广播分机除连接自本系统设备机柜的信号线外，不需额外提供电源。

（10）可以在全厂范围内或指定区域范围内通过广播分机扩播调度指挥命令、扩音寻呼找人、广播通知、播放背景音乐，并兼作消防广播。

（11）当本系统用于播放背景音乐时，既可按预定的时间自动启停，又可在任何时间手动启停。

（12）系统在播放背景音乐时，如某广播分机有电话呼入，能立即切断背景音乐，转为扩音振铃状态。

（13）系统能与电站的消防火灾报警控制系统联动，当接收到消防系统发出的联动信号，本系统自动接通所有广播分机，扩播预设的消防警报音，或用于广播消防应急指挥命令。

（14）若广播设备出现故障不能正常工作或者退出运行，能保证广播分机的调度电话功能仍然正常、不受影响。

（15）系统具有方便扩充性，能灵活增减设备，今后若需要增加广播点，只需要增加指令广播用户板和组呼齐呼板件。

4.4.7　系统主要特点

4.4.7.1　无线泄洪告警系统主要特点

（1）抗干扰能力强、性能稳定：采用国际标准的数字调频调制技术传输和数字编码及加密控制技术，采用进口发射模块，抗干扰能力强，性能稳定。

（2）音质好。传统的有线广播是采用功率传输，不仅功率损耗大，而且高音频损耗大，因此声音较闷，不清晰。本系统无线调频广播传输的是高频信号，不存在功率损耗的问题。所以，音箱在相同响度下，与有线广播比较设备功率可以小于30％以上。高频衰减极小，音质优美清晰。

（3）无线通信方式，没有音频布线；太阳能供电，没有供电线路存在。不会受自然灾害影响中断广播，确保应急救指挥中的正常广播。

4.4.7.2　有线指令广播通信系统主要特点

（1）系统与电站现有的调度通信系统连接，兼具调度电话功能与广播功能，一套设备综合实现了消防广播、指令广播和公共广播功能，避免了电站配置多套功能趋同的设备，节省了工程建设费用，也减少了设备维护工作量。

（2）系统的话站（端局）为四线传输（端局、喇叭同时接入）和二线传输（只接端局或喇叭）两种方式，线路可跟其他的电话机一起配线和布线。扩音设备供电由机柜集中提供，不需要现地电源。

4.4.8　运行过程中问题处理及改进

（1）电动强音响警报器安装完毕进行调试后发现，由于受现场高山河谷的地形地貌影响，原设计采用的2000W功率警报器，只在0.6km范围内有较好的响度，后改用7500W功率的电动强音响警报器，很好地满足了现场2.7km范围的警报响度要求。

（2）无线发射主机设置在电站坝顶闸门控制室内，发射天线置于楼顶。由于天线敷设至控制室的馈线太长，造成发射功率损失太大。后通过增加发射主机的功率解决了这一问题。

（3）无线发射主机发送的信号，由于受高山的阻挡，河流蜿蜒曲折地形地貌的影响，造成无线接收扩音终端的信号太弱或断断续续。后改变信号传送内容，将原来由发射主机发送的预录音信号，改为将预录音保存在各接收扩音终端，无线主机只发送启动和停止控制信号，解决了问题。

（4）由于考虑方便设备运输，原设计中无线接收扩音终端的立杆高度只有8m，由于受高山的阻挡，造成无线接收扩音终端的信号不好。后改变立杆的结构，采用可伸缩的杆，增加立杆的高度，改善了无线接收扩音终端接收信号的效果。

第 5 章

高水头底孔弧形工作闸门

5.1 底孔弧形工作闸门及其研究内容

5.1.1 底孔弧形工作闸门简介

龙滩水电站泄洪建筑物布置在大坝中部，由 7 个表孔溢洪道和分布于两侧的两个底孔组成。每个底孔长约 80.0m，底坎高程 290.00m，在每个底孔进口依次设有 1 扇平面倒钩滑动检修闸门和 1 扇平面定轮事故闸门（检修闸门两个底孔共用 1 扇，事故闸门每个底孔 1 扇共两扇），在每个底孔末端出口设有 1 扇弧形工作闸门。弧门孔口尺寸 5.0m×8.0m（宽×高），门槽底坎高程 290.00m，设计最大挡水水头 110.00m，最大动水操作水头 90.00m，采用单吊点摇摆式液压启闭机操作。

底孔弧门要求在下闸蓄水后投入运行，根据水库调度运行方式，其操作运行水头在施工导流期为 40.00～50.00m，在前期正常蓄水位 375.00m 建成后为 65.00m，在大坝加高期和正常蓄水位 400.00m 建成后为 65.00～90.00m，此时设计最大挡水水头为 110.00m，弧门动水启闭频繁，操作运行水头变幅大，最大挡水水头高，弧门要适应在各种水位下安全稳定运行，技术要求高，设计难度在同类高水头弧门中较为突出。

根据底孔弧门设置的实际情况，总结以往高水头弧门设计、制造、安装和运行经验，对底孔高水头弧门结构型式、止水型式和止水材料、静力特性、动力特性、振动问题等进行了研究，在设计中采用了多种新颖而实用的结构型式和设计方案，将预压止水型式成功应用到了挡水水头 110.00m、操作水头 90.00m 的龙滩水电站底孔弧门上。

5.1.2 主要研究内容

（1）闸门结构设计研究，关键部件的设计和选型，使得设计的产品在现有的制造加工能力条件下，结构更合理，加工方便、安装便捷、精度更高。

（2）对设计研究出的闸门结构，提出科学的分析计算方法。在静水压力、动水压力、波浪压力、启闭荷载、温度荷载、基础变位等不同荷载组合作用下，对闸门结构的强度、刚度及稳定性进行空间静动力分析计算，并提出闸门结构优化的措施；进行弧形工作闸门结构流固耦合的模态特性分析，研究不同开度泄洪时作用于弧形工作闸门上的动水脉动荷载及弧形工作门结构在动水脉动荷载下的动力响应分析，为设计提供可靠的依据。

（3）研究、设计、制作合适的模型，进行弧形工作闸门全水弹性振动试验，对闸门的抗震性能进行评价，避免闸门发生强烈振动，提出改善闸门抗震性能的措施。

（4）对高水头弧门预压式止水型式和材料进行研究，对研究拟定的止水型式和材料进行止水装置非线性仿真计算和模型试验，以确定合适的止水型式和材料。

5.2 底孔弧门结构设计

5.2.1 底孔弧门主体结构

一般底孔弧门的门体结构是由主纵梁、主横梁、小纵梁、小横梁、边梁等同层布置的梁系和面板组成的焊接结构，弧门支臂由箱形断面支杆和上、下，以及左、右支臂杆间连系杆焊接而成，门体结构和支臂通过螺栓连接为一体。通常为满足运输和安装要求，将门体结构和支臂分节，在现场焊为一体。这种结构型式难以避免现场焊接引起的变形，影响安装精度，使得弧门四周的预压止水的压缩不均匀，从而影响封水效果，同时现场焊接工作量大，对安装工期也有影响。

为提高龙滩水电站底孔弧形闸门安装精度，保证质量，经研究底孔弧门门体结构之间、门体结构与支臂之间、支臂与支铰之间、支臂与其联系杆之间、支铰与支承钢梁埋件之间设计均采用"工地全部螺栓连接"，充分利用制造厂在制造、检测设备，以及厂内条件的优势，将需要加工、焊接以及几何尺寸控制等工作在制造厂完成，再通过弧门工厂整体组装，消除缺陷，以减少工地环境下的工作量，避免工地焊接引起的变形与残余应力。

龙滩水电站底孔弧门是由主纵梁、主横梁、小纵梁、小横梁、边梁等同层布置的梁系和面板组成的焊接结构。门体结构根据孔口尺寸为窄高型而采用主纵梁为主、主横梁为辅的井字形布置，主纵梁和主横梁为箱形梁；4 根形型小纵梁分别布置在两根主纵梁两侧，4 根工字形小横梁分别布置在顶、底部及两根主横梁之间；为满足运输要求、减少现场安装工作量和难度、确保安装质量，门体结构从中间纵向分为左右两块，每块在分块处设置一块大的纵隔板，其连接面进行机加工，在现场节间用高强螺栓和铰制孔螺栓连接，弧门面板拼缝处用小 V 形坡口密封焊并磨平。

弧门支臂采用直支臂结构，支臂支杆为箱形断面；通过工字形截面连系杆将上、下支臂及左、右支臂之间用高强螺栓连为整体；考虑运输限制，支臂在上支杆裤衩处分段，在现场用高强螺栓连接；支臂前后端板与门体、支铰连接面均进行机加工，其与门体、支铰连接均用螺栓连接。

底孔弧门结构设计总图，如图 5-1 所示。考虑运输条件限制进行分块，在"工地全部螺栓连接"的弧门主体结构设计，使得分块连接面和止水座板面均可采用高精度的机床进行加工，不仅保证了连接面的传力，而且为弧门四周的预压止水的压缩均匀创造了条件，从而确保了闸门结构质量，提高了安装精度，缩短了安装工期。

5.2.2 底孔弧门支铰

高水头弧门支铰要求具有如下特性：

（1）要求支铰自调偏心的功能强，对安装时两支铰轴心同心度要求相对较低，便于安装。

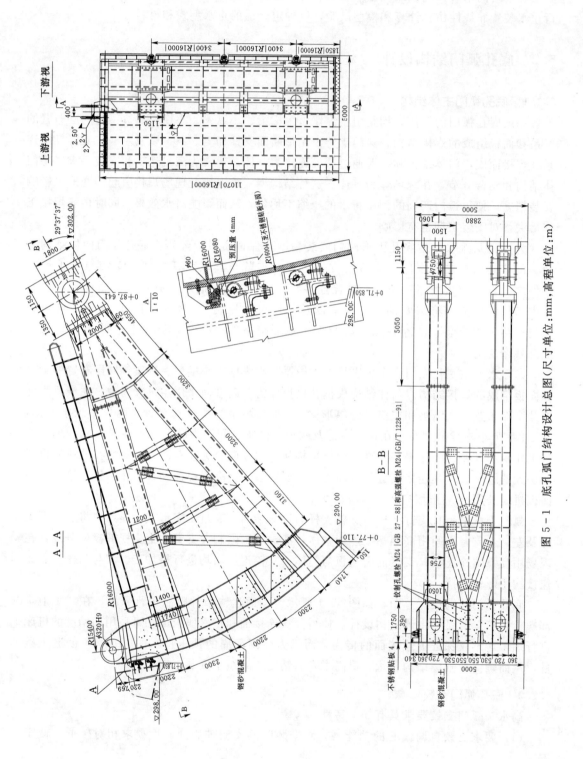

图 5 - 1　底孔弧门结构设计总图（尺寸单位：mm，高程单位：m）

（2）支铰的结构与理论上铰接点力学特性相似，制造和安装误差不致引起支臂过大的附加应力。

（3）支铰承载能力大而尺寸小，便于布置。

（4）支铰轴承转动灵活，摩阻力小。

（5）支铰轴承应具有自润滑免维护功能。

根据以上要求，合理的支铰型式为球铰。以往直支臂潜孔弧形闸门主要采用圆柱轴套，由于制造、安装误差以及温度变形等原因，将引起弧门结构产生附加应力。圆柱轴套边缘将产生非常高的边缘应力。往往通过加大圆柱轴承的尺寸，降低应力，同时要求保证支铰的安装精度来弥补。尽管如此，其设计计算铰接点的假定模式与实际仍存在较大偏差。

通过调研分析国外先进产品，发现 SKF、DEVA、INNA 等公司均有大荷载球铰的定型产品，其产品不仅有球面自润滑轴承固有优点，而且承载能力大，使固定支铰和活动支铰的尺寸和重量，比常规圆柱轴套的圆柱铰减少约 30%～35%，相应地使支臂接合端和支铰埋件的重量亦可减轻，尽管球面自润滑轴承本身的价格较高，但整个闸门的制造成本增加并不多。

考虑到龙滩水电站底孔弧门使用频繁，在工程中担任比较重要的作用，经综合经济技术比较后，最终采用了德国 INNA 公司生产的 GE750DW - 2RS 球面自润滑轴承。弧门支铰设计总图如图 5 - 2 所示。

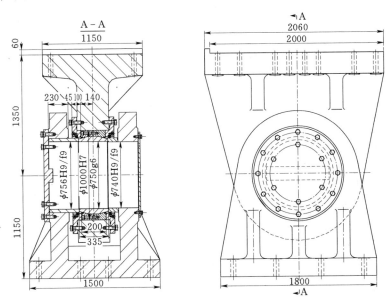

图 5 - 2 底孔弧门支铰总图（尺寸单位：mm）

龙滩水电站底孔弧门支铰采用球面自润滑轴承实践表明，球面自润滑轴承具有自动调心功能、能够有效克服圆柱轴套的缺陷以及降低弧门支铰的安装难度等许多优点，随着国内制造厂研制大荷载球铰的定型产品的成功，使得其本身的价格降低，高水头弧门支铰采用球面自润滑轴承是一种较好的选择。

5.2.3 底孔弧门面板焊接不锈钢板

底孔弧门在启闭过程中，为防止因门顶缝隙高速射流而引起弧门振动，常常在门楣上设置防射水封组件，并借助于弹片和上游库水压力将水封组件压紧在弧门面板上。由于防射水封在闸门启闭过程中止水始终接触着闸门面板，以往工程面板采取普通碳素结构钢后防腐处理，未采取有效的减摩措施，常导致防射水封磨损较快和面板防腐层破坏。

综合比较多种减摩措施的优缺点并考虑其可靠性及耐久性，在闸门面板上复合不锈钢板，既解决了面板的防腐问题，又降低了对防射止水的磨损。由于面板表层覆盖不锈钢板，下部面板抵抗气蚀与磨损的能力得到提高，对于闸门长时间局部开启有利。

闸门面板采用复合钢板是方案之一，复合钢板通过爆炸的方法将不锈钢板与普通结构钢板焊接为一整体，考虑门叶整体与局部的焊接变形量10mm，表层不锈钢板厚度需要14mm左右。该方案的主要优点是面板加工为最后一道工序，门叶变形控制较好，止水效果有保证，不锈钢板与基体钢板为一体，整体刚性较好。但表层不锈钢板加工量大，加工难度较大，同时14mm厚的不锈钢板与34mm厚的结构钢板的爆炸焊接的质量难以得到保证。如果采用复合钢板方案表面不再加工，由于门叶焊接变形则对止水不利。

在整体加工后的门叶面板表面上焊接不锈钢板是方案之二，不锈钢板厚度4mm，焊缝布置面板四周和在闸门主要梁格腹板位置上，焊缝打磨光滑平整，必须密闭不得透水。由于门叶面板厚达34mm，且深孔弧门门叶整体刚度非常大，焊接不锈钢板的焊缝尺寸小，焊接变形能量有限，焊接不锈钢板门叶基本不发生焊接变形，不锈钢外表面可以不再加工，不锈钢板自身的光滑表面能达到水封接触面的粗糙度要求。

为验证第二种方案不锈钢板与面板联合工作情况，对面板的不同组合方案进行了有限元计算。面板厚34mm，弧面半径16.0m，代表性面板梁格长度1150mm，宽720mm，梁格四周固定，闸门设计水头110.00m。

采用如下三个方案计算，各方案均考虑面板为弧面工况。

方案一：在面板基材上焊接厚度4mm不锈钢板，不锈钢板只在梁格四周与面板焊接。

方案二：纯面板基材工作，不考虑不锈钢板参与受力，是一种对比方案。

方案三：不锈钢板与基材钢板黏结为一体，即采用不锈钢复合钢板。

底孔弧门面板控制点应力与位移见表5-1。

与纯钢板基材方案比较，焊接不锈钢板后，面板的应力与位移约下降1%，不锈钢板的应力很小。可以认为焊接不锈钢板对面板的应力与位移基本上没有影响，不锈钢板只起传递水压力的作用，基本不受力。

与纯钢板方案比较，复合钢板方案不锈钢板与基材钢板连接为一体，面板整体厚度增加，面板整体应力略为下降，梁格中心位移减小，但不锈钢板应力增加。

有限元计算成果表明，焊接不锈钢板应力非常低，仅仅起到传递水压力的作用。经过有关厂家协商制造工艺方案，认为在整体加工后的门叶面板表面上焊接不锈钢板的方案更为可行。

龙滩水电站底孔弧门设计最终采用了在整体加工后的门叶面板表面贴焊4mm厚

1Cr18Ni9Ti 不锈钢板的方案，并制定了贴焊不锈钢板的如下主要工艺方案：

表 5-1 底孔弧门面板控制点应力与位移表

方 案	部 位	梁格应力/MPa			梁格中点位移/mm
		σ_x	σ_y	σ_m	
面板焊接不锈钢板	不锈钢板梁格中点	−15.2	−15.7	14.5	0.900
	不锈钢板长边中点	28.2	11.7	31.7	
	不锈钢板短边中点	6.4	15.0	23.8	
	面板梁格中点	−113.3 109.2	−65.2 47.3	97.6 94.8	
	面板长边中点	223.1 −225.1	92.1 −92.6	139.8 141.5	
	面板短边中点	64.3 −69.1	154.6 −167.3	97.2 106	
纯面板基材	面板梁格中点	−113.8 109.5	−65.5 47.4	97.9 95.1	0.904
	面板长边中点	225.4 −227.2	92.9 −93.5	143.2 143.2	
	面板短边中点	64.9 −69.9	156.3 −169	99.2 107.4	
复合钢板 （不锈钢板与 面板完全粘接）	不锈钢板梁格中点	−91.4	−52.1	78.5	0.656
	不锈钢板长边中点	180.6	71.3	121.2	
	不锈钢板短边中点	49.9	125.9	85	
	面板梁格中点	−72.6 88.3	−42.6 38.9	62.2 75.3	
	面板长边中点	142.8 −185.2	59.2 −76.0	90.3 118	
	面板短边中点	41.0 −56.6	98.2 −137.4	63.0 88.4	

注 1. 面板应力有两个值，分别为面板上游面、下游面的应力。
2. 不锈钢板应力为上游面的应力。

（1）对弧门面板进行整体焊接后机加工，确保弧门半径偏差小于 1mm，门叶横向直线度偏差小于 0.5mm。

（2）对弧门贴焊的不锈钢板采取进行适当尺寸分块，为减少因焊接不锈钢而产生的焊接变形，将不锈钢的分缝处尽量布置在门叶的梁格处，为贴合紧密，在每块不锈钢板上按一定规则布置一定数量的塞焊孔，不锈钢板焊接按分塞焊缝、周边缝隙焊及坡口焊多种型式相结合。

（3）在焊接方法上采用新工艺、新材料。为减少焊接变形，焊接方法选用 CO_2 气体保护焊，所用焊材为相匹配的不锈钢用药芯焊丝，焊丝直径 1.2mm，因药芯焊丝的焊接工艺性能优良、电弧稳定、金属飞溅小、脱渣容易，从而确保了焊缝质量、成行美观、焊接效率高。

（4）方案确定后，选用一块与弧门面板加工后同样厚度的钢板进行贴焊不锈钢板工艺性试验，通过试验选定焊接参数，并由此确定塞焊孔的直径大小和布置原则，同时检测焊接变形情况。

在制造过程中，采用如上主要工艺方案在整体加工后的门叶面板表面贴焊 4mm 厚 1Cr18Ni9Ti 不锈钢板，确保了弧门半径偏差小于 2mm，门叶横向直线度偏差小于 1.5mm，并保证了不锈钢板与面板焊接贴合紧密，焊缝密闭不透水，不锈钢板表面粗糙度满足要求。

龙滩水电站底孔弧门自投运以来，运行效果良好，此项技术既解决了以往工程设计的不足，又避免了因采用复合不锈钢而造成的制造费用大量增加，对高水头弧门设计制造具有借鉴作用。

5.3　底孔弧门有限元静动力分析

按 SL 74—2013《水利水电工程钢闸门设计规范》规定，闸门采用平面体系假定和允许应力方法进行结构计算和设计。这种计算方法对于实际上是空间结构整体受力的弧形闸门而言过于简化，不能真正反映闸门应力和应变情况，为了全面了解在各种工况下底孔弧门闸门应力和应变情况，对底孔弧门进行了三维空间有限元静动力分析。

5.3.1　闸门计算工况和荷载

计算工况见表 5-2，其中动力计算按水头 90.00m 启门瞬时进行。闸门计算荷载为面板水压力、闸门自重、门叶梁格配重、止水摩擦力与支铰摩擦力、启闭力的组合。

表 5-2　　　　　　　　　　　计 算 工 况 表

工况	工 作 状 态	水头/m	动力系数
正常挡水	正常挡水	110.00	1
启门瞬时	启门瞬时	90.00	1.2
温度变化	面板温度不变，其他构件温度升高30℃	110.00	1
	正常挡水，温度升高30℃	110.00	1
支铰沉陷	正常挡水，一侧支铰沉陷5mm	110.00	1
支臂连接杆	正常挡水，去掉支臂连接杆	110.00	1

5.3.2　闸门有限元计算模型

闸门结构有限元计算程序采用国际通用的有限元程序 ANSYS（V8.0）。弧门有限元计算选取一个由壳单元、梁单元、杆单元、块体单元在空间联结而成的组合有限元模型，三维有限元网格如图 5-3 所示，单元的划分基本上按闸门结构布置上的特点采用自然离散的方式，将面板、小纵梁腹板、小纵梁后翼缘、横梁腹板、横梁翼板、纵梁腹板、纵梁翼板、止水加强板、吊耳、支臂腹板、支臂翼板、支臂隔板、支臂连接杆、各种小劲板等构件离散为 8 节点二次壳单元，启闭杆联动轴、支臂Ⅱ形框架平面连接杆离散为 2 节点二次梁单元，启闭杆离散为杆单元。侧止水橡皮离散为 20 结点二次块体单元，支铰构造复杂，作一定程度的简化后离散为 20 节点二次块体单元。闸门正常挡水时不加启闭杆，启门时加启闭杆。

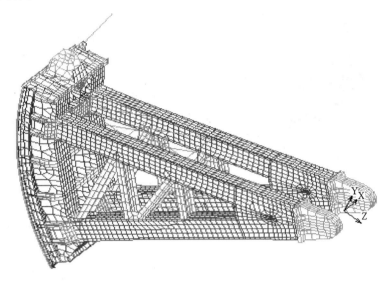

图 5-3 弧门三维有限元网格示意图

板构件用板的中面代替，由于采用二次壳单元，可精确模拟面板的曲面。杆、梁单元用杆的轴线代替。

根据研究可知，焊接 4mm 不锈钢板对面板静力性能影响不大。有限元模型只模拟面板，不锈钢板按附加质量加在面板上，不计不锈钢板的刚度。

侧止水橡皮的模拟比较复杂。常用的模拟方法有 4 种。方法 1 是不加侧止水橡皮，闸门面板两侧自由。方法 2 是不加侧止水橡皮，闸门面板两侧加侧向约束。计算发现，这两种方法对静力计算基本没有影响，说明静力计算时可以不考虑侧止水橡皮，但应考虑作用在侧止水橡皮上的水压力。两种方法计算的自由振动的频率差别较大，说明侧止水橡皮的侧向约束对动力计算的影响较大，方法 1 没有考虑侧止水橡皮的侧向约束，方法 2 把侧止水橡皮按刚性考虑，过高地考虑了侧止水橡皮的侧向约束。另有两种方法，方法 3 按弹簧单元模拟侧止水橡皮，但弹簧单元的刚度不好确定。方法 4 按接触单元模拟侧止水橡皮，接触单元的的刚度同样不好确定。接触单元是非线性单元，不能计算自由振动频率，在静力计算、动力计算时将导致计算不收敛、计算时间长。由于侧止水橡皮有预压缩，可以认为闸门与边墙不脱离，因此，用弹簧单元比用接触单元更合适。比较而言，在这 4 种方法中，弹簧单元模拟侧止水橡皮是最好的方法。

闸门采用一种新方法模拟侧止水橡皮，即按 20 节点二次块体单元模拟侧止水橡皮，如图 5-4 所示，单元的弹性模量和泊松比取侧止水橡皮的弹性模量和泊松比，弹性模量适当取大一些，以反映侧止水橡皮预压缩的影响。本方法合理计算了侧止水橡皮的刚度，较合理地反映了侧止水橡皮对闸门的侧向约束，同时考虑了作用在侧止水橡皮上的水压力。本闸门有限元模型仿真程度非常高，除对基本构件作了较精确的模拟外，对各种小劲板也都作了较精确的模拟，基本上模拟了闸门的所有构件。

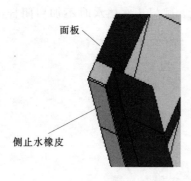

面板

侧止水橡皮

图 5-4 侧止水橡皮模拟示意图

弧门直角坐标系 XYZ 如图 5-3 所示，坐标原点在两支铰连线中间，X 轴沿两支铰连线，Z 轴指向下游，Y 轴向上。

闸门支铰处约束铰轴线的 X、Y、Z 向位移，不约束转动。闸门面板两侧约束侧止水外侧的侧向位移（X 向位移）。

闸门正常挡水时不加启闭杆，弧门底止水支撑，即约束面板底部 Y 向位移；启门时加启闭杆，启闭杆下端与联门轴相连，上端铰支承，弧门底止水不支撑，即面板底部自由。

有限元计算规模见表 5-3。

表 5-3 弧门有限元计算规模表

计算工况	方程数	结点数	壳单元数	杆单元数	梁单元数	块体单元数
静力	161245	28709	8994	5	34	728
动力	67260	12065	3943	5	34	368

5.3.3 闸门静力计算成果

在闸门 110.00m 水头正常挡水和 90.00m 水头启门瞬时工况下，闸门各部位处最大应力和位移值见表 5-4～表 5-6。

表 5-4 正常挡水和启门瞬时工况弧门门叶部位最大应力 单位：MPa

构 件	应力种类	正常挡水工况 （110.00m 水头）	启门瞬时工况 （90.00m 水头，动力系数 1.2）
面板	Mises	169.9	166.8
	横向正应力	−179.6～185.3	−175.1～180.9
	环向正应力	−161.9～149.8	−157.6～155.9
小纵梁腹板	Mises	205.0	191.1
小纵梁后翼	Mises	135.0	122.2
侧止水小劲板	Mises	273.1	254.5
顶横梁腹板	Mises	73.2	68.6
上主横梁腹板	Mises	192.0	204.1
中上横梁腹板	Mises	107.5	101.5
中下横梁腹板	Mises	161.2	153.3
下主横梁腹板	Mises	208.7	192.1
底横梁腹板	Mises	83.2	66.7
横梁小劲板	Mises	182.4	179.7
主纵梁腹板	Mises	190.3	202.2
横梁、纵梁后翼	Mises	174.5	191.2
吊耳	Mises	34.0	76.8

表 5-5　　　　　　　　　　　正常挡水和启门瞬时工况支臂部位最大应力　　　　　　单位：MPa

构　件	应力种类	正常挡水 (110.00m 水头)	启门瞬时 (90.00m 水头，动力系数 1.2)
上支臂腹板	Mises	156.7	168.7
	轴向应力	−148.5	−177.9
下支臂腹板	Mises	154.5	141.1
	轴向应力	−145.2	−126.1
支臂小劲板	Mises	257.1	269.7
支臂外翼缘	Mises	326.9	318.4
支臂内翼缘	Mises	334.3	330.7
上支臂外翼缘	轴向应力	−279.2	−290.3
上支臂内翼缘	轴向应力	−285.0	−300.5
下支臂外翼缘	轴向应力	−294.2	−264.5
下支臂内翼缘	轴向应力	−299.2	−270.3
裤衩	Mises	238.5	234.0
支臂连接杆外翼	Mises	167.1	148.2
支臂连接杆内翼	Mises	186.6	167.6
支臂连接杆腹板	Mises	109.7	119.4
Ⅱ形框架连接杆	轴向应力	−114.1	−114.5
支铰	Mises	93.1	112.2

表 5-6　　　　　　　　　　正常挡水和启门瞬时工况闸门关键点位移　　　　　　　单位：mm

位　移　部　位	位移方向	正常挡水	启门瞬时
闸门最大位移	水流	12.41	14.23
	竖向	−2.36～1.08	−6.20～1.00
面板最大位移	水流	11.75	14.04
上主横梁跨中/纵梁交点	水流	7.68/7.02	9.70/8.93
中上横梁跨中/纵梁交点	水流	9.19/9.14	11.33/11.27
中下横梁跨中/纵梁交点	水流	9.99/9.92	12.39/12.35
下主横梁跨中/纵梁交点	水流	9.79/9.17	12.45/11.89

110.00m 水头正常挡水，工况一温度不变，工况二面板温度不变，其他构件温度升高 30℃，工况三整体温度升高 30℃。闸门各部位处最大应力和位移值见表 5-7～表 5-9。

表 5-7　　　　　　　　　　　　温度变化工况弧门门叶部位最大应力　　　　　　　单位：MPa

构　件	应力种类	温度不变	面板温度不变 其他升高 30℃	温度升高 30℃
面板	Mises	169.9	207.9	168.9
	横向正应力	−179.6～185.3	−190.3～212.9	−181.8～183.5
	环向正应力	−161.9～149.8	−132.2～202.5	−162.0～150.3
小纵梁腹板	Mises	205.0	243.5	218.0

续表

构　件	应力种类	温度不变	面板温度不变 其他升高30℃	温度升高30℃
小纵梁后翼	Mises	135.0	161.1	142.0
侧止水小劲板	Mises	273.1	263.7	293.0
顶横梁腹板	Mises	73.2	90.0	77.7
上主横梁腹板	Mises	192.0	252.2	221.1
中上横梁腹板	Mises	107.5	186.2	110.8
中下横梁腹板	Mises	161.2	173.3	168.8
下主横梁腹板	Mises	208.7	265.8	231.9
底横梁腹板	Mises	83.2	99.6	84.1
横梁小劲板	Mises	182.4	164.2	184.6
主纵梁腹板	Mises	190.3	228.6	199.7
横梁、纵梁后翼	Mises	174.5	146.6	129.3
吊耳	Mises	34.0	67.6	34.0

表5-8　　　　　温度变化工况弧门支臂部位最大应力　　　　单位：MPa

构　件	应力种类	温度不变	面板温度不变 其他升高30℃	温度升高30℃
上支臂腹板	Mises	156.7	148.1	141.0
	轴向应力	−148.5	−150.1	−148.5
下支臂腹板	Mises	154.5	146.6	137.8
	轴向应力	−145.2	−147.9	−145.2
支臂小劲板	Mises	257.1	338.4	292.9
支臂外翼缘	Mises	326.9	343.9	327.6
支臂内翼缘	Mises	334.3	407.7	356.0
上支臂外翼缘	轴向应力	−279.2	−298.2	−278.1
上支臂内翼缘	轴向应力	−285.0	−357.2	−303.7
下支臂外翼缘	轴向应力	−294.2	−309.4	−294.2
下支臂内翼缘	轴向应力	−299.2	−368.9	−319.7
裤衩	Mises	238.5	238.7	238.6
支臂连接杆外翼	Mises	167.1	175.3	174.1
支臂连接杆内翼	Mises	186.6	185.7	181.3
支臂连接杆腹板	Mises	109.7	73.2	63.7
Ⅱ形框架连接杆	轴向应力	−114.1	−56.2	−67.0
支铰	Mises	93.1	93.2	93.2

　　110.00m水头正常挡水，两支铰不变位和一侧支铰下沉5mm，闸门各部位处最大应力和位移值见表5-9～表5-11。

表 5 - 9	支铰变位工况弧门门叶部位最大应力		单位：MPa
构　件	应力种类	支铰不变位	支铰变位 5mm
面板	Mises	169.9	170.7
	横向正应力	−179.6～185.3	−179.8～185.8
	环向正应力	−161.9～149.8	−162.1～149.7
小纵梁腹板	Mises	205.0	206.1
小纵梁后翼	Mises	135.0	138.3
侧止水小劲板	Mises	273.1	265.0
顶横梁腹板	Mises	73.2	75.2
上主横梁腹板	Mises	192.0	199.0
中上横梁腹板	Mises	107.5	109.4
中下横梁腹板	Mises	161.2	165.7
下主横梁腹板	Mises	208.7	227.5
底横梁腹板	Mises	83.2	125.6
横梁小劲板	Mises	182.4	188.6
主纵梁腹板	Mises	190.3	198.3
横梁、纵梁后翼	Mises	174.5	174.5
吊耳	Mises	34.0	33.9

表 5 - 10	支铰变位工况弧门支臂部位最大应力		单位：MPa
构　件	应力种类	支铰不变位	支铰变位 5mm
上支臂腹板	Mises	156.7	158.6
	轴向应力	−148.5	−155.1
下支臂腹板	Mises	154.5	158.6
	轴向应力	−145.2	−167.0
支臂小劲板	Mises	257.1	290.9
支臂外翼缘	Mises	326.9	331.4
支臂内翼缘	Mises	334.3	362.1
上支臂外翼缘	轴向应力	−279.2	−291.3
上支臂内翼缘	轴向应力	−285	−286.6
下支臂外翼缘	轴向应力	−294.2	−298.8
下支臂内翼缘	轴向应力	−299.2	−324.5
裤衩	Mises	238.5	261.0
支臂连接杆外翼	Mises	167.1	176.7
支臂连接杆内翼	Mises	186.6	208.8
支臂连接杆腹板	Mises	109.7	77.3
Ⅱ形框架连接杆	轴向应力	−114.1	−137.9
支铰	Mises	93.1	106.3

表 5-11　　　　　　　　　　　　支铰变位工况闸门关键点位移　　　　　　　　　　　单位：mm

位 移 部 位	位移方向	支铰不变位	支铰变位
闸门最大位移	水流	12.41	−0.4～16.0
	竖向	−2.36～1.08	−4.5～5.7
面板最大位移	水流	11.75	6.4～15.0
上主横梁跨中/纵梁交点	水流	7.68/7.02	12.1/10.7/12.3
中上横梁跨中/纵梁交点	水流	9.19/9.14	11.9/11.0/12.5
中下横梁跨中/纵梁交点	水流	9.99/9.92	10.6/9.9/11.3
下主横梁跨中/纵梁交点	水流	9.79/9.17	8.7/7.4/8.8

110.00m 水头正常挡水，有支臂连接杆和无支臂连接杆，闸门各部位处最大应力和位移值见表 5-12～表 5-14。

表 5-12　　　　　　　　　有无支臂连接杆工况门叶部位最大应力　　　　　　　　　单位：MPa

构　　　件	应力种类	有支臂连接杆	无支臂连接杆
面板	Mises	169.9	168.9
	横向正应力	−179.6～185.3	−180.8～183.9
	环向正应力	−161.9～149.8	−161.9～150.8
小纵梁腹板	Mises	205.0	204.1
小纵梁后翼	Mises	135.0	133.2
侧止水小劲板	Mises	273.1	272.9
顶横梁腹板	Mises	73.2	73.6
上主横梁腹板	Mises	192.0	229.7
中上横梁腹板	Mises	107.5	106.6
中下横梁腹板	Mises	161.2	160.6
下主横梁腹板	Mises	208.7	229.0
底横梁腹板	Mises	83.2	86.6
横梁小劲板	Mises	182.4	189.1
主纵梁腹板	Mises	190.3	210.5
横梁、纵梁后翼	Mises	174.5	123.3
吊耳	Mises	34.0	33.2

表 5-13　　　　　　　　　有无支臂连接杆工况支臂部位最大应力　　　　　　　　　单位：MPa

构　　　件	应力种类	有支臂连接器	无支臂连接器
上支臂腹板	Mises	156.7	140.9
	轴向应力	−148.5	−148.4
下支臂腹板	Mises	154.5	137.8
	轴向应力	−145.2	−145.2

续表

构　件	应力种类	有支臂连接器	无支臂连接器
支臂小劲板	Mises	257.1	295.6
支臂外翼缘	Mises	326.9	341.9
支臂内翼缘	Mises	334.3	349.0
上支臂外翼缘	轴向应力	−279.2	−314.3
上支臂内翼缘	轴向应力	−285.0	−318.5
下支臂外翼缘	轴向应力	−294.2	−307.6
下支臂内翼缘	轴向应力	−299.2	−310.7
裤衩	Mises	238.5	239.2
支臂连接杆外翼	Mises	167.1	97.0
支臂连接杆内翼	Mises	186.6	99.1
支臂连接杆腹板	Mises	109.7	52.1
支铰	Mises	93.1	93.7

表 5-14　　　　　　　　有无支臂连接杆工况闸门关键点位移　　　　　　　单位：mm

位　移　部　位	位移方向	有支臂连接器	无支臂连接器
闸门最大位移	水流	12.41	12.7
	竖向	−2.36～1.08	−2.5～1.0
面板最大位移	水流	11.75	12.1
上主横梁跨中/纵梁交点	水流	7.68/7.02	8.2/7.2
中上横梁跨中/纵梁交点	水流	9.19/9.14	9.6/9.4
中下横梁跨中/纵梁交点	水流	9.99/9.92	10.4/10.3
下主横梁跨中/纵梁交点	水流	9.79/9.17	10.4/10.5

5.3.4　闸门自由振动计算成果

自由振动计算时，考虑弧门所有构件的质量，按一致质量矩阵计算。弧门主振型特点见表 5-15，水头 90.00m 启门瞬时弧门自由振动主振型如图 5-5 和图 5-6 所示。

表 5-15　　　　　　　　　　　弧门自由振动主振型特点表

阶　次	主　振　型　特　点	阶　次	主　振　型　特　点
1	启闭杆伸缩，闸门转动	4	启闭杆伸缩，闸门转动
2	支臂向左（右）侧弯曲	5～8	面板变形
3	支臂向上（下）弯曲		

加配重 130.0t，水头为 90.00m、65.00m、50.00m 时不同开度弧门自由振动频率见表 5-16 和表 5-17。

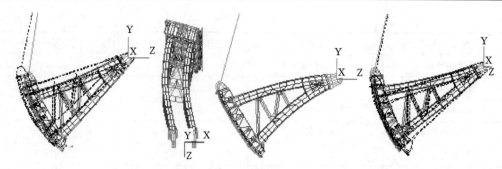

图 5-5 水头 90.00m 启门瞬时弧门 1～4 阶振型示意图

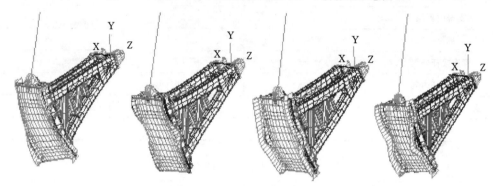

图 5-6 水头 90.00m 启门瞬时弧门 5～8 阶振型示意图

表 5-16 水头 90.00m 不同开度弧门自由振动频率 单位：Hz

	开度/m	0.0	1.0	2.0	3.0	4.0	5.0	6.0	7.0	8.0
振动频率	1 阶	6.2417	6.6310	6.9217	7.1403	7.4505	7.8951	8.4008	9.0183	11.726
	2 阶	7.0274	7.2955	7.6604	7.9449	8.3673	8.9663	9.6184	10.399	11..820
	3 阶	7.1350	8.0398	8.9877	9.6089	10.255	10.879	11.341	11.664	12.308
	4 阶	9.9404	10.473	11.210	11.808	12.803	13.351	13.359	13.417	14.059
	5 阶	10.222	11.376	12.364	12.866	13.306	14.367	14.474	14.575	15.372
	6 阶	12.925	13.376	13.411	13.437	13.895	14.785	16.466	17.617	22.623
	7 阶	13.266	14.316	14.377	14.434	14.673	16.359	17.104	17.643	24.340
	8 阶	13.833	14.329	14.947	15.157	15.916	17.271	17.511	20.280	24.345

表 5-17 水头 65.00m、50.00m 不同开度弧门自由振动频率 单位：Hz

水头		65.00m				50.00m			
开度/m		2.0	4.0	6.0	8.0	2.0	4.0	6.0	8.0
振动频率	1 阶	8.1039	8.7578	9.8853	11.783	9.0772	9.9706	11.236	11.784
	2 阶	8.8578	9.6465	10.934	12.573	9.4707	10.426	11.399	12.658
	3 阶	9.2490	10.379	11.358	13.723	9.8659	10.668	11.770	14.342
	4 阶	12.735	13.575	13.656	14.285	13.768	13.834	14.005	15.475
	5 阶	13.538	14.313	14.593	16.969	14.171	14.444	14.952	18.406
	6 阶	13.909	14.765	19.304	22.963	14.235	16.570	21.560	23.431
	7 阶	15.077	16.756	20.310	24.340	16.782	19.015	22.744	24.340
	8 阶	17.681	18.920	20.907	24.345	20.283	21.820	23.988	24.345

5.3.5 水流脉动压力作用下闸门瞬态动力反应计算成果

通过水工模型试验在闸门面板上布置测点测量闸门水流脉动压力，水流脉动压力随时间变化，采用 ansys 进行结构瞬态动力响应分析。

在闸门面板纵向对称轴上取 1～3 共 3 个点，输出各点的位移与加速度时程曲线。点 1～点 3 的部位如图 5-7 所示。点 1 位于上横梁上翼缘中部，点 2 位于中上横梁与中下横梁中间，点 3 位于下横梁上翼缘中部。

在闸门上取 3 个点，输出各点的应力时程曲线。在点 3 上输出面板上表面横向应力与环向应力。在上支臂翼缘上取一点，见图 5-8 中的点 4，输出上支臂的轴向应力。在上横梁后翼缘中间取一点，见图 5-9 中的点 5，输出后翼缘的弯曲应力。

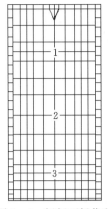

图 5-7 闸门面板位移
与加速度输出点

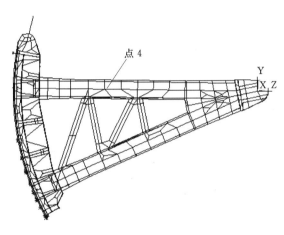

图 5-8 上支臂翼缘轴向应力输出点

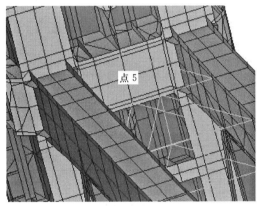

图 5-9 上横梁后翼缘弯曲应力输出点

根据计算，水头 90.00m 各开度闸门面板点 1～点 3 最大脉动位移与加速度见表 5-18，水头 90.00m 各开度闸门点 3～点 5 脉动应力见表 5-19。

表 5-18　　　　　　　各开度闸门面板点 1～点 3 最大脉动位移与加速度

点	开度 /m	位移/mm			加速度/(mm/s²)		
		径向	环向	侧向	径向	环向	侧向
1	1.0	0.053	0.104	0.0007	96.1	236.8	2.8
	2.0	0.179	0.267	0.0006	329.2	598.4	1.9
	3.0	0.166	0.385	0.0009	368.2	1012.1	3.6
	4.0	0.145	0.206	0.0018	342.0	585.4	6.8
	5.0	0.076	0.126	0.0020	221.7	427.1	8.2
	6.0	0.034	0.074	0.0004	104.3	178.9	1.6
	7.0	0.012	0.084	0.0004	42.1	171.3	1.3

续表

点	开度/m	位移/mm			加速度/(mm/s²)		
		径向	环向	侧向	径向	环向	侧向
2	1.0	0.060	0.116	0.0004	99.2	254.9	1.2
	2.0	0.285	0.302	0.0004	446.7	649.2	1.2
	3.0	0.335	0.429	0.0008	535.9	1111.5	2.6
	4.0	0.397	0.237	0.0011	787.1	608.3	3.8
	5.0	0.254	0.141	0.0011	540.0	466.7	4.2
	6.0	0.300	0.110	0.0006	611.9	232.7	1.8
	7.0	0.403	0.132	0.0003	796.6	261.3	1.0
3	1.0	0.065	0.124	0.0006	108.4	267.0	2.5
	2.0	0.296	0.345	0.0008	477.6	724.6	2.9
	3.0	0.381	0.475	0.0013	650.0	1175.7	4.7
	4.0	0.428	0.306	0.0009	821.6	741.6	3.9
	5.0	0.373	0.186	0.0020	655.5	593.1	6.8
	6.0	0.588	0.219	0.0006	1134.0	386.6	2.1
	7.0	0.936	0.315	0.0003	1810.0	607.2	0.8

表 5-19　　　　　　　　各开度闸门最大脉动应力

开度/m	面板中点横向应力/MPa	面板中点环向应力/MPa	上支臂轴向应力/MPa	上横梁后翼中点应力/MPa	最大 Mises 应力/MPa
1.0	0.29（8.0s）	0.35（7.8s）	0.74（7.8s）	0.17（7.6s）	2.4
2.0	1.57（6.6s）	1.33（6.5s）	1.99（6.5s）	0.40（6.6s）	8.7
3.0	1.76（7.8s）	1.14（7.9s）	2.03（7.9s）	0.50（6.9s）	10.6
4.0	3.01（6.0s）	1.64（5.5s）	1.90（5.5s）	0.37（6.0s）	16.6
5.0	0.50（5.9s）	0.73（5.7s）	0.80（5.6s）	0.19（5.9s）	25.4
6.0	0.07（8.5s）	0.61（8.9s）	0.28（8.8s）	0.03（8.7s）	27.5
7.0	0.03（6.7s）	1.21（5.9s）	0.76（5.9s）	0.15（5.6s）	43.8

注 括号内数值为应力出现的时间。

5.3.6 有限元静动力分析

5.3.6.1 静力计算分析

（1）110.00m 设计水头下正常挡水不加配重弧门上主梁跨中顺河流方向挠度为 0.7mm，下主梁跨中顺河流方向挠度为 0.6mm，加配重弧门上主梁跨中顺河流方向挠度为 0.7mm，下主梁跨中顺河流方向挠度为 0.6mm，启门瞬时上主梁跨中顺河流方向挠度为 0.8mm，下主梁跨中顺河流方向挠度为 0.6mm。主梁跨中位移均小于允许挠度 $[f] = l/750 = 2880/750 = 3.84(\text{mm})$。主梁刚度满足规范要求。

（2）110.00m 设计水头下大部分主要构件应力小于允许应力。支臂翼缘与主梁连接处仅一点的 Mises 应力比允许应力大，超出允许应力的部位很小，可以认为应力满足要求。因此，110.00m 设计水头下主要构件应力满足要求。

大部分局部构件应力小于主要构件允许应力。与中下横梁临近的侧止水小劲板有 1 点的 Mises 应力较大，规范对局部构件的允许应力并未明确规定，可以认为局部构件应力满足要求。裤衩小板变形较大，建议对该板进行加强。

（3）与正常挡水工况比较，90.00m 水头启门瞬时弧门上主横梁、主纵梁腹板、上支臂应力增加，下主横梁、下支臂应力减小，其他部位应力略有减小。支臂翼缘与主梁连接处仅一点的 Mises 应力比允许应力大，超出允许应力的部位很小，可以认为应力满足要求。因此，90.00m 水头启门瞬时闸门应力满足要求。

（4）两种温度工况位移基本一致，主要差别在面板部分。由于温度升高 30℃，支臂伸长了 7mm，门叶部分相应移动 7mm。当温度降低 30℃时，支臂将缩短 7mm，门叶部分相应移动 7mm。

两种温度工况应力大于正常挡水工况的应力，面板温度不变其他部位温度升高 30℃工况应力比闸门整体温度升高 30℃工况应力大。

两种温度工况应力较大的构件有上主横梁腹板、下主横梁腹板、主纵梁腹板、支臂翼缘，最大 Mises 应力增加较多，但最大 Mises 应力的部位都只有一小点。建议采取措施，减小闸门的温度应力。

（5）与支铰不变位比较，支铰变位工况位移大一些。与支铰不变位比较，支铰变位 5mm 后，大部分构件应力没有变化，应力增加比较多的构件有下主横梁腹板、下支臂腹板、上支臂外翼缘、下支臂内翼缘、支臂连接杆内翼，这几个构件最大应力部位都很小，即支铰变位 5mm 后应力只是在局部增加，因此，支铰变位 5mm 对闸门的安全影响不大。

（6）箱形截面支臂局部稳定满足要求。箱形截面支臂整体稳定满足要求。

（7）与有支臂连接杆比较，去掉支臂连接杆位移大一些。

与有支臂连接杆比较，去掉支臂连接杆后，大部分构件应力没有变化，应力增加比较多的构件有上主横梁腹板、下主横梁腹板、主纵梁腹板、上支臂翼缘，这几个构件最大应力部位都很小，即去掉支臂连接斜杆后应力只是在局部增加，因此，去掉支臂连接斜杆对闸门的应力影响不大。

去掉支臂连接杆后弧门前 5 阶自由振动频率都有不同程度的下降。支臂连接杆对增加闸门的稳定性、提高闸门的动力特性有好处。

5.3.6.2 动力计算分析

（1）90.00m 水头闸门前 5 阶自由振动频率为 6.24～10.22Hz。由于水体的附加质量，有水时闸门的自由振动频率比无水时低。加配重 130.0t 后，闸门的频率降低，降低量不大。

随着开度的增加，闸门的自由振动频率逐渐提高。随着水头的降低，闸门的自由振动频率逐渐提高。

（2）闸门面板动力位移、加速度环向比较大，径向比较小，侧向最小，即闸门振动主要是环向振动。

从环向运动来看，开度 3.0m 是危险开度。从径向运动来看，开度 7.0m 是危险开度。

最大径向脉动位移发生在下主横梁中部开度 7.0m 时，为 0.936mm。最大环向脉动位移发生在中上横梁与中下横梁之间开度 3.0m 时，为 0.429mm。最大径向加速度发生在下主横梁中部开度 7.0m 时，为 0.18g。最大环向加速度发生在下支臂中点开度 7.0m 时，为 0.15g。

（3）主要构件动应力不大。面板中点最大横向脉动应力为 3MPa，最大环向脉动应力为 1.6MPa，上支臂 4 点最大轴向应力为 2MPa，上横梁后翼缘中点最大弯曲应力为 0.5MPa。闸门最大应力部位位于侧止水部位，随着开度的增加，最大应力逐渐增加，部位逐步下降。开度 7.0m 时最大脉动 Mises 应力为 43.8MPa，是侧止水部位局部劲板应力，局部加强后会改善应力状态，不影响结构安全。

通过分析，弧门结构设计合理，并有一定的安全储备。

5.4　底孔弧门流激振动模型试验

底孔弧门操作运行水头在施工导流期为 40.00～50.00m，在蓄水位 375.00m 建成后为 65.00m，在大坝加高期和远期正常蓄水位 400.00m 建成后为 65.00～90.00m。这样高水头和宽变幅水头运行的潜孔闸门在国内外均不多见，高速水流诱发的闸门振动是一种复杂多样的现象，不同闸门的形式、边界条件和水力学条件，诱发闸门振动现象各异。因此对底孔弧门进行了流激振动模型试验研究。

5.4.1　水力学模型和闸门水弹性模型设计

水力学模型按照几何相似及重力相似准则制作，模型比尺 1∶20。模型包括水库、进水口、底孔泄水道、弧形工作闸门、工作闸门出口段、下游尾水段以及量水堰等模型全长 16.2m。

弧门采用水弹性相似模型材料按模型比尺 1∶20 制作。经过多种方案研究水弹性相似模型材料，最终采用环氧树脂加重金属粉填料方案取得了成功，用适量的环氧树脂作基料与其他铺料相结合使材料的弹性达到要求，而用适量重金属粉末作填料使材料的容重达到要求。模型材料在模型比尺 1∶20 下抗拉强度 50MPa，弹性模量 $1.1×10^4$MPa，材料密度 7.5t/m³，闸门模型设计与制作按设计图纸和几何比尺放样，主要构件严格按相似律要求制作，次要部位适当简化，达到了闸门结构的质量分布和刚度分布基本相似，可以满足闸门静动力特性试验和振动响应试验的技术要求。

模型止水采用乳胶薄膜和 704 胶制作。顶、底止水要求不漏水，且对振动不约束；侧止水考虑两种工况：①两侧无止水，即设 2～3mm 宽的缝隙；②两侧止水。

模型配重采用铁砂，按重量装袋放置在相应的梁格中。模型采用螺杆启闭，螺杆倾角按原型图纸定位。

5.4.2　测试工况与测点布置

按表 5-20 中的 9 种工况进行了 9 组闸门静力试验和 63 组闸门的动力试验，按照试验方案，闸门开度从 1.0～7.0m 等步长开启，步长为 1.0m，对应模型开度为 5～35cm，步长为5cm。每组试验中，弧门开度为零时测静应力，开度每变化5cm采集动应力和加速度一次，由此确定试验组次为：每一水头静力3组，动力21组，共计24组，三种水头共计72组。试验模型水库按最大运行水头90.00m设计，根据50.00m、65.00m和90.00m水头的试验结果还可以推算至110.00m水头时闸门结构的受力情况，以了解底孔弧门的承载能力。

表5-20	试　验　工　况　表	
工　况		运　行　水　头
双侧无止水、无配重	工况1	导流期水头50.00m
	工况2	加高期水头65.00m
	工况3	建成后水头90.00m
双侧有止水、有配重	工况4	导流期水头50.00m
	工况5	加高期水头65.00m
	工况6	建成后水头50.00m
双侧有止水、无配重	工况7	导流期水头50.00m
	工况8	加高期水头65.00m
	工况9	建成后水头50.00m

根据三维有限元电算和类似工程原型观测资料，布置了如图5-10～图5-12所示静应力试验测点和如图5-13所示动应变试验测点。

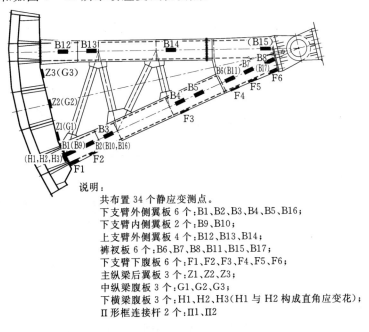

说明：
共布置34个静应变测点。
下支臂外侧翼板6个：B1、B2、B3、B4、B5、B16；
下支臂内侧翼板2个：B9、B10；
上支臂外侧翼板4个：B12、B13、B14；
裤衩板6个：B6、B7、B8、B11、B15、B17；
下支臂下腹板6个：F1、F2、F3、F4、F5、F6；
主纵梁后翼板3个：Z1、Z2、Z3；
中纵梁腹板3个：G1、G2、G3；
下横梁腹板3个：H1、H2、H3（H1与H2构成直角应变花）；
Ⅱ形框连接杆2个：Ⅱ1、Ⅱ2

图5-10　静应变测点布置侧视图（括号内测点为内侧相应位置的其他测点）

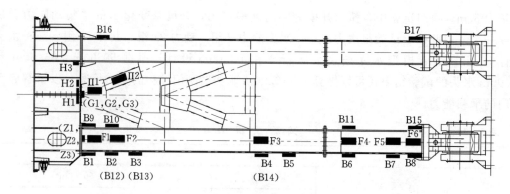

图 5-11　静应变测点布置俯视图（括号内测点为上支臂测点）

结构静应力及动力检测采用电测法，测量系统为由传感器（应变片、加速度计等）、采集器、放大器、计算机等仪器组成的自动化检测系统。应力测量选用 3mm×2mm 胶基电阻应变片，采用 502 胶黏结，测试导线长度统一。同时对电阻应变片进行了严格的密封防潮处理，各测点采用单独补偿的温度补偿方式。加速度计型号 YD-65，其他配套仪器有电阻应变仪（YE5838）、应变计（BE120-6AA）、动态电阻应变仪（日本 DPM-8H）、程控电荷放大器、数据采集分析系统等。

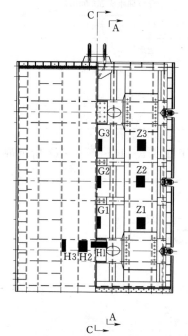

图 5-12　静应变测点
布置上下游视图

5.4.3　测试成果

静应力试验和各工况下的动力试验穿插进行，即每种工况下先做静应力试验再依次开启、关闭闸门进行动力试验。各水头在有止水、无配重工况下的应力检测结果与在有止水、有配重工况下的应力检测结果比较，除直接放配重的主横梁腹板上应力有变化外，其他测点应力变化很小，说明配重对结构静应力影响不大。

5.4.4　流激振动模型试验分析

5.4.4.1　脉动压力

水力学模型试验按水头和开度不同进行了 21 组试验，试验结果有代表性。结果表明：

（1）底孔的流态较平稳，各部位未出现负压，模型底孔相似性较好，满足试验要求。

（2）闸门面板上的脉动压力主频区在 0~10Hz 范围内，其能量较大的集中在 0~2.5Hz。

5.4.4.2　静应力

水弹性模型静力试验按止水、配重及水头的不同组合共进行了九组试验。试验成果有代表性。试验研究结果表明：

（1）闸门主要构件上测点的应力分布规律合理，和该闸门结构受力变形特征符合。

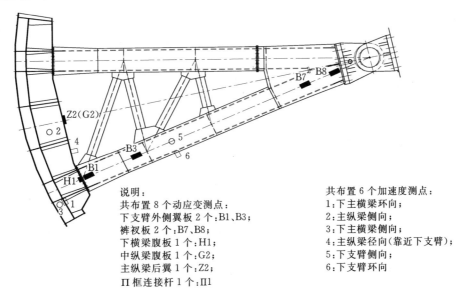

说明：
共布置 8 个动应变测点：
下支臂外侧翼板 2 个：B1、B3；
裤衩板 2 个：B7、B8；
下横梁腹板 1 个：H1；
中纵梁腹板 1 个：G2；
主纵梁后翼 1 个：Z2；
Ⅱ框连接杆 1 个：Ⅱ1

共布置 6 个加速度测点：
1：下主横梁环向；
2：主纵梁侧向；
3：下主横梁侧向；
4：主纵梁径向（靠近下支臂）；
5：下支臂侧向；
6：下支臂环向

图 5-13 动应变测点与加速度测点布置侧视图

（2）有止水、有配重工况为实际运行工况，换算到原型后 90.00m 水头下支臂裤衩板靠支铰处 B8 测点应力最大，为 −138.14MPa，推算至 110.00m 水头时该测点应力为 −169.24MPa，Ⅱ框连接杆结点板Ⅱ1 测点应力为 −122.50MPa，推算至 110.00m 水头时该测点应力为 −155.10MPa。

（3）无止水、无配重工况应力由于黏结应力和动力作用的影响，比有止水、有配重工况应力大一些，如支臂裤衩板靠支铰处 B8 测点应力，90.00m 水头下为 −175.98MPa，推算至 110.00m 水头时为 −216.18MPa。该工况为极端工况，实际运行中不会发生无止水、无配重工况。但止水严重漏水在两侧或顶部形成射流状的漏水现象在其他工程的闸门还是时有发生，因此止水的型式及选材、安装应引起足够重视。

（4）试验中进行了有止水、有配重和无配重对比试验，发现配重对闸门的静应力影响很小，这主要是因为相对而言，水压力作用很大，如 90.00m 水头时总水压力有 5360t，其中水平水压力 4664t，竖向水压力 2641t，而配重为 130t，占竖向水压力的 5% 左右，占总水压力的 2.5% 左右，因此门体的应力主要是由水压力引起的，配重的影响可以不考虑。

（5）试验模型的水库按原型 90.00m 水头设计，各工况均进行了 50.00m、90.00m 水头的静力试验，应力随水头增加的规律很好，各测点按各自的单位水头应力增量平均值经推算得到了 110.00m 水头时应力。此应力和 110.00m 水头时的电算应力进行了对比分析。结果表明，各测点的推算应力和电算应力处于同一应力水平，但一般推算应力比电算应力均小，这主要是因为试验模型的应力测点不可能准确的布置在反映大应力的计算点处，特别是各构件的交点及构件截面的转折处和边缘处不能布置测点，因此实测应力偏小，相应的推算应力也偏小了。

（6）从静应力试验结果看，弧门主要构件应力均小于材料允许应力，结构设计合理，结构强度满足规范要求，Ⅱ框连接杆结点板应力偏大，可以考虑局部加强。

5.4.4.3　动力特性

闸门在有水及无水工况下实测的前五阶自振频率为 5.60～11.61Hz（无水）和 4.71～10.52Hz（有水），此频率和实测水流脉动压力频率 0～10Hz 范围部分重合，但避开了水流脉动压力的高能区（0～2.5Hz），因此正常运行情况下闸门产生强烈振动的可能性不大。

5.4.4.4　动力响应

水弹性模型动力响应试验按止水、配重、水头、开度等的不同组合共进行了 72 组试验，试验成果有代表性。试验研究结果表明：

（1）加速度。有止水、有配重工况时加速度最大值为 0.380g，对应均方根值为 0.081g，发生在下支臂环向（切向）测点，水头 90.00m，开度 7.0m。无止水工况下加速度最大值 1.567g，对应均方根值为 0.360g，发生在下主梁腹板径向测点，水头 90.00m，开度 7.0m。

（2）动应力。有止水、有配重工况时，水头 90.00m，开度 7.0m 时，裤衩板 B7 测点动应力最大，为 5.30MPa，相应均方根值为 1.80MPa，相应的动力系数为 1.04。其他测点动力系数一般在 1.20 以下。满足闸门抗振设计要求。

（3）闸门振动不利开度。有止水、有配重工况下加速度和动应力测试结果均表明，在各级水头作用下泄水时，闸门振动不利开度为 3.0m 左右和 6.0～7.0m，此时闸门相对开度为 37.5%左右和 75%～85%，建议在制定闸门安全运行操作规程时，应尽量避开此不利开度运行。

5.5　底孔弧门止水装置

由于高水头闸门止水不严密而产生漏水与射水，往往导致水封自身的破坏，或者导致闸门的剧烈振动与气蚀，危及闸门与水工建筑物的安全。因此高水头闸门止水装置的设计是一项非常重要的工作。目前我国高水头弧门主要有预压式止水、偏心铰压紧式止水和充压伸缩式止水 3 种型式。压紧式止水与充压伸缩式止水对于龙滩水电站底孔弧门如此高的水头均有应用实例，但均需要突扩体门槽配合，龙滩水电站底孔弧门施工导流时运行水头变幅大，突扩体门槽难以在各种水位形成稳定有效掺气通道，红水河含沙量较高，对充压伸缩式止水的可靠运行有影响，因此限制了压紧式止水和充压伸缩式止水在龙滩水电站底孔弧门上的应用。因此对底孔弧门采用预压止水型式进行了设计研究。

5.5.1　弧门止水装置设计

龙滩底孔弧门设计采用了预压止水型式，其顶止水设置了 3 道，顶部为 P 形橡皮的压板式止水，其余两道为转铰式防射水封，侧止水为方头 P 形橡皮，底止水为条型止水橡皮；压板式止水、侧止水和底止水布置在门体结构四周，当弧门全关时，通过门槽埋件预压各止水来达到止水的目的；两道转铰式防射水封布置在门槽门楣上，在弧门启闭过程中，借助于不锈钢片和上游库水压力将止水组件压紧在弧门面板上来防止因缝隙高速射流而引起弧门振动。龙滩水电站底孔弧门水封装置如图 5-14 所示。

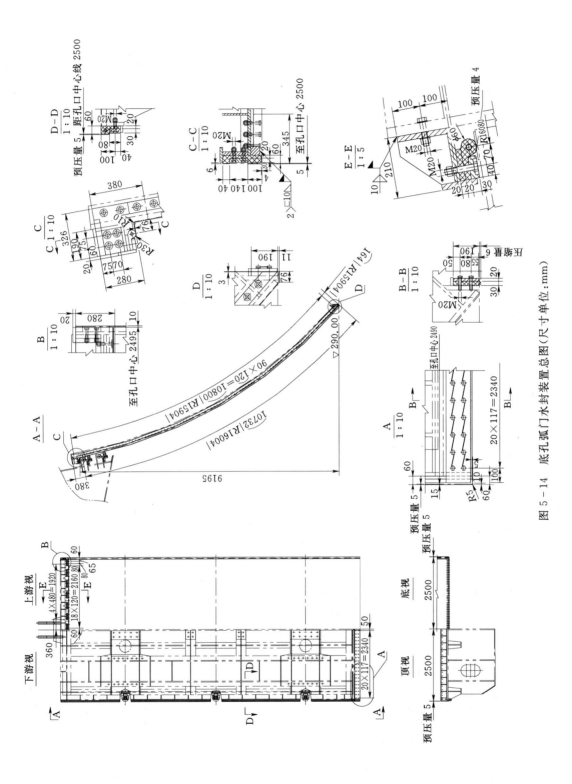

图 5－14 底孔弧门门水封装置总图（尺寸单位：mm）

　　为提高预压式止水的挡水和操作水头，在以往工程高水头弧门采用的预压止水型式的基础上，进行了进一步优化。水封压缩量设计考虑了顶水封压缩 4mm，侧水封压缩 5mm，底水封压缩 10mm；为防止水封在孔口左下、右下角漏水，将侧水封左下、右下角相应部位增高了 5mm，并平缓过渡到底水封，见图 5 - 14（A）；为加强底水封刚度，将底水封加厚到 30mm，并将底部上下切一斜口，防止底水封关闭过程中挤压切割破坏，见图 5 - 14（B-B）；为防止顶侧转角部位水封漏水，将顶侧转角水封设计成整体异型件，使得其与顶、侧水封的连接分别在直段胶合，并在顶侧转角水封周边设置封闭顶紧压板，使得转角水封端部处于封闭的环境，见图 5 - 14（B）、图 5 - 14（C-C）；为保证 P 形水封的止水效果，将其压板厚度设为 30mm，宽度设为 80mm，并使其前部顶紧 P 形水封头部，后部焊接与压板高度基本齐平的挡板，使得橡胶处于一个比较封闭的环境中，见图 5 - 14（D-D）；考虑到防射水封与侧水封接触处易发生漏水，采用了双道转铰防射水封装置，若第一道转铰防射水封装置发生射水现象，可削弱水能，从而起到减压的作用，确保闸门不会发生因射流而引起激流振动；考虑到以往工程的转铰防射水封装置的限位轮对弧门面板局部会造成一定程度的损伤，对止水不利，因此取消了限位轮，选择了硬度较大的防射止水材料，并设计出合适的结构型式来防止止水与面板的接触应力过大；考虑到防射水封宜破坏面板防腐层，从而加快了防射水封的磨损，设计采用了在面板整体加工后表面贴焊 4mm 不锈钢板的措施。

5.5.2　弧门止水装置非线性仿真计算

　　高水头作用下预压式止水的止水效果与止水元件的断面形式、材料性质、水封外伸变形量、残余变形量、封头的水密性、水封预压量与封头接触应力的关系、止水装置结构形式等多种复杂因素有关，单从试验来研究这些问题显然过于困难。因此，首先对目前初步拟定的止水设计方案进行非线性仿真计算，得出适合龙滩底孔弧门使用条件的止水型式，测试不同止水材料的实际物理力学指标，然后再在理论计算的基础上对 2～3 种较优的水封断面进行试验论证，最后推荐 110.00m 级底孔弧门止水效果好的水封装置。

　　利用有限元分析软件分别对顶止水、侧止水、底止水、转铰防射止水和 P 形防射止水等进行了非线性仿真计算。计算时，主要采用的止水材料为 LD - 19，其他止水材料 MGE、MGT - 2、HS 等进行了比较计算。由于止水橡皮的轴向尺寸比横向尺寸大得多，且水压力平行于横截面方向作用，止水橡皮的一般性问题可以近似按平面应变问题计算，对于转角处止水橡皮的强度问题则按空间复杂应力应变问题计算。橡皮采用超弹性单元 HYPER74，刚性夹板和面板采用弹性单元 PLANE183，在止水橡皮与刚性夹板接触的部位设置接触对单元 Targe169 和 Conta172。基本荷载有橡皮预压量、橡皮与钢板的摩擦力和库水压力三种，橡皮预压量根据不同设定是变化的，橡皮与钢板的摩擦力运算中自动计算，库水压力取水压力 0.8MPa、1.0MPa、1.2MPa、1.4MPa 不同组合进行了计算。仿真计算结果表明：

　　（1）对于顶止水，LD - 19 能满足止水要求，但采用有孔型式要优于无孔型式。

　　（2）对于侧止水，预压 2mm 时，HS 和 LD - 19 两种材料均能满足止水要求，但采用无孔型式要优于有孔型式，且从主应力值和材料的扯断强度来看，LD 材料要优于 HS 材料。但当预压 4mm 时，HS 材料不论是采用有孔还是无孔型式，其最大主应力均已超过了其扯断强度，而 LD - 19 材料满足止水要求，且此时采用有孔型式要优于无孔型式。相同条件下（预压量和水压相同）选用 LD－19 材料较优。

（3）对于底止水，选用的 LD－19 材料，建议预压 6mm 比较合适。因为当预压 6mm 时，假设水封与底坎的摩擦系数减小，止水宽度不断增大，最大接触应力随之减小，最大主应力和最大位移也相差不大，能满足止水要求。

（4）对于 LD－19、MGE、MGT－2 和聚四氟乙烯几种转铰防射止水，在相同条件下，MGE、MGT－2 材料的最大位移、最大主应力比其他两种材料的要小，但是最大接触应力和封头的最大接触应力要比 LD－19 的要大，比聚四氟乙烯的要小。相同条件下几种材料的止水宽度相差无几。

（5）对于材料为 LD－19 顶侧转角止水，安装过程的最大主应力为 19.329MPa，最大总位移为 14.1mm；关门过程的最大主应力为 21.865MPa，最大总位移为 16.4mm；正常挡水时的最大主应力为 22.115MPa，最大总位移为 17.7mm；开门过程的最大主应力为 24.669MPa，最大总位移为 15.5mm；均未超过材料允许值，均能满足要求。

（6）初步所选择的止水装置的工作原理可行、结构形式、结构的刚度和强度均能满足止水要求，可以进行龙滩水电站底孔弧形工作闸门止水装置的止水材料物理力学性质试验和水封整体效果的模型验证试验。

通过初步研究，选定 LD－19、MGE、MGT－2、聚四氟乙烯板材、HS 等几种止水材料进行了止水材料物理力学性能试验、摩擦试验、黏弹性试验，通过试验分析龙滩水电站底孔弧门采用 LD－19 水封材料是适合的，有关试验测试结果见表 5－21～表 5－24。同时在设计中应考虑此材料的黏弹特性，其蠕变和松弛随时间增长而不断增加，但增大幅度逐渐缓慢，当材料的应力值保持不变时，LD－19 试件最终蠕变量为初应变的 54.8％；当材料的应变值保持不变时，LD－19 试件最终应力松弛量为初应力的 35.4％。

表 5－21 　　　　　　　　　　 LD－19 材料力学性能测试结果表

邵尔 A 硬度/度		67
扯断强度/MPa		23
扯断伸长率/％		400～500
压缩永久变形 70℃×22H、B 型/％		＜35
拉伸弹模 /MPa	20％	1.8
	100％	2.3
	200％	4.16
	300％	5.02
	400％	5.7
压缩弹模 /MPa	10％	5.23
	20％	7.35
	30％	8.14
	40％	9.45
	50％	－
阿克隆磨耗/(cc/1.61km)		0.3

表 5 - 22　　　　　**LD - 19 橡皮在空气中的静摩擦系数 f_s 与压缩力 q 的关系**

介质	测次	$q/(N/mm)$						
		20	25	30	35	40	45	50
空气	1	0.3464	0.3123	0.2983	0.2710	0.2533	0.2189	0.2179
	2	0.3568	0.3217	0.3072	0.2791	0.2609	0.2255	0.2244
	3	0.3672	0.3310	0.3162	0.2873	0.2685	0.2320	0.2310
	4	0.3741	0.3373	0.3222	0.2927	0.2736	0.2364	0.2353
	5	0.3810	0.3435	0.3281	0.2981	0.2786	0.2408	0.2397
	6	0.3914	0.3529	0.3371	0.3062	0.2862	0.2474	0.2462
	7	0.4025	0.3620	0.3381	0.3072	0.2846	0.2439	0.2354
	8	0.3763	0.3435	0.3248	0.2883	0.2684	0.2385	0.2327

表 5 - 23　　　　　**LD - 19 橡皮在清水中的静摩擦系数 f_s 与压缩力 q 的关系**

介质	测次	$q/(N/mm)$						
		20	30	40	50	60	70	80
清水	1	0.3697	0.3015	0.2668	0.2146	0.2078	0.1883	0.1726
	2	0.3577	0.2858	0.2651	0.2036	0.1845	0.1672	0.1630
	3	0.2988	0.2433	0.1924	0.1820	0.1710	0.1536	0.1582
	4	0.2684	0.2217	0.1894	0.1695	0.1578	0.1460	0.1357
	5	0.2483	0.2036	0.1757	0.1546	0.1450	0.1308	0.1264
	6	0.2354	0.1982	0.1648	0.1521	0.1427	0.1346	0.1253

表 5 - 24　　　　　**LD - 19 侧水封侧向压缩变形与侧向压缩荷载的关系**

侧向压缩量 Δ/mm	LD - 19 侧水封（$p=0MPa$）			
	试验值		计算值	
	侧向压力 q/MPa	侧线荷载/(kN/mm)	侧向压力 q/MPa	侧线荷载/(kN/mm)
0.00	0.000	0.0000	0.000	0.0000
1.00	0.252	0.0151	0.200	0.0120
2.00	0.440	0.0264	0.403	0.0242
3.00	0.604	0.0362	0.592	0.0355
4.00	0.780	0.0468	0.813	0.0488
5.00	1.090	0.0654	1.012	0.0607

5.5.3　止水装置模型试验

为做好水封整体效果试验，设计制作了专用的试验装置，如图 5 - 15 和图 5 - 16 所示。试验装置的加压系统主要由高压水箱、空压机、30MPa 高压气罐和各种控制、测量仪器仪表及闸阀组成，主要作用是模拟库水压力，1.0MPa 以下压力范围由空压机向高压水箱增压，1.0~1.6MPa 压力范围由高压气罐通过减压阀向高压水箱增压，压力通过带

φ80mm 闸阀的大流量输压管道送入水封效果模拟实验箱体、水封效果模拟实验箱体主要由带支承滑道并贴焊不锈钢的承压面板（390mm×1570mm）构成，面板两侧布置侧水封，由顶盖板（安装防射水封）、底止水座板及侧挡板一起组成密闭的实验箱体，侧止水预压量由侧向传力螺杆控制调节，防射水封预压量由纵向传力螺杆控制调节，顶止水与底止水预压量由连接于承压面板装置上的拉杆控制调节，可保持各止水水封与闸门之间所需的不同间隙，启闭系统通过液压油缸与模拟面板的连接组成。

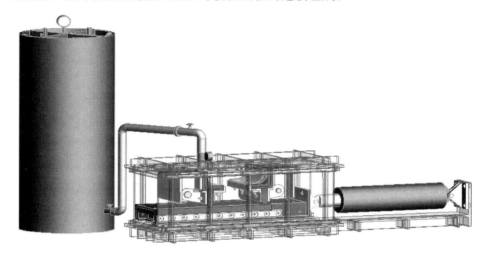

图 5-15　水封试验装置立体示意图

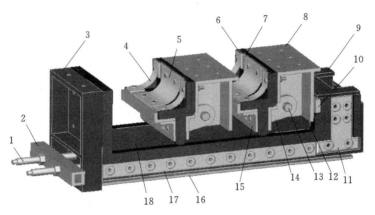

图 5-16　试验装置内部结构示意图

1—螺杆；2—拉板；3—底止水座；4—小弹簧钢片；5—弹簧钢片；6—小压板；
7—防射压板；8—支座；9—顶止水座；10—顶止水压板；11—顶侧转角
水封压块；12—顶侧止水顶紧块；13—轴；14—活动止水座；15—角
型止水压板；16—滑道；17—侧止水压板；18—侧止水座

　　试验观测内容分为 3 项：全关时水封的耐压能力和止水效果（简称耐压试验）、启闭过程中和局部开启时水封防止门顶射水的效果（简称防射试验）、启闭导致止水橡皮失效的速度（简称磨损试验）。耐压与防射试验均按步长 0.2MPa 从 0.2～1.6MPa 水压力逐步进行。磨损试验按 1.2MPa 水压力进行。顶止水、侧止水预压量从零开始，每级增加

1mm；底止水预压量从 3mm 开始，每级增加 1mm；防射水封按图纸所表示的位置安装，在各种组合条件下进行水封试验。

试验的成果表明，设计的水封结构型式合理，LD-19 止水材料在顶水封压缩 3mm、侧水封压缩 3mm、底水封压缩 5.4mm 的情况下能满足 110.00m 水头的封水要求，经综合比较其他工程高水头弧门止水模型试验，同时考虑到水封材料的黏弹特性、弧门的制造和安装误差，龙滩底孔弧门顶水封、侧水封、顶侧转角水封材料均选用了 LD-19，并在侧水封头部、顶侧转角水封端部与门槽侧轨接触表层复合 1.0～1.2mm 厚聚四氟乙烯薄膜，水封的预压量按原设计预压量不变；第一道转铰防射水封材料选用了 MGE，第二道转铰防射水封材料选用了 LD-19，并在其头部和端部表层复合 1.0～1.2mm 厚聚四氟乙烯薄膜。

由于采用了合理的水封结构型式，优良的止水材质，并对水封材质的性能、水封结构的可靠性等进行了模型试验与有限元分析，龙滩水电站底孔弧门投入运行以来闸门止水良好，满足了闸门安全运行要求。

第6章

通 风 空 调

6.1 基本参数分析

6.1.1 室外气象资料与室内设计参数

6.1.1.1 室外气象资料

室外空气计算参数是采暖、通风和空气调节设计的基本资料。室外空气计算参数采用电站坝址近 10 年的实测数据，根据统计公式计算确定。春秋两季的室外空气参数虽然不会影响到系统设计，但春秋两季的室外空气参数可指导通风空调系统过渡季节的运行，为简化起见，春秋两季仅统计月平均温度。

龙滩水电站室外气象参数根据天峨县水文站 1977—1986 年气象统计资料确定，见表 6-1。

表 6-1　　　　　　　　　　室外气象资料表

项　　目	数　　值	备　　注
冬季通风室外计算温度/℃	11.8	
冬季通风室外计算相对湿度/%	76	
冬季采暖室外计算温度/℃	8	
夏季通风室外计算温度/℃	31.3	7月
夏季通风室外计算相对湿度/%	67	7月
夏季通风室外计算露点温度/℃	24.3	7月
夏季空调室外计算温度/℃	34.4	
夏季空调室外计算相对湿度/%	58	
夏季空调室外计算露点温度/℃	25	
夏季通风室外计算日平均温度/℃	27.3	采用夏季最热月的月平均温度

根据天峨县气象站资料，龙滩水电站坝区历年逐月平均气温及平均相对湿度见表 6-2。

表6-2　　　　　　　　　　　　　　室外月平均气象参数统计表

月　份	温度 /℃	相对湿度 /%	湿球温度 /℃	露点温度 /℃	焓 /(kJ/kg)
1	11.2	77.8	9.2	7.5	27.5
2	12.6	77.7	10.4	8.8	31.0
3	16.2	75.0	13.6	11.9	38.3
4	21.4	76.4	18.2	16.7	52.4
5	24.5	79.7	21.9	20.8	65.0
6	26.6	82.8	24.1	23.2	73.8
7	27.3	83.3	24.9	24.1	77.0
8	27.3	81.6	24.7	23.8	76.0
9	25.3	79.6	22.7	21.7	68.0
10	21.2	79.1	18.6	17.4	54.0
11	17.2	78.0	14.8	13.4	42.0
12	13.3	76.8	11.2	9.5	33.0

6.1.1.2　室内设计参数

　　室内设计标准应符合 DL/T 5165—2002《水力发电厂厂房采暖通风与空气调节设计规程》，考虑到地下厂房的特点，气流组织通常采用串联以避免过多的洞室开挖，而发电机层处于串联的第一站，为了减少系统风量，需要适当降低发电机层的空气设计温度。该规程规定该区域温度应不大于 30℃，参考对比国内大型地下厂房的设计标准，认为龙滩水电站发电机层设计温度 25～28℃比较合适。

　　根据 DL/T 5165—2002 及经验确定的室内设计参数见表6-3。

表6-3　　　　　　　　　　　　　　室内设计参数表

房间名称	夏季			冬季	
	温度 /℃	相对湿度 /%	工作区风速 /(m/s)	温度/℃	
				发电机 正常运行时期	发电机 全部停机时期
发电机层	26	75	0.2～0.8	10	5
水轮机层、母线层	30	80	0.2～0.8	8	5
水泵房	30	80	不规定	5	5
油处理室	30	80	不规定	10～12	5
压气机室	33	75	不规定	12	12
蓄电池室	25	75	不规定	10	5
厂用变压器室、电缆道（室）、配电盘室、励磁盘室	35	不规定	不规定	—	—
主变压器室、母线道（室）	40	不规定	不规定	—	—
中控室、载波室	28	70	0.2～0.5	18～20	—
计算机室	23±2	45～65	0.3	20±2	—
通信值班室	29	70	0.2～0.5	18～20	—
办公室	30	75	0.2～0.5	16～18	—

6.1.2 厂内热湿负荷和围护结构传热

6.1.2.1 厂内热湿负荷

水电站厂房内热负荷主要是电气设备散热。在计算厂房的散热时，对于大空间如发电机层、母线层、水轮机层等，不但要考虑单台机组的负荷率，还应考虑全厂同时投运的机组台数，折算成等效开机台数，取一定的安全系数进行计算。根据龙滩水电站设备运行方式及月发电量，折算成等效开机台数计算的厂内热负荷见表6-4。

表6-4　　　　　　　　　　　　全厂设备传热汇总表

洞室名称	设备间名称		散热设备名称	合计/kW
主机洞	主厂房发电机层		发电机盖板、发电机漏风、励磁变压器等	1278.43
	母线层	主厂房母线层	母线、机组自用变、电缆、自用配电屏等	446.63
		空压机室	高压气机、低压气机、照明	64.62
		直流系统室	直流系统、照明	26.44
	主厂房水轮机层		机组油压装置、渗漏排水泵、电缆、机墩等	146.51
母线洞	母线洞上层（9条）		母线、照明	191.79×9
	母线洞下层	1号、6号、7号、9号机	公用厂用变、公用盘、照明	55.57×4
		2～4号机	高压开关柜、照明	15.81×3
		5号、8号机	照明变压器、照明配电屏、照明	21.5×2
主变洞	500kV电缆层（高程245.70m层）		高压电缆、照明	191.38
	主变搬运道上层（高程242.00m层）		电缆、照明	25.08
	主变搬运道		照明	37.52
	主变室（9个）		主变油箱及冷却器、母线、照明	104.85×9
	1～5号及7号高压厂用变		高压厂变、分支母线、照明	41.61×6
	电缆室（高程227.70m层）		高压电缆、照明	42
	电缆室（高程221.70m层）		高压电缆、照明	42
出线洞	1号出线廊道		高压电缆	480.58
	2号出线廊道		高压电缆	
	3号出线廊道		高压电缆	
总计	全地下厂房			6014

传湿问题是水电站厂房防潮除湿设计的重要课题。根据已建水电站的实际经验，地下厂房最可能潮湿的地方是主厂房。母线洞及主变洞由于其发热量大，室内温度较高，一般不存在潮湿问题。地下厂房的湿负荷主要来自：人体散湿、围护结构即围岩散湿、水面和潮湿表面散湿及新风散湿等。现在基本上是无人值班，厂房内人员少，人体散湿可忽略不计；因此，地下厂房的主要散湿来自于潮湿表面散湿及新风散湿。按 DL/T 5165—2002 规定，水电站厂房室内相对湿度一般控制在75%以下。然而，在许多已建电站中，虽然厂房室内相对湿度并未超出上述标准，但厂房内仍然很潮湿，主要原因是水力机械管道遍

布全厂，而水温远低于空气露点温度，管道壁面不可避免地要结露，新风进入厂内，管道不停结露，造成厂房内的潮湿。在这种情况下，只有将水管保温处理，或者降低室内空气的绝对湿度，即降低露点温度，才能从根本上解决厂内潮湿问题。

　　地下厂房围岩即是围护结构散湿面，龙滩水电站主厂房围护结构类型可统一按板岩无衬砌考虑，围护结构散湿量计算结果见表6-5。

表6-5　　　　　　　　　　　　　　主厂房围护结构散湿量

部　　位	发电机层	母线层	水轮机层	合计/(kg/h)
散湿量	85.76	7.72	36.56	130.04

　　龙滩水电站坝前取水水温夏季15℃左右，而从表6-5可以看到，夏季5—9月室外空气露点温度均远大于15℃，这就意味着龙滩水电站将来存在管道结露问题。因此只有将水管保温或者对新风进行降温去湿处理，才能从根本上消除结露和潮湿现象，达到改善工作环境的目的。

6.1.2.2　围护结构传热分析

　　地下厂房属于深埋建筑，围护结构传热量主要受洞内空气温度变化的影响，一部分是洞内空气年平均温度作用下的稳定传热量；另一部分是洞内空气年波幅作用下的波动传热量。围护结构传热在电站初建阶段是个不稳定过程，随使用时间的增长趋于稳定，稳定期为3～5年。

　　龙滩水电站在设计状态下围护结构的吸放热量见表6-6，计算时间为3年，负号为放热，正号为吸热。

表6-6　　　　　　　　　　　围护结构的吸放热量计算结果表　　　　　　　　　单位：kW

月份	发电机层	母线层	水轮机层	母线洞（单个）		主变洞
				上层	下层	
1	−116.21	−49.64	−45.46	0.40	1.02	7.99
2	−56.95	−23.15	−18.45	1.31	1.54	25.88
3	17.05	9.95	15.36	2.49	2.22	48.57
4	85.99	40.87	46.84	3.60	2.87	69.61
5	131.47	61.07	67.48	4.33	3.28	83.02
6	141.34	65.37	71.67	4.47	3.34	84.86
7	111.01	53.23	61.75	4.80	3.79	90.12
8	52.00	26.59	34.11	3.75	3.14	69.55
9	−21.71	−6.65	−0.31	2.43	2.33	44.22
10	−90.32	−57.61	−32.38	1.18	1.55	20.53
11	−135.43	−58.00	−53.59	0.31	1.00	4.49
12	−144.92	−62.40	−58.55	0.03	0.81	0.03

6.1.2.3 全厂夏季所需冷负荷

在设计时，分别计算最热月所需的冷负荷及厂内最大热负荷月所需的冷负荷，取大值作为全厂空调系统冷负荷的设计值。

在制定全厂夏季冷负荷时，为使风量合理，风量平衡易于实现，主要考虑以下几个因数：

(1) 夏季围护结构吸热按不利月份8月计算。

(2) 主变洞基本上不存在设备结露问题，不再计入其围护结构传热。

(3) 各个母线洞下层热负荷相差较大，如按此来制定冷负荷，则各母线洞下层风量相差较大，运行时难以实现，所以母线洞下层统一按最不利的情况考虑。

根据上述原则，综合全厂设备传热及围护结构传热，夏季厂内所需冷负荷见表6-7。

表6-7 　　　　　　　　　　夏季厂内冷负荷表

洞室名称	设 备 间 名 称		所需冷负荷/kW
主机洞	发电机层		1226
	母线层		420
	母线层空压机室		65
	母线层直流系统室		26
	水轮机层		112
母线洞	母线洞上层		192×9
	母线洞下层	1号、6号、7号、9号机	56×4
		2号、3号、4号、5号、8号机	22×5
主变洞	500kV电缆层（高程245.70m层）		192
	主变搬运道上层（高程242.00m层）		25
	主变搬运道		38
	主变室		105×9
	1～5号及7号高压厂用变		42×6
	电缆室（高程227.70m层）		42
	电缆室（高程221.70m层）		42
出线洞	1号出线廊道		61
	2号出线廊道		141
	3号出线廊道		172
总计	全地下厂房		5821

6.1.3 天然冷源分析

水电站天然冷源主要有水库深层低温水及交通运输洞、施工洞等，这些天然冷源是空调的最佳冷源，宜优先采用。

6.1.3.1　水库水温分析

电站水库深层水水温主要与水库所处地理纬度、当地多年平均气温和水库调节性能有关。一般可从下面几个方面判断水库深层水可否用做天然冷源：

(1) 根据水库径流与库容比值 α 及洪水量与库容比值 β 来判别：

1) $\alpha=$ 年入库总量/总库容 <10，为分层型；

2) $\beta=$ 一次洪水总量/总库容 <0.5，对水温结构无影响；

3) α、β 值越小，水库低层水温变化也越小。

(2) 根据经验公式对水库水温分析计算：

$$T_Y=(T_0-T_b)e^{-\left(\frac{y}{x}\right)^n}+T_b \tag{6-1}$$

式中：$n=\dfrac{15}{m^2}+\dfrac{m^2}{35}=1.706$；$x=\dfrac{40}{m}+\dfrac{m^2}{2.37(1+0.1m)}=17.876$；$T_Y$ 为水库深水计算温度，℃；T_0、T_b 分别为库表、库底月平均水温，℃；m 为月份；y 为取水口距水库正常水位深度，m；库底月平均水温可采用天然河道最冷三个月月平均水温，或根据所处纬度确定。

(3) 根据国内外已建成的同类型相近纬度的水库实测资料推算。

6.1.3.2　取水口的设置

如果水库水温具备做天然冷源的条件，取水口的设置还应考虑以下因素：

(1) 围堰对取水水温的影响。坝前围堰高度对取水的水温有一定影响，当大坝取水口前围堰未拆除时，应按围堰顶部高程水深来确定取水水温。

(2) 泄洪方式对取水水温的影响。泄洪方式对坝前取水的水温有一定影响，如果是底孔泄洪，由于洪水上下搅动，使上下层水温温差变小，取水水温应考虑泄洪的影响。

(3) 取水口高程不宜将取水口设置过低，以免取水口堵塞。

6.1.4　龙滩水电站水库水温分析

根据天峨县水文站水文气象资料统计及水库调节性能，水库深层水温分析如下：

(1) 龙滩水电站水库库容，前期为 162.1 亿 m^3，后期 272.2 亿 m^3，水库水温结构采用径流与库容比值 α 及洪水量与库容比值 β 来判别。正常蓄水位 375.00m 时，α 和 β 值分别为 3.18 和 0.46，400.00m 蓄水位时，α 和 β 值分别为 1.88 和 0.27。α 值小于 10，β 值小于 0.5，水库为稳定的分层型水库，全年均能获得深层低温水作空调冷源。

(2) 根据库区多年气象参数统计资料，库区最冷月平均气温为 11.8℃，全年水温变化幅度不大。根据水库结构及库容对水库水温分析可得水温分析曲线如图 6-1 及图 6-2 所示，取水口中心高程为 311.00m，由水温分析曲线可知深层水温前期 15℃ 左右，后期 13℃ 左右。

(3) 根据经验公式对水库水温分析计算：

按经验公式，7月考虑，水深取 55.00m，计算得：

$$T_Y = 0.00525(T_o - T_b) + T_b \approx T_b \qquad (6-2)$$

即水深 55.00m 处水温几乎等于库底水温。

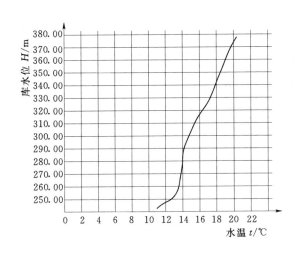

图 6-1 正常蓄水位 375.00m 时水库水温
分析曲线（多年平均值）

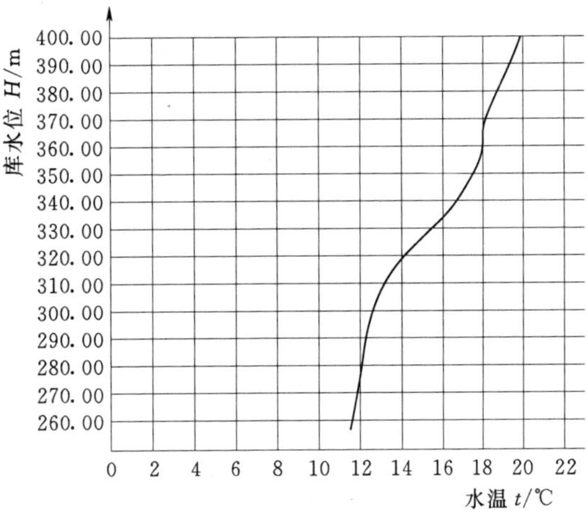

图 6-2 正常蓄水位 400.00m 时水库水温
分析曲线（多年平均值）

库底月平均水温 $T_b = (14.3 + 15.4 + 16.1)/3 = 15.3(℃)$，天然河道最冷三个月月平均水温分别为 14.3℃、15.4℃、16.1℃。

（4）龙滩水电站坝前围堰顶部高程为 273.00m，远低于空调取水口的高程，围堰的拆除与否对空调取水水温没有直接的影响，电站泄洪方式为表孔泄洪，泄洪方式对空调取水水温没有影响。

综上所述，龙滩水电站获得 15℃ 左右低温水作为空调冷源是完全可靠的。

6.1.5 交通运输洞温降分析

当气流流经交通运输洞、施工洞等洞室时，将与洞壁围护结构进行热湿交换，使得进风参数发生改变。国内多个地下厂房的实测资料（表 6-8）表明，交通运输洞、施工洞等各类洞室对气流的影响有如下规律：

（1）空气经过交通运输洞的含湿量变化很小，基本上是等湿升温或者等湿降温过程。

（2）洞内气温和相对湿度波动比洞外小。

（3）对洞外空气有夏季降温、冬季升温的作用。

（4）外界温度越高，降温效果越好。

（5）降温随风量的增大而减小。

（6）洞壁的衬砌方式不同，对空气温降的效果也不同。

（7）同等条件下，洞室越长，对空气的温降作用越大，但到达临界长度后，增加的长度对空气的温降作用可以忽略。

表 6-8 　　　　　　　　　　　　国内部分水电站洞室温降实测数据表

电站名称	洞　室	洞长/m	空气参数		温降 /℃	备　　注
			洞口/℃	洞末/℃		
流溪河	运输洞	147.0	30.7	29.0	1.7	70%离壁衬砌
流溪河	蝶阀廊道		30.9	24.4	6.5	毛洞
天荒坪	运输洞		25.9	24.1	1.8	
以礼河三级	运输洞				3.4	
宜兴	运输洞	400.0	26.3	21.2	5.1	2008 年 9 月 8 日
			25.5	20.8	4.7	2008 年 9 月 9 日
			24.0	21.0	3.0	2008 年 9 月 12 日
			22.0	20.6	1.4	2008 年 9 月 12 日
		700.0	26.3	21.1	5.2	2008 年 9 月 8 日
			25.5	20.7	4.8	2008 年 9 月 9 日
			24.0	20.6	3.4	2008 年 9 月 12 日
			22.0	20.5	1.5	2008 年 9 月 12 日

6.2　通风空调系统方案

6.2.1　系统划分与设置

规程规定：地下厂房主机洞温度不应高于 30℃，主变压器室不应高于 40℃，母线道不应高于 40℃，一般的电气设备间不应高于 35℃，最经济的设计应该是按不同的温度要求划分系统。即主机洞、母线洞、主变洞等各自自成独立的系统。由于地下厂房母线道大多设计在主厂房和主变洞之间，而且每台机组配一条母线道，独立设置系统进排风困难，因此一般将其归于主厂房或者主变洞通风系统。由于主厂房设计温度比主变洞低，母线洞可重复使用主机洞来风，将母线洞归于主厂房通风系统中较合理也节能。因此，整个地下厂房的通风空调系统总体上可分为主厂房母线洞和主变洞两大系统。

龙滩水电站地下厂房的通风空调系统按照上述原则总体上分为主机洞和主变洞两大系统，为保证系统的可靠性，两大系统的排风又细分为 7 个小系统，通风路径组织如图 6-3

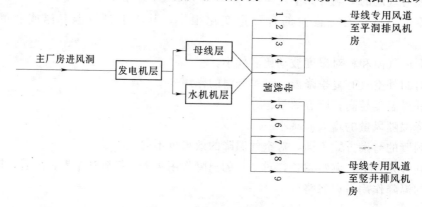

图 6-3　主机洞系统的通风路径

和图 6-4 所示。

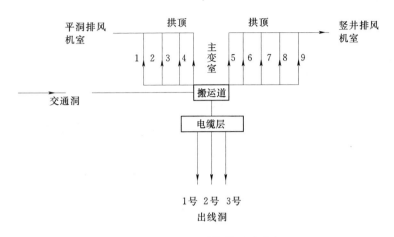

图 6-4　主变洞系统的通风路径

6.2.2　通风空调气流通道

通风空调气流通道对地下厂房来说相当重要，在满足工程总布置的前提下，应尽量和施工洞室结合，以减少开挖，节省工程量。按照龙滩地下厂房结构特点，经分析研究，确定通风空调气流通道如下：

全厂设二条进风洞，五条排风洞和一个排风竖井。一条进风洞为主厂房进风洞，与主厂房拱顶垂直，位于 3 号机组段附近，高程 260.00m，主空调设备设在进风洞内，因进风洞短，故不考虑进风洞的温降效应；另一条进风洞为主变洞进风洞，即进厂交通洞，自然进风，洞口设进风楼，内设除尘设施。排风洞一条设在主机洞与主变洞之间与主机洞、主变洞平行，为母线道专用排风洞，高程 255.70m，有 9 个小竖井分别与 9 条母线洞相通，一端为平洞通厂外，另一端通排风竖井，排风机分别设在平洞口及竖井出口排风机室内，正常排风与事故排烟兼用；另一条排风洞为主变拱顶，主变拱顶一端通施工支洞，另一端通排风竖井，排风机分别设在施工洞口及竖井出口排风机室内，正常排风与事故排烟兼用；其余 3 条排风洞为高压电缆出线廊道，排风机设在廊道出口排风机室。排风竖井一分为三，分别接母线专用排风洞、主变拱顶排风洞，和主厂房拱顶排烟风管，三部分风互不相串，风机分别布置在竖井口各自的风机房内。

为实现预期风路和气流走向，主要靠送排风机及辅助风机控制风量，少数地方采取阀门调节及设密闭门。母线道专用排风洞及主变拱顶排风洞均为两端排，中间进行密闭分隔。

6.2.3　主机洞全空调系统

6.2.3.1　主机洞全空调系统方案

根据电站室外气象条件和主机洞的设计温度，主机洞必须采用空气调节措施。在拟定本电站主机洞空调方案时，经过反复论证决定采用水库深层水一级表冷器降温除湿、机械制冷二级降温除湿的方案。母线洞重复使用主机洞的来风，为使母线洞温度控制在规范允许的范围而又不加大主机洞的空调处理风量，决定在母线洞设置以水库深层水为冷源的风机盘管，就地处理母线洞的热负荷。由于母线洞排风温度比新风温度高，回风不畅，开挖回风道土建结构困难，所以不考虑回风，按全新风设计。空调送风机及母线洞排风机均采用变频控制，以适应不同工况的需要和运行节能。

主机洞全空调系统方案为：新风风量 600000m³/h 从专用进风洞引入，通过设在专用进风洞内的主空调设备处理后送到主厂房发电机层，其中 17000m³/h 风量由上游夹墙引到蓄电池室使用后由专用风机排至上游侧紧急出口廊道，103800m³/h 风量由上游夹墙风道及风机送到母线层，115300m³/h 风量由上游夹墙风道及风机送到水轮机层，其余363900m³/h 风量经发电机层楼梯间到母线层。母线层的风量为 467700m³/h，其中360000m³/h 风量供 9 条母线道重复使用后经母线道上部专用风道排至厂外，另外107700m³/h 风量经楼梯间达到水轮机层。水轮机层风量为 223000m³/h，其中 8000m³/h风量经透平油库使用后由专用风机排出，38300m³/h 风量由风机吸入检修廊道供其换气后回到水轮机层，余下 215000m³/h 风量送至 9 条发电机电压设备廊道重复使用后经母线道上部专用风道排至厂外。

6.2.3.2 主空调设备设计

主空调设备的设计从节能角度出发，水库深层水作为冷冻水进入第一级表冷盘管冷却空气；升温后的第一级表冷盘管排水，作为第二级机械制冷设备的冷却水。为保证厂内水机管道表面不结露，第二级机械制冷将室外空气露点处理到水库深层取水温度以下。机械制冷采用直冷式，其冷凝器做成风冷与水冷两部分，风冷冷凝器安装在组合式空调的末端（即二级制冷蒸发器后面，送风机前面），风冷冷凝器散出的热量作为组合式空调的再热热源。风冷冷凝器及水冷冷凝器具有良好的调节性能，以适应不同工况；该机组的设计突出节能和环保，为全新风水源组合式调温除湿机。龙滩水电站采用 4 台全新风水源组合式调温除湿机，3 主 1 备，并联运行，单机处理风量 200000m³/h，全新风运行，考虑到风机并联运行的特性，保证 3 台机同时运行时的总风量为 600000m³/h，机组送风温度 16～25℃连续可调并且没有温度盲区，参数见表 6-9。

表 6-9　　　　　　　　全新风水源组合式调温除湿机设计参数表

项　目		参　数	备　注
空调风量/(m³/h)		200000	
一级制冷	空气初参数	$t_1=31.3℃$　$\phi_1=67\%$	新风空气工况
	除湿量/(kg/h)	1020.5	
	新风量/%	100	
	进水温度/℃	≈15.5	水库深层水
	出水温度/℃	≈19.5	
	供冷量/kW	1414	
	冷水量/(m³/h)	305	
二级制冷	空气初参数	$t_1=21.3℃$　$\phi_1=95\%$	
	供冷量/kW	1414	制冷压缩机冷量
	除湿量/(kg/h)	1260	

项 目		参 数	备 注
再热	空气终参数	$t_2=19℃$ $\phi_2=71\%$	
	制热量/kW	350	采用冷凝热加热
机组总功率/kW		≤460	
机外余压/Pa		500	
机组水压降/kPa		≤150	

机组的风路系统由过滤、消声、表冷、蒸发、再热等功能段组成。要求实现除湿、控温、降噪、净化等功能。机组的设计充分考虑了水库水的不洁净性、水温的波动性以及环境新风随季节的变化。

该机组运用了低温冷库深层水源作为一级表冷的冷冻水和节能再热冷凝器用于再热，具有节约能源、处理风量大、运行噪声低、空气新鲜、空气调节能力强等特点，由空气处理系统和制冷系统两部分组成，空气处理及系统如图6-5所示。

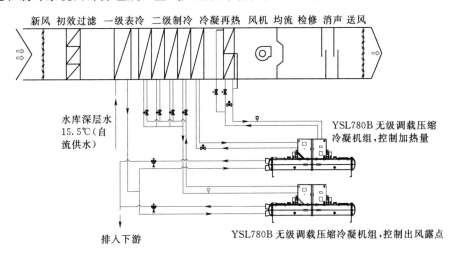

图6-5 空气处理及系统示意图

1. 空气处理系统

空气处理系统包括：新风段、初效段、一级表冷挡水段、中间检修段、二级蒸发挡水段、冷凝加热段、送风机段、均流段、消声段和送风段。

一级表冷挡水段盘管的冷冻水取自水库深层水，水库水通过盘管冷却空气后，再进入压缩冷凝机组的冷凝水作为冷却水冷却制冷剂。

一级表冷冷量全部来自水库深层水，一级表冷盘管制冷量高达1414kW，占整个机组2828kW制冷量的50%，因此，本机比只采用压缩机制冷的机组节能50%。而且，经过一级表冷器后的水温为19.5℃。

二级制冷部分，进风温度为21.3℃，制冷量需由制冷压缩机提供，由两台无级能量调载压缩冷凝机组及两台制冷蒸发器实现，制冷量1414kW，占整个系统2828kW制冷量的50%。采用无级能量调载，机组可以根据空气处理热负荷的实际需求，调节机组输出的制冷量，保证厂房室内空气温湿度的要求。

再热冷凝器部分，无级调载压缩冷凝机组其冷凝器由节能再热冷凝器与水冷冷凝器串联而成，节能再热冷凝器分成两部分，每路冷凝器装有电磁阀，用于控制冷凝器的冷凝面积。水冷冷凝器带有比例三通调节阀，用于调节冷凝器水量，在 $40.0 \sim 130.0 \mathrm{m}^3/\mathrm{h}$ 范围内连续可调。

节能再热冷凝器取代了传统的加热盘管，采用原本需散去的压缩冷凝机组产生的冷凝热，从冷凝热中回收 $350\mathrm{kW}$ 的再热量，节省了机组的有用能量消耗。

在两级冷却和一级再热处理后，具有合适温湿度与洁净度的空气由离心风机送至厂房。

2. 制冷处理系统

本机组的制冷处理系统由无级调载压缩冷凝机组 YSL780A 和 YSL780B 两台机组组成。

无级调载压缩冷凝机组 YSL780B，为无级调载制冷机组，机组由四个蒸发器组成，制冷量无级调载，主要用于控制机组的出风露点，即控制机组的出风湿度。

无级调载压缩冷凝机组 YSL780A，为无级调载制冷机组，机组的冷凝器由节能再热冷凝器与水冷冷凝器串联而成。该机不但用于制冷也用于对蒸发器处理后的低温高相对湿度空气进行再热处理，调节机组的送风温度。

3. 冷却水系统

冷却水系统由空气处理系统的一级表冷器、压缩冷凝段的水冷冷凝器及三通比例混流调节阀组成。

空调机房地面高程与水库正常蓄水位高差达 $70.00\mathrm{m}$ 以上，水库深层水经滤水器、减压自流进入一级表冷器作为一级表冷器的冷冻水，用于冷却新风，冷却后，产生 $1414\mathrm{kW}$ 的制冷量，冷却水被加热到 $19.5\,^{\circ}\mathrm{C}$，然后分两部分进入两台压缩冷凝机组进行冷却。为了保证压缩冷凝机组的冷凝温度在合理范围内，在冷却水分路加装比例三通调节阀，控制压缩冷凝段的水冷冷凝器与旁通的水流量比例，保证两台机组在正常冷凝压力下安全运行。

6.2.4 主变洞通风系统

主变洞设计温度较高，又可充分利用进厂交通洞夏季吸热降温的特性，因此采用通风的方式可满足设计要求。整个主变洞采用自然进风、机械排风，排风机为变频控制以适应不同工况的需要。按平均排风温度 $33\,^{\circ}\mathrm{C}$ 计算主变洞约需要自然进风量 $9.6 \times 10^5\,\mathrm{m}^3/\mathrm{h}$。进厂交通洞高 $12.00\mathrm{m}$，拱高 $2.50\mathrm{m}$，拱半径 $6.25\mathrm{m}$，拱夹角 106.26°，宽 $10.00\mathrm{m}$，长约 $520.00\mathrm{m}$，洞体为 79% 砂岩、21% 板岩，内侧用混凝土喷锚支护，其夏季吸热计算参数见表 6-10。

表 6-10　　　　　　　　　　交通洞夏季吸热计算参数表

项　　目	计　算　值	备　　注
交通洞断面积 F/m^2	112.5	
交通洞断面周长 S/m	40.591	

续表

项　　目	计　算　值	备　　注
交通洞过风量 G/(m³/h)	960000	1129920kg/h
交通洞当量半径 r_o/m	6.460	
过风速度 V/(m/s)	2.370	
岩石导热系数 λ_y/[kcal/(m²·h·℃)]	1.580	
岩石导温系数 α_y/(m²/h)	0.0035	按砂岩
喷锚导热系数 λ_c/[kcal/(m²·h·℃)]	1.00	按碎石混凝土
喷锚导温系数 α_c/(m²/h)	0.00208	按碎石混凝土
内表面换热系数 α_n/[kcal/(m²·h·℃)]	17	
空气比热 C/[kcal/(kg·℃)]	0.24	
温度年波幅频率 ω_y	0.000717	
温度日波幅频率 ω_r	0.264	
地表面年平均气温 t_{dy}/℃	21.6	按多年平均气温加1.5℃
夏季洞外最热月日平均温度 t_{ur}/℃	27.3	采用最热月的月平均温度
冬季洞外通风计算温度 t_{ud}/℃	11.8	
夏季洞外通风计算温度 t_{ux}/℃	31.3	
洞外空气的露点温度 t_{L1}/℃	24.3	
洞外空气温度年波幅 θ_{wy}/℃	7.55	
洞外空气温度日波幅 θ_w/℃	4.4	
年波幅变化值/℃	7.32	
日波幅变化值/℃	1.2	
夏季日平均温度变化值/℃	26.86	
夏季最高温度变化值/℃	28.0	
冬季日平均温度变化值/℃	12.22	
冬季最低温度变化值/℃	11.02	

6.2.5　气流组织

6.2.5.1　主厂房空调系统

主厂房气流组织可归纳为纵向气流、横向气流及垂直气流三种型式。龙滩水电站采用岩锚吊车梁，土建结构不允许将拱顶与夹墙风道连通，故在结构上就否定了横向侧送方案。

厂房端部纵向射流送风有单侧送风、双侧送风与接力送风等多种方案。根据其他水电站的通风模型实验和实测资料，贴附吊顶的端部射流送风，送风气流的作用长度与发电机层的高度直接相关。表6-11为几个电站发电机层端部送风的资料。

表 6-11   端部射流送风的作用长度对比表

水电站名称	风口类型	作用长度/m	实测或模型单位
二滩	圆形风口	3.9H	重庆建筑大学
十三陵	圆形风口	3.5H	北京院
洪家渡	矩形风口	(3~3.5) H	贵阳院
安砂	圆形风口	(3.1~4.1) H	华东院
龙羊峡	条缝风口	3.3H	西安冶金建筑大学

注 H 为发电机层高度。

龙滩水电站主厂房长 388.50m，发电机层高 21.50m（不包括吊顶），采用端部送风，送风射程太长，难以达到设计要求，接力送风虽然可以解决送风射程问题，但设备布置难以实现，所以龙滩水电站主厂房发电机层不宜采用端部送风。

龙滩水电站主厂房采用集中空调，4 台组合式空调机设在送风洞内，总送风量 $6\times10^5 m^3/h$，送风洞与主厂房拱顶相通。龙滩水电站主厂房为地下厂房，利用主厂房拱顶作为总送风道最经济。

顶拱下送的效果，同类电站的模型试验和实测（如二滩、天荒坪、洪家渡、大朝山等）已证明能在发电机层工作区形成较理想的气流和流速。

龙滩水电站在可研阶段委托重庆大学对通风空调系统进行了模型试验和数值模拟计算。拱顶送风计算气流组织见表 6-12，表中母线洞风机盘管冷量暂按 30kW/台计，每条母线洞上层设 3 台风机盘管。

表 6-12   夏季 9 台机组满发时主厂房母线洞气流组织（可研设计）

序号	厂房区域	风量/(m³/s)	风量来源	进风温度/℃	排风温度/℃	排风去向
1	发电机层	600000	拱顶下送	20.5	26.27	(2)，(6)
2	母线层	484700	(1)	26.27	28.60	(3)，(4)，(5)，(6)，(8)
3	母线层 1 号机组端蓄电池等室	17500	(2)	28.60		排至厂外
4	母线层 9 号机组端蓄电池等室	3000	(2)	28.60		排至厂外
5	母线层空压机室	14000	(2)	28.60	31.95	经管子廊道去 (6)
6	水轮机层	219500	(1) 115300 风机 (2) 90200 楼梯 (5) 14000	27.59	29.63	(7)，(9)，(10)
7	操作廊道	38300	(6)	29.63	29.63	母线道下层电缆沟
8	母线道上层	360000	(2)	28.60	36.03	排至厂外
9	母线道下层	173200	(6)	29.63	33.53	排至厂外
10	透平油库	8000	(6)	29.63	—	排至厂外

注 括号的数字代表序号对应的厂房区域，比如（1）代表发电机层。

根据拱顶送风模型试验和全厂通风空调模型试验结果，由于全厂 9 个母线洞风量分配不均匀，在夏季最不利工况厂房个别部位将出现温度超标情况，根据试验结果，施工设计时将主厂房空调送风温度由原设计值 20.5℃调整到 19.5℃，母线道上层的风机盘管也由原设计的 3 台改为 4 台，总送风量不变，同时，根据电气设备的最新布置，厂内气流组织也作相应调整，见表 6－13。

表 6－13　　　　　夏季 9 台机组满发时主厂房母线洞气流组织（施工设计）

序号	厂 房 区 域	风量/(m³/s)	风量来源	进风温度/℃	排风温度/℃	排风去向
1	发电机层	600000	拱顶下送	19.5	25.9	(2), (3), (6)
2	母线层	467700	(1) 风机 103800 (1) 楼梯 363900	25.9	28.7	(5), (6), (8)
3	母线层 1 号机组端蓄电池等室	17000	(1)	25.9	30.7	排至厂外
4	母线层空压机室	(9000)	(1)	25.9	25.9	(2)
5	水轮机层	223000	(1) 风机 115300 (2) 楼梯 107700	27.3	28.8	(6), (8), (9), (10)
6	操作廊道	38300	(5)	28.8	28.8	(5)
7	母线洞上层	360000	(2)	28.70	34.3	排至厂外
8	母线洞下层	215000	(5)	28.8	32.2	排至厂外
9	透平油库	8000	(5)	28.8	—	排至厂外
10	管子廊道	17500	(5)	28.8	—	(5)

注　括号的数字代表序号对应的厂房区域，比如（1）代表发电机层。

6.2.5.2　主变洞通风系统

主变洞为独立的通风系统，从交通洞自然进风，用迭代计算法计算得出夏季最不利工况所需风量为 $9.4 \times 10^5 \, \mathrm{m^3/h}$。主变洞气流组织见表 6－14。

表 6－14　　　　　夏季 9 台机组满发时主变洞气流组织

序号	厂 房 区 域	风量/(m³/s)	所需冷负荷/kW	风量来源	进风温度/℃	排风温度/℃	排风去向
1	主变搬运道	940000	38	交通洞	28.1	28.2	(2),(3),(4),(5),(6),(7),(8)
2	绝缘油库	10000	—	(1)	28.1	—	排至厂外
3	电缆层（高程 221.70m）	28000	42	(1)	28.2	33	排至厂外
4	电缆层（高程 227.70m）	28000	42	(1)	28.2	33	排至厂外
5	主变室	450000	105×9	(1)	28.2	34.9	排至厂外
6	高压厂用变室	120000	42×6	(1)	28.2	34.9	排至厂外
7	备用设备间（高程 233.70m）	30000	—	(1)	28.2	—	排至厂外
8	电缆层（高程 242.00m）	274000	25	(1)	28.2	28.5	(9), (10)
9	办公室高程（242.00m）	10000	—	(8)	28.5	—	排至厂外
10	500kV 电缆层	264000	192	(8)	28.5	30.5	(10), (12), (13)
11	1 号出线廊道	48000	61	(10)	30.5	34.5	排至厂外
12	2 号出线廊道	100000	141	(10)	30.5	35.0	排至厂外
13	3 号出线廊道	116000	172	(10)	30.5	35.2	排至厂外

注　括号的数字代表序号对应的厂房区域，比如（1）代表发电机层。

6.3　CFD 数值模拟

随着计算机技术和数值模拟技术的发展，可在工程实体模型的基础上，建立数学和物理模型，采用差分方法，对厂房内气流流场进行网格划分，利用 CFD 对数理模型求解，对气流组织进行仿真计算，对送风口风速、风口数量、布置方式、气流流速、温度分布进行仿真模拟，从而为工程设计方案及其优化提供参考。

6.3.1　气流组织数学模型

电站厂房内气流为非等温三维湍流流动，空气密度变化不大，通常采用 Boussinesq 假设，动量守恒中，密度的变化对惯性力项、压力差项和黏性力项的影响可忽略不计，而仅考虑对质量力项的影响，室内空气流动数值模拟所用湍流模型多为涡黏系数模型，这是基于 Boussinesq 关于雷诺应力假设的湍流模型。涡黏系数模型的核心就是求解湍流动力黏度（或称湍流黏性系数）μt，根据微分方程可将涡粘系数模型分为零方程模型、一方程模型、二方程模型等。常用的 k-ε 双方程湍流模型能较好地解决非等温送风这种混合对流的流动形式。

在三维笛卡尔坐标系中，以张量形式表示的湍流对流换热控制微分方程如下：

连续性方程：

$$\frac{\partial u_i}{\partial x_i} = 0 \tag{6-3}$$

动量方程：

$$\frac{\partial}{\partial x_j}(\rho u_i u_j) = \frac{\partial}{\partial x_j}\left[(v_i + v)\left(\frac{\partial u_i}{\partial x_j} + \frac{\partial u_j}{\partial x_i}\right)\right] - \frac{\partial p}{\partial x_i} + \rho g \beta \nabla T \delta_i \tag{6-4}$$

湍流脉动动能方程（k 方程）：

$$\frac{\partial}{\partial x_j}(\rho u_i k) = \frac{\partial}{\partial x_i}\left[\left(v + \frac{v_t}{\sigma_k}\right)\frac{\partial_k}{\partial x_i}\right] + G - \rho \varepsilon \tag{6-5}$$

湍流脉动动能耗散率方程（ε 方程）：

$$\frac{\partial}{\partial x_i}(\rho u_i \varepsilon) = \frac{\partial}{\partial x_i}\left[\left(v + \frac{v_t}{\sigma_\varepsilon}\right)\frac{\partial_\varepsilon}{\partial x_i}\right] + \frac{\varepsilon}{k}(c_1 G - c_2 \rho \varepsilon) \tag{6-6}$$

湍流流动能量方程：

$$\frac{\partial}{\partial x_i}(\rho u_i T) = \frac{\partial}{\partial x_i}\left(\frac{v}{Pr} + \frac{v_t}{\sigma_r}\right)\frac{\partial T}{\partial x_i} + \frac{q_t}{c_p} \tag{6-7}$$

式中，紊流脉动动能产生项：$G = v_t\left(\frac{\partial u_i}{\partial x_j} + \frac{\partial u_j}{\partial x_i}\right)\frac{\partial u_i}{\partial x_i}$，$v_t = \frac{c_\mu k^2}{\varepsilon}$，经验系数 c_μ，c_1，c_2，σ_k，σ_ε，σ_T 的取值可由相关文献获得。

6.3.2　发电机层气流组织物理模型

主厂房发电机层的物理模型采用与主厂房原型相同的几何尺寸、形状和布置，其中各部分设备的发热量均可按实际热量输入。

6.3.3 物理模型边界条件

送风口均设置为速度入口，地板上的排风口、楼梯口及安装场侧的交通洞均为压力开口。由于主厂房位于地下，则四周壁面均处理为绝热边界；顶拱照明散热处理为顶棚单位面积的均匀散热；由于地板上下两侧的温度差异较小，地板也处理为绝热边界。在流场近壁区采用对数分布求解湍流黏性系数的标准函数法进行处理。

6.3.4 气流组织数值仿真模拟计算

划分主厂房室内气流网格，将微分方程的扩散项、对流项、压力项和源项在控制体上采用不同的格式进行离散求解。根据输入参数、设定的边界条件、给出的初始流场和迭代次数，调整松弛因子和伪时间步长，运行和调试软件。

6.3.5 发电机层送风数字模拟

龙滩水电站规模大，所建立的模型的几何尺寸大，从而导致数值模拟计算的计算量大，因此在进行试验方案设计时，考虑先在部分机组段内进行送风速度、风口布置形式、风口数量等的优化选择，再以最优参数对整个主厂房进行试验研究。

（1）不同机组段组合工况下的数据对比。模型建立时，每个机组段的送风口数量 8个，送风风速为 8.0m/s 左右，风口的布置采用两排均匀布置。通过模拟实验得到了三个不同机组段组合情况下主厂房发电机层工作区的平均温度、平均速度及其分布均匀性的数据，见表 6-15。

表 6-15　　　　　　　　　不同机组段组合的温度与速度

温 度 与 速 度	组 合 类 型		
	一个机组段	二个机组段	三个机组段
距地 0.475m 高平面平均速度/(m/s)	0.519	0.490	0.506
距地 0.475m 高平面的速度分布标准差	0.131	0.104	0.145
距地 0.475m 高平面平均温度/℃	27.6	27.1	27.3
距地 0.475m 高平面的温度分布标准差	0.764	0.805	0.768
距地 1.425m 高平面平均速度/(m/s)	0.430	0.363	0.410
距地 1.425m 高平面的速度分布标准差	0.166	0.153	0.174
距地 1.425m 高平面平均温度/℃	27.5	27.0	27.2
距地 1.425m 高平面的温度分布标准差	0.684	0.959	0.611
距地 2.375m 高平面平均速度/(m/s)	0.399	0.335	0.394
距地 2.375m 高平面的速度分布标准差	0.185	0.213	0.208
距地 2.375m 高平面平均温度/℃	27.4	27.0	27.1
距地 2.375m 高平面的温度分布标准差	0.522	0.823	0.485

通过对比，利用两个机组段的组合来模拟整个发电机层的气流组合情况，得到的温度差、速度差均较小。故在下面对主厂房发电机层送风速度及送风口布置形式的研究中，按两个机组段的组合模型进行。

（2）送风速度优化选择。模拟计算选择 6.0m/s、8.0m/s、10.0m/s、12.0m/s 四个送风速度进行计算。送风口仍采用两排均匀布置，每个机组段 8 个，见表 6-16。

表 6-16　　　　　　　　两个机组段不同送风速度条件下的温度与速度

温 度 与 速 度	风口送风速度/(m/s)			
	6.08	7.97	10.04	11.91
距地 0.475m 高平面平均速度/(m/s)	0.443	0.490	0.597	0.601
距地 0.475m 高平面的速度分布标准差	0.172	0.104	0.117	0.173
距地 0.475m 高平面平均温度/℃	27.0	27.1	27.2	27.2
距地 0.475m 高平面的温度分布标准差	0.722	0.805	0.613	0.594
距地 1.425m 高平面平均速度/(m/s)	0.382	0.363	0.460	0.476
距地 1.425m 高平面的速度分布标准差	0.176	0.153	0.123	0.201
距地 1.425m 高平面平均温度/℃	26.9	27.0	27.1	27.1
距地 1.425m 高平面的温度分布标准差	0.702	0.959	0.638	0.597
距地 2.375m 高平面平均速度/(m/s)	0.370	0.335	0.426	0.459
距地 2.375m 高平面的速度分布标准差	0.236	0.213	0.171	0.250
距地 2.375m 高平面平均温度/℃	26.9	27.0	27.1	27.1
距地 2.375m 高平面的温度分布标准差	0.578	0.823	0.607	0.549

模拟计算数据表明采用 5.0m/s、6.0m/s、8.0m/s 的送风速度均能满足要求。

（3）送风口布置优化选择。考虑两排均匀布置的形式，模拟计算中仅对送风口数量、大小进行了对比模拟计算，见表 6-17。

表 6-17　　　　　　　　不同风口形式下发电机层温度及速度

每个机组段的送风口数量/个	4	8	10
送风风速/(m/s)	7.92	7.97	8.03
距地 0.475m 高平面平均速度/(m/s)	0.713	0.490	0.473
距地 0.475m 高平面的速度分布标准差	0.209	0.104	0.103
距地 0.475m 高平面平均温度/℃	27.1	27.1	27.2
距地 0.475m 高平面的温度分布标准差	0.510	0.805	0.897
距地 1.425m 高平面平均速度/(m/s)	0.557	0.363	0.369
距地 1.425m 高平面的速度分布标准差	0.230	0.153	0.103
距地 1.425m 高平面平均温度/℃	26.9	27.0	27.1
距地 1.425m 高平面的温度分布标准差	0.595	0.959	0.875
距地 2.375m 高平面平均速度/(m/s)	0.542	0.335	0.344
距地 2.375m 高平面的速度分布标准差	0.297	0.213	0.145
距地 2.375m 高平面平均温度/℃	26.9	27.0	27.1
距地 2.375m 高平面的温度分布标准差	0.668	0.823	0.778

模拟计算表明当风口两排布置时，单个机组段的风口数量为8个能满足要求。

（4）全厂房的模拟计算。基于部分机组段内确定的空调送风最优布置方案，选用单个机组段的风口数量为8个，每个风口的送风速度为8.0m/s的情况，对整个主厂房发电机层内进行了全厂房的模拟计算，温度和速度分布情况见表6-18。

表6-18 主厂房发电机层温度及速度

距地0.475m高平面平均速度/(m/s)	0.517
距地0.475m高平面的速度分布标准差/(m/s)	0.127
距地0.475m高平面平均温度/℃	26.3
距地0.475m高平面的温度分布标准差/℃	1.03
距地1.425m高平面平均速度/(m/s)	0.405
距地1.425m高平面的速度分布标准差/(m/s)	0.144
距地1.425m高平面平均温度/℃	26.0
距地1.425m高平面的温度分布标准差/℃	0.988
距地2.375m高平面平均速度/(m/s)	0.390
距地2.375m高平面的速度分布标准差/(m/s)	0.177
距地2.375m高平面平均温度/℃	26.0
距地2.375m高平面的温度分布标准差/℃	0.968

根据数值模拟仿真的结果，确定龙滩水电站主厂房电机层送风口两排均匀布置，单个机组段的风口数量为8个（发电机层的送风口总数为88个），送风速度为5.0~8.0m/s。在机组全负荷运行的条件下，主厂房发电机层工作区域的温度为26℃左右，工作区域的风速大约为0.3~0.5m/s。

6.4 模型试验

鉴于龙滩水电站通风空调系统的复杂性，曾对龙滩水电站地下厂房洞室群的通风空调系统进行了几何比例尺为1:20的全模型实验研究。模型实验的主要目的是验证龙滩水电站全厂风量，尤其是9条母线洞及9个主变室风量的平衡情况；以及在过渡季节运用自然通风方式，是否满足厂房空气环境的需要，定量测算自然通风量；提出最优的主厂房拱顶送风口数量及大小，并与模拟计算结果进行对比。通过模型实验，优化通风方案。

6.4.1 主厂房拱顶送风模型试验

主厂房拱顶送风模型试验工况见表6-19。不同工况下发电机层工作区的温度及风速见表6-20~表6-23，测点布置如图6-6所示。

表 6-19　　　　　　　　　　　　　　　　主厂房拱顶送风试验工况

工况编号	发电机组运行状况	送风口布置情况	风机开启状况
1	5号、6号机组开	2排，44个/排，共88个孔，直径为780mm。（模型送风口直径39mm，几何比例尺为1:20)	母线竖井风机开；母线平洞风机开；控制进风温度20.5℃
2	3~6号机组开		
3	3~8号机组开		
4	1~9号机组开		

表 6-20　　　　　　　　　9台机组满发时发电机层工作区的风速与温度

测　点	101	102	103	104	105	106	107	108	109	110	111
风速/(m/s)	0.52	0.56	0.83	0.20	0.71	0.20	0.20	0.20	0.20	0.40	0.48
温度/℃	23.1	23.7	23.6	25.7	25.9	26.9	27.1	28.1	28.4	28.4	28.4

表 6-21　　　　　　　　　6台机组满发时发电机层工作区的风速与温度

测　点	101	102	103	104	105	106	107	108	109	110	111
风速/(m/s)	0.48	0.20	0.32	0.83	0.83	0.40	0.67	0.24	0.48	0.83	0.64
温度/℃	22.7	23.3	23.3	23.9	23.8	24.7	25.0	25.7	26.1	26.0	26.1

表 6-22　　　　　　　　　4台机组满发时发电机层工作区的风速与温度

测　点	101	102	103	104	105	106	107	108	109	110	111
风速/(m/s)	0.60	0.24	0.36	0.56	0.83	0.52	0.95	0.67	0.56	0.20	0.36
温度/℃	22.3	22.4	22.5	22.8	22.9	24.2	24.4	24.4	24.6	23.8	23.9

表 6-23　　　　　　　　　2台机组满发时发电机层工作区的风速与温度

测　点	101	102	103	104	105	106	107	108	109	110	111
风速/(m/s)	0.48	0.20	0.28	0.24	0.32	0.67	0.60	0.56	0.52	0.44	0.20
温度/℃	21.1	22.2	21.1	21.4	21.7	22.8	23.0	23.9	24.2	23.7	23.8

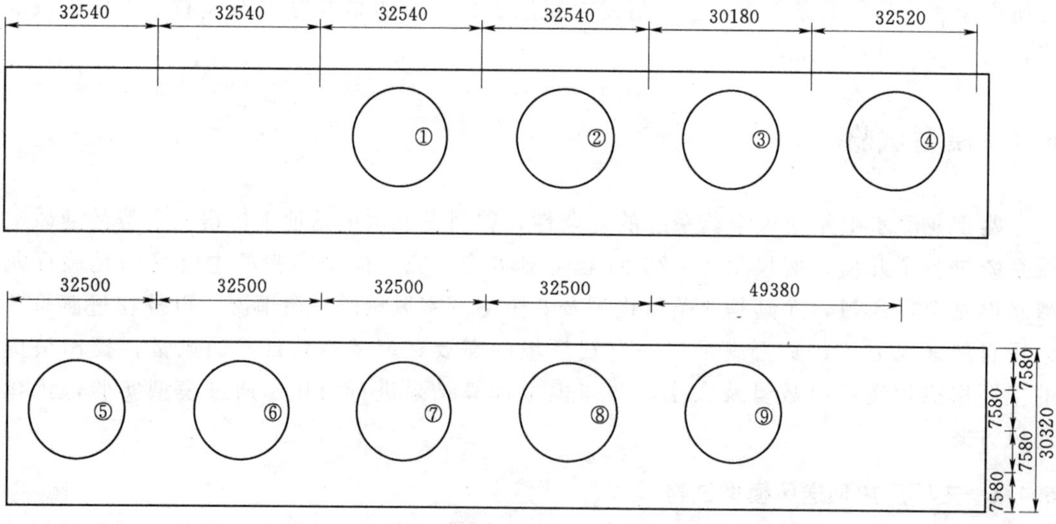

图 6-6　测点布置示意图（尺寸单位：mm）

说明：工作区设为3m，测点布置在工作区一半的高度上（1.5m）

试验结果表明：

（1）拱顶送风口的风速均匀性较好，4种工况各风口之间的不均匀系数在0.015～0.072的范围内，达到了设计要求。

（2）发电机层工作区风速试验数据与数值模拟的一致，风速范围0.2～0.8m/s，平均风速数值模拟为0.405m/s，模型试验为0.41m/s。

（3）随着开机台数的增加，工作区风速不均匀性有所增强，温度分布不均匀性小于风速不均匀性，且与风速不均匀系数有相同的变化趋势。9台机组满发除4个点外，其他各点的工作区温度均未超过28℃。

根据模型试验结果，4.0m/s的送风风速就可以使工作区的风速达到0.2～0.8m/s。但考虑到工程中的不可预见性较多，从可靠性考虑，结合龙滩水电站拱顶建筑特性，最终确定风口数量为90个，2排沿厂房纵轴线均布，风口尺寸为600mm×600mm，有效面积系数不小于0.8，送风风速约为6.0m/s。

6.4.2 春（秋）季气象条件下的机械通风

6.4.2.1 研究内容与实验工况

龙滩水电站春（秋）季气象条件下机械通风试验研究的主要内容包括：水轮发电机组及通风系统处于不同的运行工况时，母线洞的风量分配与平衡状况；主厂房系统关键位置的温度分布状况。

为较全面反映水轮发电机组、通风系统运行状况变化带来的影响，确定的实验研究工况见表6-24。

表6-24　　　　　　　　　　　　春（秋）季机械通风实验研究工况

系统名称	工况编号	发电机组运行状况	风机开启状况
主厂房通风系统	1	5号、6号机组开	母线竖井风机开；母线平洞风机开
	2	5号、6号机组开	母线竖井风机开；母线平洞风机关
	3	3～6号机组开	母线竖井风机开；母线平洞风机开
	4	3～8号机组开	母线竖井风机开；母线平洞风机开
	5	1～9号机组开	母线竖井风机开；母线平洞风机开
主变通风系统	6	5号、6号机组开	主变竖井、平洞、1～3号出线井风机全开
	7	5号、6号机组开	主变竖井、2号出线井风机开
	8	3～6号机组开	主变竖井、平洞、1～3号出线井风机全开
	9	3～6号机组开	主变竖井、平洞、1号、2号出线井风机开
	10	3～8号机组开	主变竖井、平洞、1～3号出线井风机全开
	11	1～9号机组开	主变竖井、平洞、1～3号出线井风机全开

6.4.2.2 主厂房系统风量分配状况

根据实验结果，龙滩水电站不同运行工况下母线洞风量分配系数见表6-25。主厂房系统排风包括：母线平洞排风和母线竖井排风。母线洞1～母线洞4属于母线平洞排风系统，其风量分配系数为每个母线洞的风量占总风量的百分比；母线洞5～母线洞9属于母线竖井排风系统，其风量分配系数为每个母线洞的风量占总风量的百分比。

表6-25 不同运行工况下母线洞风量分配系数 %

系统名称	支洞编号	工况5	工况4	工况3	工况2	工况1
母线平洞排风系统	1号母线洞	23.84	28.83	27.44	—	24.13
	2号母线洞	25.01	30.80	30.63	—	27.98
	3号母线洞	26.02	20.01	20.81	—	24.31
	4号母线洞	25.14	20.36	21.12	—	23.58
母线竖井排风系统	5号母线洞	19.77	15.13	15.11	12.59	12.76
	6号母线洞	17.04	14.53	12.91	12.39	12.66
	7号母线洞	18.16	15.96	24.54	25.26	25.29
	8号母线洞	20.32	19.20	22.29	23.41	23.24
	9号母线洞	24.71	35.17	25.15	26.36	26.05

龙滩水电站9个母线洞的设计风量相同，对每种工况，计算出各个母线洞的风量占主厂房系统设计总风量的百分比，可全面反映各个母线洞之间的风量分配比例关系。计算结果见表6-26。

表6-26 不同运行工况下母线洞的风量分配比

系统名称	支洞编号	工况5	工况4	工况3	工况1	工况2
母线平洞排风系统	1号母线洞	10.60	12.81	12.20	10.72	—
	2号母线洞	11.12	13.69	13.61	12.44	—
	3号母线洞	11.56	8.89	9.25	10.80	—
	4号母线洞	11.17	9.05	9.39	10.48	—
母线竖井排风系统	5号母线洞	10.98	8.41	8.39	7.09	6.99
	6号母线洞	9.47	8.07	7.17	7.03	6.88
	7号母线洞	10.09	8.87	13.63	14.05	14.03
	8号母线洞	11.29	10.67	12.38	12.91	13.01
	9号母线洞	13.73	19.54	13.97	14.47	14.64
最大值/最小值		1.45	2.42	1.95	2.13	2.06

可见，随着发电机组运行工况的改变，各个母线洞之间的风量分配比例关系变化显著，特别是风量分配处于不利位置的3～6号母线洞。

6.4.2.3 主厂房温度状况与对应措施

（1）发电机层、母线层、水轮机层温度状况。室外温度分别为12℃、16℃、20℃时发电机层、母线层、水轮机层的最高温度见表6-27。

表 6-27 室外温度为 12℃、16℃、20℃时主厂房各层最高温度 　　　　　单位：℃

区　　域		工况 5	工况 4	工况 3	工况 1	工况 2
室外气温 12℃	发电机层	20.9	19.5	17.0	15.5	16.3
	母线层	21.5	20.0	18.9	17.4	17.9
	水轮机层	18.2	17.6	17.2	16.1	16.6
室外气温 16℃	发电机层	25.0	23.6	21.0	19.5	20.4
	母线层	25.6	24.1	23.0	21.4	22.0
	水轮机层	22.2	21.7	21.2	20.1	20.7
室外气温 20℃	发电机层	29.2	27.7	25.1	23.6	24.4
	母线层	29.8	28.2	27.1	25.5	26.1
	水轮机层	26.3	25.8	25.3	24.2	24.7

发电机层、母线层、水轮机层的设计最大温度分别是 28℃、30℃、30℃，只有室外计算温度为 20℃且 9 台机组满发时，发电机层的最高温度达到 29.2℃，此时温度分布见表 6-28。

表 6-28 室外计算温度 20℃且 9 台机组满发时发电机层温度分布

区　　域	测 点 位 置	温　　度/℃
发电机层 工作区	1 号机组附近	22.6
	2 号机组附近	23.4
	3 号机组附近	23.7
	4 号机组附近	26.3
	5 号机组附近	26.2
	6 号机组附近	27.3
	7 号机组附近	27.7
	8 号机组附近	28.9
	9 号机组附近	29.2
	平　　均	26.1

此时发电机层的平均温度为 26.1℃，且只有两台机组各测点位置的温度略高于 28℃，故可认为满足设计要求。在室外计算温度≤20℃时，采用的机械通风设计方案，发电机层、母线层、水轮机层工作区的温度基本能够满足设计要求。

当室外温度大于 20℃时，主厂房需要采用空调送风方式，将送风温度降至 20℃左右。

（2）母线洞的温度状况与对应措施。母线洞的设计控制温度是≤40℃。当室外计算温度达到 16℃时，如不采用局部降温措施，部分母线洞的最高温度超过设计值，见表 6-29。

表 6-29　　　　　　　室外温度 16℃ 时母线洞各位置的最高温度　　　　　　单位:℃

区　　域		工况 5	工况 4	工况 3	工况 1	工况 2
1 号母线洞	上层	34.2	18.0	17.8	17.4	—
	下层	28.7	17.7	17.5	17.4	—
2 号母线洞	上层	35.8	18.7	18.6	17.5	—
	下层	29.3	17.7	17.5	17.4	—
3 号母线洞	上层	33.6	35.9	35.0	17.9	—
	下层	21.3	22.1	22.3	17.6	—
4 号母线洞	上层	36.4	41.5	43.2	18.7	—
	下层	31.9	36.6	39.3	18.1	—
5 号母线洞	上层	33.2	38.8	40.3	40.2	39.1
	下层	20.5	22.1	23.8	23.2	23.3
6 号母线洞	上层	37.0	40.0	41.0	39.7	41.3
	下层	28.8	29.1	31.7	30.3	32.5
7 号母线洞	上层	36.2	38.4	18.9	18.2	19.4
	下层	22.1	23.1	18.0	17.8	18.5
8 号母线洞	上层	35.8	33.4	18.2	17.8	18.8
	下层	21.0	20.4	17.8	17.7	18.3
9 号母线洞	上层	28.7	18.2	17.9	17.5	18.1
	下层	20.0	17.7	17.6	17.4	17.9

针对风量分配不平衡带来的各个母线洞温度分布的差异，在母线洞中设置风机盘管，利用水库深层水作为冷源，对超过设计温度的位置通过风机盘管进行局部降温。运行中通过对母线洞中的环境温度进行检测，自动控制风机盘管的运行，以适应工况变化和节约能耗。

6.4.2.4　主变洞系统风量分配状况

1～4 号主变室属于主变平洞排风系统，其风量分配系数（表 6-30）为每个主变室的风量占主变平洞排风系统总风量的百分比；5～9 号主变室属于主变竖井排风系统，其风量分配系数（表 6-30）为每个主变室的风量占主变竖井排风系统总风量的百分比。其中，工况 7 号不开启主变平洞排风系统风机。

龙滩水电站 9 个主变室的设计风量相同，计算出每种工况下各个主变室的风量占主变室设计总风量的百分比，可全面反映各个主变室之间的风量分配比例关系。计算结果见表 6-31。

随着发电机组运行工况的改变，各个主变室之间的风量分配比例关系变化显著。因此，考虑风量分配关系必须考虑工况变化的影响。

表 6-30		不同运行工况下主变室风量分配系数					%
系统名称	主变室编号	工况 11	工况 10	工况 8	工况 9	工况 6	工况 7
主变平洞排风系统	1 号	25.80	25.63	27.05	24.51	23.91	—
	2 号	22.98	27.42	28.94	26.21	25.58	
	3 号	24.47	22.92	19.95	21.54	26.28	
	4 号	26.74	24.03	24.07	27.74	24.23	
主变竖井排风系统	5 号	13.47	10.86	13.36	13.25	15.39	12.03
	6 号	17.68	12.84	18.36	17.16	19.37	14.36
	7 号	23.35	16.43	21.61	22.03	20.65	23.30
	8 号	21.35	17.45	23.79	24.25	22.73	25.65
	9 号	24.15	42.43	22.88	23.32	21.86	24.66

表 6-31	各种运行工况下主变室的风量分配比					
主变室编号	工况 11	工况 10	工况 8	工况 9	工况 6	工况 7
1 号	11.47	11.39	12.02	10.89	10.63	
2 号	10.21	12.19	12.86	11.65	11.37	
3 号	10.88	10.19	8.87	9.57	11.68	
4 号	11.88	10.68	10.70	12.33	10.77	
5 号	7.48	6.03	7.42	7.36	8.55	6.68
6 号	9.82	7.13	10.20	9.53	10.76	7.98
7 号	12.97	9.13	12.01	12.24	11.47	12.94
8 号	11.86	9.69	13.22	13.47	12.63	14.25
9 号	13.42	23.57	12.71	12.95	12.14	13.70
最大值/最小值	1.79	3.91	1.78	1.83	1.48	2.13

6.4.2.5 主变洞温度状况与对应措施

室外温度分别为 16℃、24℃、26℃时主变洞风量分别为设计风量的 40%、70%、80%，发电机组不同运行工况下主变洞系统各个区域的最高温度见表 6-32～表 6-34。

表 6-32	室外温度 16℃时主变系统各区域最高温度				单位：℃	
区 域	工况 11	工况 10	工况 8	工况 9	工况 6	工况 7
搬运道	16.8	16.5	17.5	16.7	16.4	16.7
1 号主变室	26.9	16.8	16.2	16.4	16.3	—
2 号主变室	28.1	17.0	16.4	16.6	16.3	—
3 号主变室	27.5	28.9	29.1	28.5	16.1	—
4 号主变室	26.5	27.7	27.1	25.8	16.3	—
5 号主变室	33.1	37.4	31.9	32.9	30.3	35.1
6 号主变室	30.0	34.8	28.5	30.1	28.1	32.7

续表

区　域	工况 11	工况 10	工况 8	工况 9	工况 6	工况 7
7 号主变室	27.3	31.3	17.2	16.7	16.4	17.0
8 号主变室	28.2	31.0	17.2	16.7	16.3	17.0
9 号主变室	27.5	17.4	17.5	16.7	16.4	17.0
500kV 电缆层	20.9	19.9	19.4	22.7	17.9	23.9
1 号出线廊道	27.0	17.4	16.9	17.1	16.0	风机不开
2 号出线廊道	38.1	36.3	33.5	38.4	23.9	28.3
3 号出线廊道	34.7	33.8	19.8	风机不开	19.6	风机不开

表 6-33　　　　　　　　室外温度 24℃ 时主变系统各区域最高温度　　　　　　　　单位：℃

区　域	工况 11	工况 10	工况 8	工况 9	工况 6	工况 7
搬运道	24.5	24.3	25.0	24.5	24.3	24.5
1 号主变室	31.5	24.6	24.1	24.3	24.2	—
2 号主变室	32.4	24.7	24.3	24.4	24.2	—
3 号主变室	31.9	33.0	33.1	32.7	24.1	—
4 号主变室	31.3	32.1	31.7	30.8	24.2	—
5 号主变室	35.9	38.8	35.1	35.7	33.9	37.2
6 号主变室	33.7	37.0	32.7	33.8	32.4	35.6
7 号主变室	31.8	34.6	24.8	24.5	24.3	24.7
8 号主变室	32.5	34.4	24.8	24.5	24.2	24.7
9 号主变室	32.0	25.0	25.0	24.5	24.3	24.7
500kV 电缆层	26.9	26.3	26.0	28.0	25.1	28.6
1 号出线廊道	30.5	24.8	24.5	24.7	24.0	风机不开
2 号出线廊道	35.3	34.2	34.2	37.7	28.6	27.5
3 号出线廊道	35.0	30.7	26.2	风机不开	26.1	风机不开

表 6-34　　　　　　　　室外温度 26℃ 时主变系统各区域最高温度　　　　　　　　温度：℃

区　域	工况 11	工况 10	工况 8	工况 9	工况 6	工况 7
搬运道	26.4	26.3	26.9	26.4	26.2	26.4
1 号主变室	32.9	26.5	26.1	26.2	26.2	—
2 号主变室	33.6	26.6	26.3	26.4	26.2	—
3 号主变室	33.2	34.1	34.3	33.9	26.1	—
4 号主变室	32.6	33.4	33.0	32.2	26.2	—
5 号主变室	36.8	39.5	36.1	36.7	35.0	38.0
6 号主变室	34.8	37.8	33.9	34.9	33.6	36.6
7 号主变室	33.1	35.6	26.7	26.5	26.2	26.6
8 号主变室	33.7	35.4	26.7	26.5	26.2	26.6

区　　域	工况 11	工况 10	工况 8	工况 9	工况 6	工况 7
9 号主变室	33.2	26.9	26.9	26.5	26.2	26.6
500kV 电缆层	28.6	28.0	27.8	29.5	27.0	30.1
1 号出线廊道	31.7	26.7	26.5	26.6	26.0	风机不开
2 号出线廊道	36.0	35.1	35.1	38.1	30.1	32.4
3 号出线廊道	35.7	31.9	28.0	风机不开	27.8	风机不开

在以上室外气象条件下，主变洞系统各个区域的空气温度均满足设计要求。

6.4.3 夏季机械通风空调

6.4.3.1 研究内容与实验工况

夏季机械通风空调试验研究的主要内容包括：

主厂房通风系统 9 个母线洞的风量分配状况；设计室外气象条件下，系统关键位置的温度分布状况及措施。实验研究工况见表 6-35。

表 6-35　　　　　　　　　　夏季机械通风空调试验工况

系统名称	工况编号	发电机组运行状况	风机开启状况
主厂房通风系统	1	5 号、6 号机组开	母线竖井风机开；母线平洞风机开；控制进风温度 20.5℃
	2	3~6 号机组开	
	3	3~8 号机组开	
	4	1~9 号机组开	
主变通风系统	5	5 号、6 号机组开	主变竖井、主变平洞、1 号出线竖井、2 号出号线竖井、3 号出线竖井风机全开；控制进风温度 28.1℃
	6	3~6 号机组开	
	7	3~8 号机组开	
	8	1~9 号机组开	

故障工况：9 台发电机组全部运行，且一台主空调故障时，控制进风温度 20.5℃。

6.4.3.2 主厂房系统风量分配状况

各个母线洞的实际风量占主厂房系统设计总风量的百分比（风量分配比）见表 6-36。

表 6-36　　　　　　　夏季不同运行工况下母线洞的风量分配比

系　统　名　称		工况 1	工况 2	工况 3	工况 4
平洞排风系统	1 号母线洞	10.31	11.90	11.28	10.36
	2 号母线洞	12.28	12.72	12.77	12.40
	3 号母线洞	10.80	9.55	9.90	11.03
	4 号母线洞	11.05	10.28	10.48	10.66

续表

系 统 名 称		工况1	工况2	工况3	工况4
竖井排风系统	5号母线洞	9.40	9.94	9.95	10.20
	6号母线洞	9.82	9.81	9.86	9.74
	7号母线洞	10.72	10.87	9.59	10.47
	8号母线洞	11.78	11.31	11.29	11.39
	9号母线洞	13.83	13.62	14.87	13.76
最大值/最小值		1.47	1.43	1.55	1.41

　　9个母线洞风量分配的基本规律与春季机械通风具有一定的相似性。距离排风平洞和排风竖井较近的母线洞风量比相对较大，而距离较远的母线洞风量较小，各种工况下，9号母线洞的风量分配最大，处于最有利的位置；5～7号母线洞的风量分配相对较小。部分机组运行时的风量分配均匀性好于春季。9台机组全部运行时的风量分配均匀性最好，6台机组运行时最差。

6.4.3.3 主厂房温度状况

　　（1）发电机层、母线层、水轮机层工作区温度状况。夏季空调送风温度20.5℃时发电机层、母线层、水轮机层的工作区最高温度见表6-37。

表6-37　　　　夏季发电机层、母线层、水轮机层的工作区最高温度　　　　单位:℃

区 域	9台机组运行（工况4）	6台机组运行（工况3）	4台机组运行（工况2）	两台机组运行（工况1）
发电机层	27.8	26.5	25.3	24.0
母线层	29.4	28.2	27.0	25.3
水轮机层	27.7	26.6	26.1	24.6

　　夏季空调时，设计送风温度20.5℃。实验表明设计方案的主厂房各层工作区温度满足设计要求。

　　（2）各母线洞的温度状况。9个母线洞上下层的最高温度见表6-38。

表6-38　　　　　　夏季母线洞上下层的最高温度　　　　　　单位:℃

区 域		9台机组运行（工况4）	6台机组运行（工况3）	4台机组运行（工况2）	两台机组运行（工况1）
1号母线洞	上层	40.0	26.0	26.1	23.3
	下层	39.7	27.1	26.1	23.8
2号母线洞	上层	40.0	26.3	26.4	23.0
	下层	30.0	27.0	26.1	23.6
3号母线洞	上层	40.0	40.0	40.0	23.2
	下层	31.2	31.1	29.7	23.8
4号母线洞	上层	40.0	40.0	40.0	23.5
	下层	40.0	40.0	39.9	24.2

续表

区　域		9台机组运行 （工况4）	6台机组运行 （工况3）	4台机组运行 （工况2）	两台机组运行 （工况1）
5号母线洞	上层	40.0	40.0	40.0	40.0
	下层	30.0	32.1	28.4	28.6
6号母线洞	上层	40.0	40.0	40.0	40.0
	下层	39.2	40.0	36.7	36.6
7号母线洞	上层	40.0	40.0	26.0	24.7
	下层	29.9	32.7	25.8	25.8
8号母线洞	上层	40.0	40.0	25.3	24.3
	下层	28.7	31.1	25.4	25.3
9号母线洞	上层	40.0	26.5	24.6	23.7
	下层	28.7	27.3	24.5	24.6

各种工况下对应的母线洞上层及6台机组运行工况时4号和6号母线洞的下层，将需要开启风机盘管降温到设计值（40℃）以下。

6.4.3.4 主变洞系统风量分配状况

各个主变室的实际风量占主变洞系统设计总风量的百分比（风量分配比）见表6-39。

表6-39　　　　　　　　夏季不同运行工况下主变室的风量分配比

区　域	工况5	工况6	工况7	工况8
1号主变室	10.63	13.61	12.58	11.49
2号主变室	11.37	14.56	13.45	9.89
3号主变室	11.68	7.86	9.13	12.30
4号主变室	10.77	8.41	9.28	10.77
5号主变室	6.39	7.72	7.69	8.42
6号主变室	7.51	9.16	9.62	9.53
7号主变室	13.19	12.24	11.72	12.37
8号主变室	14.51	13.48	10.97	11.80
9号主变室	13.96	12.96	15.57	13.43
最大值/最小值	2.27	1.89	2.03	1.59

距离排风平洞和排风竖井较近的主变室风量比相对较大，而距离较远的主变室风量比较小；5号、6号主变室的风量分配相对较小。9台机组全部运行时的风量分配均匀性最好，两台机组运行时最差。

6.4.3.5 主变洞温度分布状况

夏季主变系统各个区域的最高温度见表6-40。

表 6-40	夏季不同运行工况下主变室各区域的最高温度			单位：℃
区　域	工况 5	工况 6	工况 7	工况 8
搬运道	28.2	28.2	28.2	28.2
1 号主变室	28.7	29.2	29.0	34.2
2 号主变室	28.6	29.3	29.4	34.8
3 号主变室	28.7	36.8	35.6	34.0
4 号主变室	28.9	36.6	35.5	34.5
5 号主变室	39.1	37.4	37.0	36.2
6 号主变室	38.3	36.7	36.0	35.7
7 号主变室	30.2	28.9	35.2	34.7
8 号主变室	29.7	29.5	35.6	34.9
9 号主变室	29.9	29.3	29.4	34.6
500kV 电缆层	29.0	29.3	29.5	29.9
1 号出线竖井	28.1	28.7	28.6	32.6
2 号出线竖井	31.4	37.2	35.2	36.1
3 号出线竖井	28.8	28.7	33.0	36.2

从表 6-40 可知，主变系统进风计算温度 28.1℃时，通风设计方案的主变系统风量分配可以使系统内各个区域的温度满足设计要求。

6.4.4　冬季自然通风

6.4.4.1　研究内容与实验工况

龙滩水电站冬季自然通风试验研究的主要内容包括：

（1）在冬季室外通风计算温度条件下，发电机组处于不同的运行工况时，主厂房通风系统各个区域的自然通风量、9 个母线洞的风量分配及各区域的温度状况；主变洞通风系统各个区域的自然通风量及各区域的温度状况。

（2）从冷态试验的结果来看，离排风竖井和平洞越远的主变室和母线洞通风状况越不利，因此冬季自然通风试验研究从运行 5 号、6 号机组开始，依次增加机组。冬季自然通风试验工况见表 6-41。

表 6-41	冬季自然通风试验工况	
工况编号	运行机组台数	运行机组编号
1	2	5 号、6 号机组
2	4	3~6 号机组
3	6	3~8 号机组
4	9	1~9 号机组

6.4.4.2　主厂房与主变洞系统的总通风量

在冬季设计通风温度 11.8℃时，发电机组在各种工况运行时，主厂房系统与主变洞系统各自的总自然通风量见表 6-42。

表 6-42   主厂房系统与主变洞系统冬季的总自然通风量   单位：m^3/h

系统名称	9 台机组运行 （1～9 号机组）	6 台机组运行 （3～8 号机组）	4 台机组运行 （3～6 号机组）	两台机组运行 （5 号、6 号机组）
主厂房系统	394053	374853	242970	257127
交通洞系统	517908	373473	254576	239440

随发电机组运行台数的增加，主变系统的总自然通风量呈一致的增加趋势。

6.4.4.3　母线洞的风量分配状况

4 种工况下，9 个母线洞的自然通风量见表 6-43。

表 6-43   各个母线洞的实际自然通风量   单位：m^3/h

区　　域		9 台机组运行 （1～9 号机组）	6 台机组运行 （3～8 号机组）	4 台机组运行 （3～6 号机组）	两台机组运行 （5 号、6 号机组）
平洞 系统	1 号母线洞	38302	25865	15890	28387
	2 号母线洞	43425	23653	17397	24324
	3 号母线洞	34046	47306	35279	27795
	4 号母线洞	39996	48056	38268	24890
竖井 系统	5 号母线洞	43425	48056	36275	47491
	6 号母线洞	51069	55441	38754	49805
	7 号母线洞	45947	46594	20871	18539
	8 号母线洞	51936	52479	19875	18539
	9 号母线洞	45947	27364	20361	17382

在 9 台机组工作时，平洞所属的母线洞风量比竖井所属的母线洞风量小。在部分机组工作时，工作的机组所在的母线洞（热洞）的风量显著大于不工作的机组所在的母线洞（冷洞）。可见，不仅总自然通风量随工况变化有着复杂的变化规律，工况变化对自然通风量的分配也有着重大的影响。

6.4.4.4　主变室的风量分配状况

4 种运行工况下，主变室的自然通风量见表 6-44。

表 6-44   各个主变室的实际自然通风量   单位：m^3/h

区　　域		9 台机组运行 （1～9 号机组）	6 台机组运行 （3～8 号机组）	4 台机组运行 （3～6 号机组）	两台机组运行 （5 号、6 号机组）
平洞系统	1 号主变室	20509	12586	10769	15061
	2 号主变室	21856	11466	11787	12906
	3 号主变室	24911	23081	23981	14773
	4 号主变室	24290	23342	25941	13217

续表

区　　域		9台机组运行 （1～9号机组）	6台机组运行 （3～8号机组）	4台机组运行 （3～6号机组）	两台机组运行 （5、6号机组）
竖井系统	5号主变室	28174	23342	24617	25189
	6号主变室	26362	26965	26298	26410
	7号主变室	29210	22670	14154	9841
	8号主变室	29365	25583	13493	9841
	9号主变室	26931	13258	13823	9218

在9台机组工作时，平洞所属的主变室风量比竖井所属的母线洞风量小。在部分机组工作时，工作的机组所在的主变室（热洞）的风量显著大于不工作的机组所在的主变室（冷洞）。

6.4.4.5　电缆竖井风量分布状况

电缆竖井的实际自然通风量见表6-45。

表6-45　　　　　　　　电缆竖井的实际自然通风量　　　　　　　单位：m³/h

区　　域	9台机组运行 （1～9号机组）	6台机组运行 （3～8号机组）	4台机组运行 （3～6号机组）	两台机组运行 （5、6号机组）
1号电缆竖井	68260	25844	10896	11326
2号电缆竖井	102753	84143	51934	55454
3号电缆竖井	115286	81118	27825	36155

不同工况下，1号电缆竖井的风量均明显小于2号和3号电缆竖井；在6台、4台和两台机组运行工况时，2号电缆竖井的风量最大，但在9台机组运行工况，3号电缆竖井的风量最大。

6.4.4.6　关键位置的温度与自然通风

冬季自然通风在室外计算温度为11.8℃的条件下，龙滩水电站厂房内关键位置的最高温度见表6-46。

表6-46　　　　室外计算温度为11.8℃时厂内关键位置的最高温度　　　单位：℃

系统名称	位　置	9台机组运行 （1～9号机组）	6台机组运行 （3～8号机组）	4台机组运行 （3～6号机组）	两台机组运行 （5、6号机组）
主厂房通风 系统	发电机层	29.6	28.5	21.7	19.1
	母线层	30.3	27.2	26.1	20.6
	水轮机层	22.5	18.9	19.5	15.9
	母线洞出口	44.8	37.2	45.9	42.1
主变通风系统	主变室出口	24.9	23.1	23.7	22.2

从表6-46可见，龙滩水电站主厂房通风系统冬季的自然通风效果不佳。在部分机组

发电时利用自然通风应注意：

    1）主厂房局部地区（主要是母线洞）温度超标，要考虑采用对应措施。

    2）主变洞通风系统的冬季自然通风效果较好，能够满足要求。

6.4.5 春季自然通风

6.4.5.1 研究内容与实验工况

    龙滩水电站春季自然通风试验研究的主要内容包括：

    在冬季自然通风实验研究的基础上，研究在不同的室外温度条件下，发电机组处于不同的运行工况时，主厂房通风系统各个区域的自然通风量、9个母线洞的风量分配及各区域的温度状况；主变洞通风系统各个区域的自然通风量及各区域的温度状况。

    实验工况与冬季相同。

6.4.5.2 主厂房进风口及交通洞进风口的自然通风量

    室外温度分别为12℃、16℃、20℃、24℃时，各种运行工况下主厂房系统通过主厂房进风口的总自然通风量见表6-47。

表6-47　　　　　　　　　不同室外气温时主厂房进风口的总自然通风量　　　　　单位：m³/h

室外温度 /℃	9台机组运行 （1~9号机组）	6台机组运行 （3~8号机组）	4台机组运行 （3~6号机组）	两台机组运行 （5号、6号机组）
12	354041	230583	196590	117002
16	352312	231637	195630	114718
20	353618	229567	194510	115167
24	352788	230442	195024	112239

    主变洞系统在交通洞末端温度分别为12℃、16℃、20℃、24℃时，各种运行工况下通过交通洞进风口的总自然通风量见表6-48。

表6-48　　　　　　　　　主变洞系统交通洞进风口的总自然通风量　　　　　　　单位：m³/h

室外温度 /℃	9台机组运行 （1~9号机组）	6台机组运行 （3~8号机组）	4台机组运行 （3~6号机组）	两台机组运行 （5号、6号机组）
12	541691	345161	201177	288979
16	538956	346738	202155	287598
20	541027	344588	202823	288328
24	539756	345903	201600	283753

6.4.5.3 母线洞和主变室的风量分配状况

    4种工况下，9个母线洞的风量占该工况主厂房总进风量的百分比见表6-49。

表 6 - 49　　　　　　　　　　　　母线洞的风量分配比　　　　　　　　　　　　　　%

区　域		9台机组运行 (1~9号机组)	6台机组运行 (3~8号机组)	4台机组运行 (3~6号机组)	两台机组运行 (5号、6号机组)
主厂房进风		100	100	100	100
平洞 出风	1号母线洞	11.11	−3.53	−6.11	−17.48
	2号母线洞	10.59	−3.53	−6	−16.06
	3号母线洞	10.34	17.67	13.26	−15.28
	4号母线洞	13.52	19.24	17.19	−15.57
竖井 出风	5号母线洞	10.59	17.28	21.68	38.41
	6号母线洞	10.77	17.8	22.15	44.81
	7号母线洞	9.30	17.54	15.11	29.5
	8号母线洞	11.97	16.36	12.92	26.72
	9号母线洞	11.80	1.18	9.8	25.29

　　4种工况下，9个主变室的风量占该工况主变洞系统通过交通洞的总进风量的百分比见表 6 - 50。

表 6 - 50　　　　　　　　　　主变洞系统各区域的风量分配比　　　　　　　　　　%

区　域		9台机组运行 (1~9号机组)	6台机组运行 (3~8号机组)	4台机组运行 (3~6号机组)	两台机组运行 (5号、6号机组)
交通洞进风		100	100	100	100
平洞 系统	1号主变室	7.60	3.86	4.33	8.75
	2号主变室	7.25	2.46	4.02	7.5
	3号主变室	7.07	10	15.17	7.5
	4号主变室	9.25	9.47	13.93	4.38
竖井 系统	5号主变室	7.25	10.87	17.34	11.25
	6号主变室	7.37	11.05	18.88	8.13
	7号主变室	6.36	9.47	4.33	10
	8号主变室	8.19	11.57	4.33	11.88
	9号主变室	8.07	3.51	8.36	7.5
1号电缆竖井		6.18	−6.2	−10.16	−5.68
2号电缆竖井		12.25	17.49	31.92	22.53
3号电缆竖井		13.16	16.5	−11.80	17.39

6.4.5.4　主厂房系统自然通风

　　春季自然通风实验得出，龙滩水电站主厂房系统在进风温度为 12℃时各个关键位置的最高温度见表 6 - 51。

表 6 - 51　　　　进风温度为12℃时主厂房系统关键位置最高温度　　　单位:℃

区　域	9台机组运行 (1～9号机组)	6台机组运行 (3～8号机组)	4台机组运行 (3～6号机组)	两台机组运行 (5号、6号机组)
发电机层	25.9	25.9	23.3	22.3
母线层	25.7	27.3	27.6	28
水轮机层	19.3	21.1	21.6	20.9
1号母线洞出口	38.8	17.8	19.4	13.6
2号母线洞出口	41.2	22.2	24.8	13.1
3号母线洞出口	40.1	36.1	46.1	14.1
4号母线洞出口	38.1	38.6	45.7	15.7
5号母线洞出口	39.1	38.1	38.3	34.1
6号母线洞出口	41.1	40.7	39.1	33.7
7号母线洞出口	41.5	38.4	20.8	18.2
8号母线洞出口	38.7	40.5	20.1	17.4
9号母线洞出口	35.5	25.1	19.1	16.7

　　从表中可知，主厂房系统在进风温度为12℃时，各运行母线洞的温度较高，除两台机组工作的情况外，其余各运行工况均有母线洞最高温度超过设计控制值。其中，3号、4号、5号、6号机组运行时，平洞排风系统所属的3号、4号母线洞温度值最高。因此，春季实验表明，主厂房系统不具备自然通风的条件。

6.4.5.5　主变洞系统自然通风

　　主变洞进风温度19.3℃时是主变系统自然通风的控制温度值，此时主变系统各关键位置的最高温度见表6-52。9台机组运行工况下，3号主变室出口的温度达到设计控制温度40℃。主变洞的进风来自于交通洞，洞外日波幅为4.0℃，经过交通洞后空气日温度波变化幅度是1.2℃，因此，在交通洞放热时，气流温升2.8℃，则室外气温应在低于16.5℃时才能进行自然通风；在交通洞吸热时，气流温降2.8℃，室外气温在低于22.1℃时可进行自然通风。

表 6 - 52　　　　进风19.3℃时主变系统关键位置最高温度　　　单位:℃

区　域	9台机组运行 (1～9号机组)	6台机组运行 (3～8号机组)	4台机组运行 (3～6号机组)	两台机组运行 (5号、6号机组)
500kV电缆层	27.2	25.5	25.2	24.2
1号主变室出口	37.7	23.3	23.9	21.3
2号主变室出口	39.2	24.8	24.7	22.2
3号主变室出口	40.0	34.5	35.2	23.2
4号主变室出口	38.8	34.8	35.9	24.1
5号主变室出口	37.2	33.9	34.2	33.1
6号主变室出口	36.8	33.6	33.6	33.0

续表

区 域	9台机组运行 (1～9号机组)	6台机组运行 (3～8号机组)	4台机组运行 (3～6号机组)	两台机组运行 (5号、6号机组)
7号主变室出口	34.1	35.0	24.6	23.6
8号主变室出口	36.1	33.5	24.3	23.2
9号主变室出口	27.9	24.2	23.4	22.7
主变洞进风	19.3	19.3	19.3	19.3
1号电缆井进口	19.3	20.3	20.2	19.3
1号电缆井出口	19.3	19.3	19.3	19.3
2号电缆井进口	29.0	25.0	26.4	23.1
2号电缆井出口	27.5	25.0	25.7	23.5
3号电缆井进口	28.6	26.8	19.9	24.3
3号电缆井出口	23.9	21.5	19.3	19.3

6.4.6 模型试验结论

（1）龙滩水电站地下厂房的通风空调设计将整个地下厂房系统总体分为主厂房和主变洞两大系统，通风路径通畅，相互之间干扰小，使整个通风系统的可靠性显著提高。

（2）主厂房空调充分利用水库深层水做冷源，主变洞通风系统则充分利用地下洞室夏季吸热降温的特性，大型送排风机均采用变频控制，整个系统达到了全方位节能。

（3）针对9个母线洞风量分配的复杂变化，在母线洞中设置风机盘管的方案，对复杂工况变化的适应性好，无须调整各个洞室的水工结构尺寸，运行管理简便，可靠性好。利用水库的深层水作为母线洞风机盘管的冷源，节约能源。

（4）通过热态实验，主变洞系统在各种工况下均能达到温度控制的要求。

（5）热态实验结果表明，在少数工况下，原设计的母线洞上层的风机盘管冷量不能满足要求。在施工设计阶段，将主空调系统送风温度由 20.5℃ 修改为 19.5℃，同时母线道上层风机盘管由 3 台改为 4 台，母线道下层根据电气设备布置将原设置在 1 号、2 号、4号、6 号、8 号机组段的盘管调整到 1 号、6 号、7 号、9 号机组段，并通过对温度的检测来自动投入风机盘管的运行台数，利于节能。

（6）模型试验的结果表明，主厂房通风系统冬季利用自然通风可能局部地区温度超标；主变洞进风温度 19.3℃ 是主变系统自然通风的控制最高温度值。实际运行中可通过监视系统末端温度自动投入机械通风系统。

（7）龙滩水电站的通风空调设计方案除需在母线洞增设风机盘管进行局部调整外，整个设计方案合理可靠。在国内同类或相近规模的电站中，其设计的总风量较小，节能显著。

参 考 文 献

［1］ 刘大恺 . 水轮机 ［M］. 3 版 . 北京：中国水利水电出版社，1997.

［2］ 梁维燕，等 . 中国电气工程大典：第 5 卷 水力发电工程 ［M］. 北京：中国电力出版社，2009.

［3］ 郭永基 . 可靠性工程原理 ［M］. 北京：清华大学出版社，2002.

［4］ 白延年 . 水轮发电机设计与计算 ［M］. 北京：机械工业出版社，1982.

［5］ 陈锡方 . 水轮发电机结构运行监测与维修 ［M］. 北京：中国水利水电出版社，2008.

［6］ 解广润 . 电力系统接地技术 ［M］. 北京：水利电力出版社，1991.

［7］ 杨冠城 . 电力系统自动装置原理 ［M］. 3 版 . 北京：中国电力出版社，2005.

［8］ 长江流域规划办公室枢纽处，古田溪水电站 . 水电站厂房通风、空调和采暖 ［M］. 北京：水利电力出版社，1984.

［9］ 水电站机电设计手册编写组 . 采暖通风与空调 ［M］. 北京：水利电力出版社，1987.

［10］ 吴培豪，唐澍，李启章，等 . 龙滩水电站水轮机稳定性研究及相关分析 ［R］. 中国水利水电研究院，2001.

［11］ 吴玉林，刘树红，张梁，等 . 龙滩水电站水轮机 CFD 成果分析与研究 ［R］. 清华大学，2001.

［12］ 吴玉林，刘树红，张梁，等 . 龙滩水电站水轮机参数优化及稳定性研究 ［R］. 清华大学，2002.

［13］ 沈祖诒，郑源，曹林宁，等 . 龙滩水电站水力-机械过渡过程计算成果报告 ［R］. 中南勘测设计研究院，河海大学，2002.

［14］ 杨建东，莫剑，李建平，等 . 龙滩水电站引水发电系统水力-机械过渡过程计算与分析 ［R］. 武汉大学，2006.

［15］ 陈国庆 . 龙滩转轮现场制造工艺流程及设备配置的优化 ［J］. 水电站机电技术，2009，32 （1）：8 - 10.

［16］ 中国水力发电工程学会 . 大型水轮发电机组技术论文集 ［M］. 北京：中国电力出版社，2008.

［17］ 中国电器工业协会大电机分会，等 . 700MW 级大型全空冷水轮发电机技术研讨会论文集 ［C］. 北京：［出版者不详］，2007.

［18］ 鲁宗相，郭永基 . 水电站电气主接线可靠性评估 ［J］. 电力系统自动化，2001 （18）：16 - 19，27.

［19］ 王鹏宇，马跃东 . 龙滩水电站 700MW 全空冷水轮发电机运行分析 ［J］. 水力发电，2010，36 （1）：77 - 79.

［20］ 刘斌，余成军 . 龙滩水电站 500kV XLPE 绝缘电缆运行评价 ［J］. 水电站机电技术，2011，34 （5）：43 - 44，58.

［21］ 郭永基，鲁宗相，王小兵 . 发电厂及变电所可靠性评估软件的开发及其在龙滩水电站的应用 ［R］. 清华大学，中南勘测设计研究院，2002.

［22］ 文习山，刘昆林，等 . 龙滩水电站接地问题研究 ［R］. 武汉大学，中南勘测设计研究院，2006.

［23］ 王惠民，等 . 特大型水力发电厂计算机监控系统应用技术 ［J］. 水电自动化与大坝监测，2009，33 （2）：4 - 8.

［24］ 孔德宁，等 . 龙滩水电站计算机监控系统结构及特点 ［J］. 水电自动化与大坝监测，2007，31 （4）：7 - 11.

［25］ 王维俭，孙宇光，桂林，等 . 龙滩发电机主保护设计新思想 ［J］. 电力设备，2005，6 （2）：23 - 25.

[26] 孙宇光，王维俭，桂林，等. 龙滩发电机主保护配置方案 [J]. 电力系统自动化，2005，29（1）：83 - 88.

[27] 孙宇光，王祥珩，桂林，等. 偶数多分支发电机的主保护优化设计 [J]. 电力系统自动化，2005，29（12）：83 - 87.